Konstruktionselemente des Maschinenbaus – Übungsbuch

Bernd Sauer

Herausgeber

Konstruktionselemente des Maschinenbaus – Übungsbuch

Mit durchgerechneten Lösungen

Autoren:
Prof. Dr.-Ing. Dr. h. c. Albert Albers, Karlsruher Institut für Technologie (KIT)
Prof. Dr.-Ing. Ludger Deters, Universität Magdeburg
Prof. Dr.-Ing. Jörg Feldhusen, RWTH Aachen
Prof. Dr.-Ing. Erhard Leidich, TU Chemnitz
Prof. Dr.-Ing. habil. Heinz Linke, TU Dresden
Prof. Dr.-Ing. Gerhard Poll, Leibnitz Universität Hannover
Prof. Dr.-Ing. Bernd Sauer, TU Kaiserslautern
Prof. Dr.-Ing. habil. Jörg Wallaschek, Leibnitz Universität Hannover

 Springer

Prof. Dr.-Ing. Bernd Sauer
Technische Universität Kaiserslautern
Fachbereich Maschinenbau und Verfahrenstechnik
Lehrstuhl für Maschinenelemente und Getriebetechnik
Gottlieb-Daimler-Strasse
67653 Kaiserslautern
Deutschland
megt@mv.uni-kl.de

ISBN 978-3-642-16800-0   e-ISBN 978-3-642-16801-7
DOI 10.1007/978-3-642-16801-7
Springer Heidelberg Dordrecht London New York

Die Deutsche Nationalbibliothek verzeichnet diese Publikation in der Deutschen Nationalbibliografie;
detaillierte bibliografische Daten sind im Internet über http://dnb.d-nb.de abrufbar.

Einbandentwurf: WMXDesign GmbH, Heidelberg

Gedruckt auf säurefreiem Papier

Springer ist Teil der Fachverlagsgruppe Springer Science+Business Media (www.springer.com)

Vorwort zur ersten Auflage

Nachdem die vollständige Überarbeitung der ursprünglich von Prof. Steinhilper und Prof. Röper verfassten Bücher nach 2006 mit einem neuen Autorenteam abgeschlossen war, wurde der Bedarf nach Übungsaufgaben zum Stoff der Lehrbücher offenkundig. Die beiden Lehrbuchbände "Konstruktionselemente des Maschinenbaus" liefern wegen der Beschränkung auf zwei Bände nicht in umfassendem Maße Übungsaufgaben.

Diese Lücke schließt das nun vorliegende Übungsbuch. Allen Autoren sei herzlichst gedankt für die aktive Mitarbeit! Am IPEK in Karlruhe hat sich Herr Dipl.-Ing. Gerhard Robens sehr verdient gemacht, Prof. Albers bei der Erstellung der Übungsaufgaben zu unterstützen, auch ihm sei herzlich gedankt! Das Übungsbuch wird im Laufe der Zeit ergänzt werden und umfasst in der ersten Auflage Aufgaben aus 57 Teilthemen, die zu den 18 Kapiteln der Lehrbücher geordnet sind. Die Strukturierung wurde aus den Lehrbüchern übernommen, um dem Nutzer bei seiner Orientierung im Buch zu helfen.

Kaiserslautern, im Januar 2011 B. Sauer

Inhaltsverzeichnis

Autoren:

Prof. Dr.-Ing. Dr. h. c. Albert Albers, Karlsruher Institut für Technologie (KIT)

Prof. Dr.-Ing. Ludger Deters, Universität Magdeburg

Prof. Dr.-Ing. Jörg Feldhusen, RWTH Aachen

Prof. Dr.-Ing. Erhard Leidich, TU Chemnitz

Prof. Dr.-Ing. habil. Heinz Linke, TU Dresden

Prof. Dr.-Ing. Gerhard Poll, Leibnitz Universität Hannover

Prof. Dr.-Ing. Bernd Sauer, TU Kaiserslautern

Prof. Dr.-Ing. habil. Jörg Wallaschek, Leibnitz Universität Hannover

Autorenverzeichnis:

Kapitel	Autor(en)
1 Einführung	Bernd Sauer
2 Normen, Toleranzen, Passungen u. techn. Oberflächen	Erhard Leidich 2.1-2.3
	Ludger Deters 2.4
3 Grundlagen der Festigkeitsrechnung	Bernd Sauer
4 Gestaltung von Elemente und Systemen	Jörg Feldhusen
5 Elastische Elemente, Federn	Albert Albers
6 Schrauben und Schraubenverbindungen	Bernd Sauer
7 Achsen und Wellen	Erhard Leidich
8 Verbindungselemente und Verfahren	Jörg Feldhusen
9 Welle-Nabe-Verbindungen	Erhard Leidich
10 Reibung, Verschleiß und Schmierung	Ludger Deters
11 Lagerungen, Gleitlager, Wälzlager	Gerhard Poll 11.1
	Ludger Deters 11.2
	Gerhard Poll 11.3
12 Dichtungen	Gerhard Poll
13 Einführung in Antriebssysteme	Albert Albers
14 Kupplungen und Bremsen	Albert Albers
15 Zahnräder und Zahnradgetriebe	Heinz Linke
16 Zugmittelgetriebe	Ludger Deters
17 Reibradgetriebe	Gerhard Poll
18 Sensoren und Aktoren	Jörg Wallaschek

1 Einleitung

Zum Erlernen eines Sachgebietes ist es nicht allein ausreichend, sich durch Bücher und Vorlesungen die Zusammenhänge erklären zu lassen, sondern es ist auch notwendig einige Aufgaben, die es auch im beruflichen Leben in ähnlicher Weise zu lösen gibt, als Übung zu bearbeiten. Die Ziele dieses Buches lassen sich durch folgende Stichworte beschreiben:

– Vermittlung von Wissen und Fähigkeiten

– Hinleiten auf Verständnis

– Vorbereitung auf Prüfungen

– Vertiefung des Vorlesungsstoffes

– Entwicklung der Fähigkeit zur Lösung ingenieurtechnischer Aufgaben

Bevor sich die folgenden Kapitel konkret mit Aufgaben befassen, soll zunächst ein Überblick gegeben werden, welche Art von Inhalt den Lesern bzw. den Leserinnen geboten werden. Im Übungsbuch wird zur Vereinfachung nur die männliche Form verwendet, wofür die Autoren um Verständnis bitten. Bei den Aufgaben sind folgende Kategorien zu unterscheiden:

1. Verständnisfragen

2. Berechnungsaufgaben

3. Gestaltungsaufgaben

Als Beispiele sollen einige kleine Aufgaben dienen:

1.1 Aufgabenarten

Verständnisfrage

Eine Schraube ist mit der Kennung 10.9 am Schraubenkopf gekennzeichnet. Was kann aus der Kennzeichnung abgelesen werden?

Lösung: Die erste Kennzahl 10 gibt an, dass die Bruchfestigkeit des Schraubenmaterials 10 * 100 N/mm^2 = 1000 N/mm^2 beträgt. Das Produkt beider Kennzahlen gibt multipliziert mit 10 die Streckgrenze des Werkstoffes an. Im vorliegenden Fall $10 * 9 * 10 = 900$ N/mm^2 , oder anders ausgedrückt, die Streckgrenze des Schraubenwerkstoffes beträgt 90 % der Bruchfestigkeit, was mit der Kennzahl 9 gekennzeichnet wird.

Berechnungsaufgabe

Für eine Blechlasche, die zum Heben eines Gerätes dient und die aus Baustahl S2235 JR ist, soll die Tragfähigkeit der Schweißnaht für dynamische Belastung berechnet werden. Als Grundlage zur Berechnung wird DIN 15018 verwendet. DIN 15018 behandelt Stahlkonstruktionen im Kranbau, wird aber auch vielfach im Allgemeinen Maschinenbau verwendet. Es ist zu ermitteln, bis zu welchen dynamischen Lasten bei Wechselbelastung von einer dauerfesten Auslegung auszugehen ist. Folgende Daten sind der Berechnung zu Grunde zu legen.

– Material Blechlasche, angrenzendes Teil, sowie Zusatzwerkstoff: S235 JR

– Schweißnahtanschluss mit Kehlnähten beidseitig über die Länge der Lasche

– Querschnittsfläche des Bleches: 6 mm x 30 mm = 180 mm^2

– Querschnittsfläche der Schweißnähte: 2 mal 4 mm x 30 mm = 240 mm^2

– Reine Wechselbelastung auf Zug und Druck (keine Biegung)

– Sicherheitszahl = 2

Lösung: Da es sich um eine dynamische Belastung, im vorliegenden Fall um reine Wechselbelastung handelt, und eine Kehlnahtverbindung vorliegt, ist damit schon erkennbar, dass der Tragfähigkeitsnachweis für die Schweißnaht hier voraussichtlich relevant sein sollte. Das Blechgrundmaterial muss prinzipiell auch immer berechnet werden. Im vorliegenden Fall ist aber zu erwarten, dass das Grundmaterial eine weit höhere Tragfähigkeit als die Schweißnaht aufweist.

1. Ermittlung der Tragfähigkeit des Grundmaterials:
Das Grundmaterial hat an der Anschlussstelle einen Querschnitt von 180 mm^2. Der Grundwert der zulässigen Beanspruchung bei Wechselbeanspruchung für S235JR beträgt für schwache oder keine Kerben aber dauerfester Auslegung 84 N/mm^2. Unter Berücksichtigung der „Unsicherheitszahl"von 2 ergibt sich aus der Tragfähigkeit des Grundmaterials folgende zulässige Belastung:

$$F_{\text{dyn zulässig}} = 180 \text{ mm}^2 \cdot \frac{84 \text{ N/mm}^2}{2} = 7560 \text{ N}$$

2. Ermittlung der Tragfähigkeit des Schweißanschlusses mittels zweier Kehlnähte:
Ermittlung des Anschlussquerschnittes: A Schweißnaht = 240 mm^2. Nach DIN

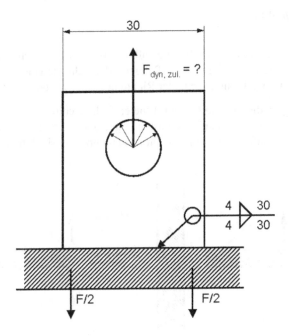

Abbildung 1.1. Blechlasche mit beidseitigem Kehlnahtanschluss

15018 ergibt sich für die Kehlnaht der so genannte Kerbfall 4 (besonders starke Kerbwirkung), kombiniert mit dem sog. Spannungsspielbereich N4, d.h. über 2 x 106 Belastungen (=Dauerbetrieb) ergibt sich die Beanspruchungsgruppe B6. In der Beanspruchungsgruppe B6 weist DIN 15018 für eine Kehlnaht eine Tragfähigkeit von 27 N/mm^2 aus. Unter Berücksichtigung der Sicherheitszahl, die Unwägbarkeiten in der Berechnung und den Lastannahmen abdecken soll, lässt sich die dauerfest ertragbare Lastamplitude ermitteln:

$$F_{\text{w dyn zulässig}} = 240 \text{ mm}^2 \cdot \frac{27 \text{ N/mm}^2}{2} = 3240 \text{ N}$$

Damit bestimmt die Schweißnaht allein die Tragfähigkeit der Blechlasche. Eine bessere Schweißnahtqualität, z.B. mit einer K-Naht, würde die Tragfähigkeit spürbar erhöhen. Zu berücksichtigen ist, dass dieses Ergebnis nur brauchbar ist, wenn sichergestellt wird, dass nicht weitere Lasten die schwächste Stelle (hier die Schweißnaht) mit zum Beispiel Biegung belasten. Wäre dies der Fall, könnte sich die tragbare Last erheblich reduzieren.

Gestaltungsaufgabe

Für die in Abb. 1.2 a) gezeigten Bleche soll ein Anschluss als Schweißverbindung konstruiert werden, der eine gute Tragfähigkeit der Schweißnaht bei dynamischer Belastung in horizontaler und vertikaler Richtung gewährleistet.

Lösung: In b) wird die Lösung gezeigt. Eine einfache Kehlnaht wäre bei der geforderten Tragfähigkeit für dynamische Lasten ungeeignet. Die hier gewählte K- Naht zeigt gute Eigenschaften bei dynamischen Lasten und ist deshalb hier gut geeignet.

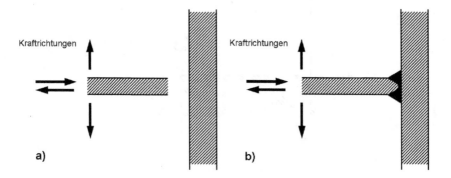

Abbildung 1.2. a) mittels Schweißung zu verbindende Bauteile, b) Lösung: Schweißnaht mit sog. Vollanschluss durch eine K-Naht

1.2 Berechnungsverfahren

Generell ist zum Thema Berechnung von Maschinenelementen eine Einordnung der verwendeten Berechnungsverfahren sinnvoll. An einigen Stellen werden die eingesetzten Verfahren bzw. Methoden nach dem benötigten Zeitaufwand des Entwicklungsingenieur strukturiert (siehe VDI 2211, Bl. 2). Mit steigendem Zeitaufwand für die Durchführung der Berechnung steigt die Aussagegüte der Ergebnisse. Daher lassen sich die im Maschinenbau genutzten Berechnungsverfahren in Gütestufen, z. B. den Stufen A, B oder C, eingeordnet. Hinter dieser Bezeichnung verbergen sich verschiedene Gütestufen der Berechnung, die die Genauigkeit und den Berechnungsaufwand kennzeichnen. In die Gütestufe C sind Faustformeln einzuordnen, in Gütestufe B fallen Berechnungen, die von erfahrenen Spezialisten durchgeführt werden und in Gütestufe A sind wissenschaftliche Methoden dem (Akademischen) Bereich zu zuordnen. Eine ausführlichere Beschreibung dieser Einordnung ist in VDI 2211, Blatt 2 enthalten. Die Einordung von Berechnungsmethoden lässt sich an Abb. 1.3 erläutern.

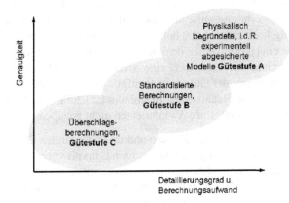

Abbildung 1.3. Gütestufen von Berechnungskonzepten in Abhängigkeit vom Berechnungsaufwand und der erzielbaren Genauigkeit.

Überschlagsberechnung, Gütestufe C

Eine Überschlagsberechnung beinhaltet im Allgemeinen größere Vereinfachungen bei der Modellbildung, aber auch bei der Belastungsermittlung. Das zu berechnende Bauteil wird dabei auf ein vergleichsweise einfaches Mechanikmodell abgebildet. Die Berechnung berücksichtigt häufig keine Beanspruchungen an den Lasteinleitungsstellen und den Lagerstellen. Berechnungen dieser Art sind in der täglichen Ingenieurpraxis äußerst wichtig. Mit ihnen werden Vordimensionierungen durchgeführt und die Plausibilität von Berechnungen überprüft, die mit aufwendigeren Verfahren durchgeführt wurden.

Standardisierte Berechnungen, Gütestufe B

Bei Berechnungen, die dieser Gruppe zuzuordnen sind, werden mehr Eingangsdaten benötigt als bei einer Berechnung nach einer C Methode. Dafür ist die Aussagegüte der Ergebnisse entsprechend höher. Typische Beispiele sind die Berechnungen nach Normen, z.B. die Verzahnungsberechnungen nach DIN 3990 oder die Wellenberechnung nach DIN 743. Die den Berechnungen zu Grunde liegende Berechnungsmodelle haben auch bei der Gütestufe B noch den Charakter von Mechanikgrundmodellen, wie z. B. Balkenmodellen.

Berechnungen mit physikalisch begründeten Modellen, Gütestufe A

Berechnungen mit physikalisch begründeten Modellen stellen den höchsten Entwicklungsstand dar, mit ihnen wird die höchste Genauigkeit erzielt. Die dabei eingesetzten Modelle basieren auf physikalischen Grundlagen; es sind in den meisten

Fällen numerische Berechnungsverfahren, die ggf. durch Bauteilversuche abgesichert wurden. Der Berechnungsaufwand ist allerdings im Allgemeinen sehr hoch. Es werden dazu häufig hoch entwickelte höhere Berechnungsverfahren wie die Finite-Element-Methode eingesetzt. Neben dem Werkzeug spielt auch das Wissen und die Erfahrung des anwendenden Ingenieurs eine wichtige Rolle. Die Interpretation der Ergebnisse stellt mit steigender Gütestufe ebenfalls eher ein Problem dar. Für Aufgabenstellungen im Tagesgeschäft eines Ingenieurs ist häufig die Möglichkeit eine Berechnungsmethode der Gütestufe A einzusetzen nicht gegeben.

In den Konstruktionselemente-Lehrbüchern und im vorliegenden Übungsbuch werden im Wesentlichen Berechnungen der Gütestufen C und B vorgestellt. Die weitere Vertiefung erfolgt bei Studierenden im Hauptstudium mit dem Erlernen von höheren Berechnungsverfahren, mit denen auch komplexe Vorgänge wie nichtlineare Finite-Element-Berechnungen durchgeführt werden können. Aufgrund der Schwierigkeit bei der Modellbildung und der Ergebnisinterpretation spielen aber die „einfacheren" Berechnungsverfahren in der Ingenieurpraxis noch immer eine sehr wichtige Rolle.

1.3 Modellbildung

Zur Durchführung einer mechanischen Berechnung ist es notwendig, das Maschinenteil durch ein Mechanikmodell abzubilden. Diese Form der Abstraktion fällt dem Ingenieurnachwuchs vielfach schwer. Studierende lernen in der Mechanik Kräftegleichgewichte aufzustellen; lernen die Balkentheorie kennen und wie Balken bzw. Balkensysteme berechnet werden können. Später kommen weitere Mechanikgrundmodelle, wie Schalen und Platten dazu. Um die Erkenntnisse der Mechanik in der Ingenieurpraxis zu nutzen, muss aus dem zu untersuchenden Maschinenelement ein geeignetes Mechanikgrundmodell abstrahiert werden.

Für Wellen oder Achsen wird im Allgemeinen ein Balkenmodell gewählt. Balkenmodelle sind ohnehin die meistgenutzten Modelle für Berechnungen der Gütestufen C und B. Damit ist aber noch nicht die Antwort gegeben, wie das Modell anzusetzen ist. Am folgenden Beispiel soll die Problematik erläutert werden. Die Modellbildung wird aber sowohl während des Studiums, aber auch in der beruflichen Praxis immer wieder ein Diskussionsthema bleiben.

Das folgende Beispiel zeigt eine Bolzenverbindung, wie sie z.B. in Baumaschinen oder anderen Anwendungen zu finden ist. Der Bolzen dient als Gelenk. In einem der beiden zu verbindenden Teile ist der Bolzen fest eingepresst, im anderen Teil, z.B. dem inneren Bauteil, mit Spiel gefügt, damit die Gelenkfunktion möglich ist. Für die Modellbildung ist grundsätzlich ein Balkenmodell geeignet. Hinsichtlich der Lagerungsbedingungen und den Belastungsbedingungen sind allerdings verschiedene Varianten vorstellbar. In Abb. 1.4 werden verschiedene Varianten gezeigt. Modell 1 zeigt den beidseitig gelenkig gelagerten Balken. Dieses Modell ist hinsichtlich der Lasteinleitung sehr grob und ungenau, dennoch kann es zweckmäßig sein, damit überschlägige Berechnungen durchzuführen. Modell 2 unterstellt eine gleichmäßige Streckenlast in der Mitte des Balkens. Modell 3 stellt eine Kombination aus Modell 1 und 2 hinsichtlich der Lastaufbringung dar. Die Modelle 1 bis 3 geben jedoch die wirklichen Belastungsverhältnisse nicht gut wieder. Wenn der Bolzen in der Gabel eingepresst ist, dann ist die Annahme einer gelenkigen Lagerung des Bolzens sicher falsch. Modell 4 stellt dafür eine bessere Näherung dar. In Abb.1.4 werden die maximalen Biegemomente und damit indirekt Nennbiegespannungen der verschiedenen Modelle dargestellt. Bei biegebeanspruchten Balken können Schubspannungen in den meisten Fällen aufgrund des realen Schubspannungsverlaufes über dem Querschnitt unberücksichtigt bleiben. Als Ergebnis bleibt festzuhalten, dass das maximale Biegemoment, abhängig vom gewählten Modell, zwischen $(F * l)/4$ und $(F * l)/8$ liegt. Damit wird deutlich, welchen wichtigen Einfluss die Modellbildung hat. Die Festlegung eines gut geeigneten Modells erfordert auch Erfahrungen des Anwenders. Im Sinne eines konservativen Denkens wird häufig auch ein Modell akzeptiert und verwendet, bei dem bekannt ist, dass zu hohe Beanspruchungen ermittelt werden.

Würde bei der Bolzenverbindung eine aufwendige nichtlineare Finite Element Berechnung durchgeführt werden, so würde die Modellierung der Kontaktbedingungen zwischen Bolzen den Fügepartnern eine wichtige Bedeutung haben. An dem sich relativ bewegenden Teil ist das Spiel in der Berechnung zu berücksichtigen und (aufgrund der Bauteiltoleranzen) zu variieren. Auch hier würde sich nicht ein Ergebnis erzielen lassen, sondern aufgrund der Toleranzproblematik eine Fülle von Ergebnissen, die es zu bewerten gilt. Dies unterstreicht aber noch einmal die Bedeutung der vereinfachenden Berechnungsverfahren der Gütestufen B und C.

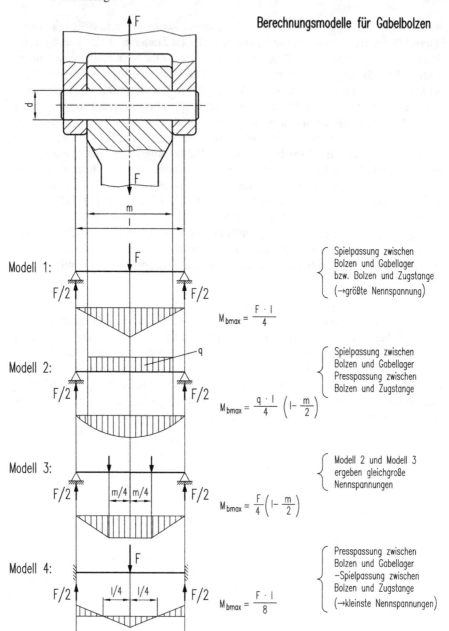

Abbildung 1.4. Modellbildung am Beispiel der Bolzenverbindung

2 Normen, Toleranzen, Passungen und Technische Oberflächen

Normen stellen in einer industrialisierten Gesellschaft ein wichtiges Element dar, das neben Patenten und Lizenzen auch im Feld von Innovationen, neuen Produkten und Dienstleistungen zum Wirtschaftswachstum beiträgt. Sie fördern die Standardisierung von Produkten, die dann in großen Stückzahlen preiswert hergestellt werden können. Wichtig ist dabei die Kenntnis, dass sich die Normung nicht auf jedes Teil eines technischen Systems, sondern im Wesentlichen auf die Schnittstellen und gegebenenfalls auf die Bezeichnung bezieht (Beispiel E-Motor). Damit sind die Produkte weltweit austauschbar, trotzdem bleibt für Innovationen und damit für die Differenzierung der Wettbewerber untereinander genügend Raum.

In Deutschland ist die Normung eine Aufgabe der Selbstverwaltung der an der Normung interessierten Kreise. Das Deutsche Institut für Normung e.V. (DIN) bietet dazu die Plattform, wo sich Hersteller, Verbraucher, Wissenschaftler etc, d. h. jedermann, der ein Interesse an der Normung hat, zusammenfinden können, um den Stand der Technik zu ermitteln und unter Berücksichtigung neuer Erkenntnisse in Deutschen Normen niederzuschreiben.

Die Globalisierung bedingt harmonisierte Normen. Daher hat die internationale Normung Vorrang vor der nationalen. Viele Normen werden daher sofort im internationalen Rahmen erstellt. Sie sind gekennzeichnet durch die Abkürzung ISO. Sicherlich geprägt durch die Stärke des deutschen Maschinenbaus existieren auch noch viele nationale Normen, die aber zunehmend auf die internationale Ebene gehoben werden.

Ein Beispiel für die internationale Normung sind die Normzahlen (ISO 3, ISO 497). Dagegen sind die Normen für Toleranzen, Passungen und technische Oberflächen, wie die Bezeichnungen erkennen lassen, zunächst in Deutschland erstellt und dann international übernommen worden (z. B. DIN ISO 286, DIN ISO 1132, DIN EN ISO 1302, DIN EN ISO 4287, DIN EN ISO 4288). Gerade die Toleranzen, Passungen und Kenngrößen für die Oberflächenbeschaffenheit verdeutlichen eindrucksvoll die Bedeutung der Normung. Die meisten Teile werden einzeln und auch örtlich getrennt hergestellt. Dennoch müssen sie gepaart die Funktionsfähigkeit des Technischen Systems ohne Nacharbeit gewährleisten. Dies ist nur möglich, wenn die für die Funktion und die unvermeidbaren Fertigungsabweichungen notwendigen Toleranzen, Passungsangaben und Angaben zur Oberflächenbeschaffenheit weltweit gleich verstanden und interpretiert werden. Da die Ingenieure die Verantwortung für die Funktion und damit für die Zeichnungseintragung haben, ist die diesbezügliche Wissensvermittlung ein grundlegendes Ausbildungsziel, das hier durch einige Übungsbeispiele unterstützt werden soll.

2.1 Verständnisfragen zu Toleranzen und Passungen und zur Normung

1. Was ist eine Maßtoleranz?

Eine Maßtoleranz ist die zulässige Abweichung vom Nennmaß, z. B.: $\varnothing\, 24 \pm 0{,}1$.

2. Was ist ein Abmaß?

Ein Abmaß ist die Differenz zwischen einem Maß und dem Nennmaß.

3. Was ist eine Spielpassung?

Bei einer Spielpassung ist das obere Abmaß der Welle (Innenteil) stets kleiner als das untere Abmaß der Bohrung (Außenteil), z. B.: $\varnothing\, 24$ H7/g6.

4. Was ist eine Presspassung?

Bei einer Presspassung ist das untere Abmaß der Welle stets größer als das obere Abmaß der Bohrung, z. B.: $\varnothing\, 24$ H7/s6.

5. Was ist eine Übergangspassung?

Bei einer Übergangspassung entsteht je nach Istmaßen von Bohrung und Welle beim Fügen entweder ein Spiel oder ein Übermaß, z. B.: $\varnothing\, 24$ H7/k6.

6. Was sind Normungsinstitute?

1. DIN $\rightarrow$ Deutsches Institut für Normung e. V.
2. ISO $\rightarrow$ International Organization for Standartization

7. Was sind Normungsarten?

1. DIN $\rightarrow$ reine deutsche Norm
2. DIN EN $\rightarrow$ europäische Norm, als deutsche Norm übernommen
3. DIN ISO $\rightarrow$ internationale Norm, als deutsche Norm übernommen
4. DIN EN ISO $\rightarrow$ internationale Norm, als europäische und deutsche Norm übernommen

8. Was sind Normzahlen?

Normzahlen sind vereinbarte, gerundete Glieder einer dezimalgeometrischen Reihe, z. B.: bei R5 ist $q = \sqrt[5]{10} = 1{,}6 \rightarrow 1\ 1{,}6\ 2{,}5\ 4\ 6{,}3\ 10\ldots$

9. Welche Tolerierungsgrundsätze gibt es?

1. Unabhängigkeitsprinzip nach DIN ISO 8015: Jede Maß-, Form- und Lagetoleranz wird unabhängig voneinander eingehalten. Das bedeutet für ein toleriertes Maß, dass nur alle örtlichen Istmaße innerhalb der Grenzmaße liegen müssen.

2. Hüllprinzip nach DIN 7167: Der Grundsatz nach den Hüllbedingungen besagt, dass das wirkliche Formelement innerhalb der Paarungslänge die geometrisch ideale Hülle mit Maximum-Minimum-Maß nicht durchbrechen darf.

2.2 Toleranzberechnung von Wellensitzen

Die in Abb. 2.1 dargestellte Welle ist im Gehäuse drehbar gleitgelagert. Die Passungen an den Funktionsstellen a bis e sind nach dem ISO-Passungssystem Einheitsbohrung (Bohrungen H7) ausgeführt.

Skizzieren Sie für die Passungen a bis e die Lage der Toleranzfelder von Welle und Bohrung zueinander und berechnen Sie die charakteristischen Kennwerte (Spiele bzw. Übermaße).

Lösung

Siehe Abb. 2.2.

a)

$$U_g = El - es = 0 - 50 = -50\,\mu m$$
$$U_k = ES - ei = 25 - 34 = -9\,\mu m$$

b)

$$S_g = ES - ei = 25 - (-50) = 75\,\mu m$$
$$S_k = EI - es = 0 - (-25) = 25\,\mu m$$

c)

$$S_g = ES - ei = 25 - (-25) = 50\,\mu m$$
$$S_k = EI - es = 0 - 0 = 0\,\mu m$$

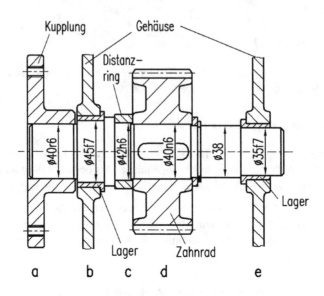

Abbildung 2.1. Getriebewelle

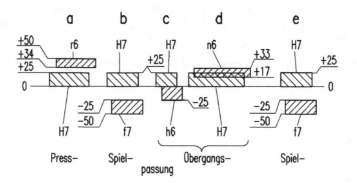

Abbildung 2.2. Toleranzfeldlagen und Abmaße

d)

$$S_g = ES - ei = 25 - 17 = 8\,\mu m$$
$$U_g = El - es = 0 - 33 = -33\,\mu m$$

e)

$$S_g = \text{ES} - \text{ei} = 25 - (-50) = 75\,\mu\text{m}$$
$$S_k = \text{EI} - \text{es} = 0 - (-25) = 25\,\mu\text{m}$$

2.3 Toleranzen einer Zahnradbefestigung

Abbildung 2.3 zeigt die formschlüssige Befestigung eines Zahnrades auf einer Welle.

Wie groß ist das durch diese Aneinanderreihung mehrerer tolerierter Bauteile mögliche kleinste bzw. größte Axialspiel des Zahnrades?

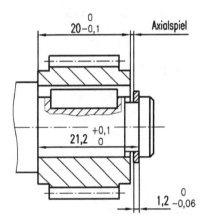

Abbildung 2.3. Zahnrad mit Passfederverbindung, axiale Befestigung durch Sicherungsring

Lösung

$$M_1 = 21{,}2^{+0,1}_{0}\,\text{mm}$$
$$M_2 = 1{,}2^{0}_{-0,06}\,\text{mm}$$
$$M_3 = 20^{0}_{-0,1}\,\text{mm}$$

Für das Schlussmaß gilt definitionsgemäß

$$M_0 = C_0 \pm \frac{T_0}{2}\,.$$

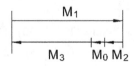

Abbildung 2.4. Maßkette

Aus der abgebildeten Maßkette folgt:

$$M_1 = M_3 + M_0 + M_2$$
$$M_0 = M_1 - M_2 - M_3$$

und für die Schlussmaßtoleranz

$$T_0 = T_1 + T_2 + T_3$$

Das Toleranzmittenmaß C_0 resultiert aus der Maßkette

$$C_0 = C_1 - C_2 - C_3$$

Die Mittenmaße lauten wie folgt

$$C_1 = 21{,}25\,\text{mm}$$
$$C_2 = 1{,}17\,\text{mm}$$
$$C_3 = 19{,}95\,\text{mm}$$

und damit

$$C_0 = 21{,}25 - 1{,}17 - 19{,}95$$
$$C_0 = 0{,}13\,\text{mm}$$

Die Schlusstoleranz berechnet sich zu

$$T_0 = 0{,}1 + 0{,}06 + 0{,}1$$
$$T_0 = 0{,}26$$

und daraus das Schlussmaß

$$M_0 = 0{,}13 \pm 0{,}13\,\text{mm}$$

Das kleinste Axialspiel beträgt demnach

$$\underline{M_{0\,\text{min}} = 0}$$

und das größte Axialspiel

$$\underline{M_{0\,\text{max}} = 0{,}26\,\text{mm}}$$

2.4 Verständnisfragen zu Technischen Oberflächen

1. Welche Aufgaben haben die Profilfilter λs, λf und λc?

Lösung: Das Profilfilter λs filtert sehr kurze Wellenlängen aus (Abb. 2.5). Durch die Anwendung des Profilfilters λs auf das gemessene Gesamtprofil wird das Primärprofil oder P-Profil erhalten, welches die Ausgangsbasis für das Welligkeits- und das Rauheitsprofil darstellt. Das Profilfilter λc trennt aus dem Primärprofil die langwelligen Profilanteile ab, so dass dann das Rauheitsprofil (R-Profil) entsteht, aus dem die Rauheitskennwerte bestimmt werden.

Mit dem Profilfilter λf werden die sehr langwelligen Formabweichungen aus dem Primärprofil (P-Profil) abgespalten. Wird das Primärprofil mit dem Profilfilter λc und dem Profilfilter λf bearbeitet, entsteht das gefilterte Welligkeitsprofil (W-Profil).

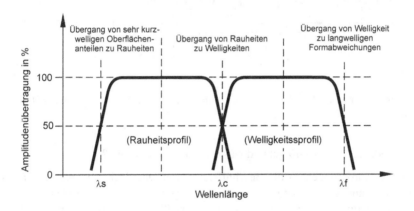

Abbildung 2.5. Profilfilterung bei der Tastschnittmessung

2. Welche Filtergröße λc sollte bei Rz 0,05; Ra 0,08; Rz 6,0 und RSm 1,0 gewählt werden?

Lösung: Bei Rz 0,05 sollte nach DIN EN ISO 4288 das Profilfilter $\lambda c = 0,08\,\mathrm{mm}$, bei Ra 0,08 das Profilfilter $\lambda c = 0,25\,\mathrm{mm}$, bei Rz 6 das Profilfilter $\lambda c = 0,8\,\mathrm{mm}$ und bei RSm 1,0 das Profilfilter $\lambda c = 2,5\,\mathrm{mm}$ verwendet werden.

3. Was ist der Unterschied zwischen der Mess- und der Taststrecke?

Lösung: Die Messstrecke ln besteht nach DIN EN ISO 4288 in der Regel aus 5 Einzelmessstrecken lr (ln = 5 lr). Es können jedoch auch mehr oder weniger Einzelmessstrecken verwendet werden. Die Einzelmessstrecken liegen normalerweise hintereinander (Abb. 2.6). Die Länge der Einzelmessstrecke lr entspricht der Grenzwellenlänge (cut off) des Profilfilters λc (lr = λc).

Um das Messsignal unter Berücksichtigung des Filters auswerten zu können, wird eine Vorlaufstrecke l1 und eine Nachlaufstrecke l2 benötigt, deren Länge jeweils der halben Länge einer Einzelmessstrecke entspricht (l1 = l2 = lr/2). Die Taststrecke lt besteht demzufolge aus Vorlauf-, Mess- und Nachlaufstrecke (lt = l1 + ln + l2 = 6 lr, wenn ln = 5 lr).

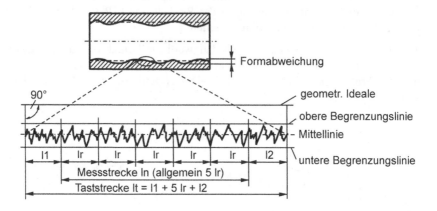

Abbildung 2.6. Taststrecke, Messstrecke und Einzelmessstrecken zur Erfassung der Oberflächenkennwerte

4. Was bedeutet die 16%-Regel und was die Höchstwert-Regel?

Lösung: Anforderungen an die Beschaffenheit von Oberflächen werden als Toleranzgrenzen angegeben. Für den Vergleich von gemessenen Kenngrößen mit festgelegten Toleranzgrenzen können nach DIN EN ISO 4288 zwei unterschiedliche Regeln genutzt werden, und zwar die 16%-Regel und die Höchstwert-Regel.

Wenn die 16%-Regel angewendet wird, liegt eine Oberfläche innerhalb der Toleranz, wenn die vorgegebenen Anforderungen, die durch einen oberen Grenzwert einer Rauheitskenngröße und/oder einen unteren Grenzwert einer Rauheitskenngröße festgelegt werden, von nicht mehr als 16% aller gemessenen Werte der gewählten Kenngröße über- und/oder unterschritten werden. Wenn das Rauheitskurzzeichen keinen Anhang „max" enthält, wird die 16%-Regel eingesetzt (z. B. Rz 4,0).

Werden Anforderungen mit der Höchstwert-Regel geprüft, darf keiner der gemessenen Werte der Kenngröße der zu prüfenden Oberfläche den festgelegten Wert überschreiten. Hierzu werden die Rauheitskenngrößen mit dem Anhang „max" am Rauheitskurzkennzeichen gekennzeichnet (z. B. Rzmax 4,0).

5. Was bedeutet Ra1 1,5; Ra3 2,0; Rz6 3,0; Rz 3,0; Rqmax 1,0; U Rz 4,0 und L Rz 2,5; Rt 6,0 und Rpk4 1,5?

Lösung:

– Ra1 1,5 bedeutet, dass der arithmetische Mittelwert einer Einzelmessstrecke der zu prüfenden Oberfläche $< 1,5\,\mu m$ sein sollte. Es gilt die 16%-Regel, bei der 16% aller gemessenen Ra-Werte der zu prüfenden Oberfläche oberhalb des angegebenen Grenzwertes liegen dürfen.

– Ra3 2,0 bedeuten, dass der Mittelwert der arithmetischen Mittelwerte von 3 Einzelmessstrecken $< 2,0\,\mu m$ sein sollte. Es gilt die 16%-Regel.

– Rz6 3,0 bedeutet, dass der Mittelwert der größten Profilhöhen von 6 Einzelmessstrecken $< 3,0\,\mu m$ sein sollte. Es gilt die 16%-Regel.

– Rz3,0 bedeutet, dass der Mittelwert der größten Profilhöhen von 5 Einzelmessstrecken $< 3,0\,\mu m$ sein sollte. Es gilt die 16%-Regel.

– Rqmax 1,0 bedeutet, dass der Mittelwert der quadratischen Mittelwerte von 5 Einzelmessstrecken $< 1,0\,\mu m$ sein sollte. Es gilt die Höchstwert-Regel, d. h. keiner der gemessenen Rq-Werte der zu prüfenden Oberfläche darf den festgelegten Grenzwert überschreiten.

– U Rz 4,0 und L Rz 2,5 haben folgende Bedeutung:
Für die obere Toleranzgrenze des Rauheitsprofils wird hier der Mittelwert der größten Profilhöhen von 5 Einzelmessstrecken in Höhe von $4,0\,\mu m$ gewählt. Als untere Toleranzgrenze gilt hier der Mittelwert der größten Profilhöhen von 5 Einzelmessstrecken in Höhe von $2,5\,\mu m$. Das Rauheitsprofil sollte zwischen diesen beiden Werten liegen. Sowohl bei der oberen als auch bei der unteren Toleranzgrenze gilt die 16%-Regel.

– Rpk4 1,5 bedeutet, dass die reduzierte Spitzenhöhe von 4 Einzelmessstrecken $< 1,5\,\mu m$ sein sollte. Es gilt die 16%-Regel.

6. Bei welchen Bedingungen entsteht eine negative Schiefe Rsk?

Lösung: Ein Rauheitsprofil mit einer negativen Schiefe (Rsk < 0) bzw. einer linksschiefen Amplitudendichtekurve, bei der die Kurve entsprechend Abb. 2.7b) nach rechts steil abfällt und bei der sich das Maximum oberhalb der mittleren Linie befindet, tritt häufig bei Profilen mit plateauartiger Oberfläche mit ausgeprägten Profiltaltiefen auf, z. B. nach dem Läppen. Auch nach dem Einlauf mit Einlaufverschleiß oder bei Verschleiß während des Betriebes kann beispielsweise eine Oberfläche mit einer ursprünglich normal verteilten Amplitudendichtekurve mit einer ursprünglichen Schiefe von Rsk = 0 eine negative Schiefe (Rsk < 0) bekommen.

7. Welches Oberflächenprofil ruft eine flach abfallende und welches eine steil abfallende Materialanteilkurve hervor? Welche Oberfläche ist höher belastbar?

Lösung: Eine flach abfallende Materialanteilkurve weist auf ein fülliges, eine steil abfallende Kurve auf ein zerklüftetes Profil hin (Abb. 2.8). Die Oberfläche mit dem

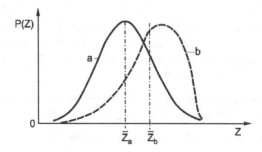

Abbildung 2.7. Amplitudendichtekurven a) Normalverteilung, b) Verteilung mit negativer Schiefe, $\overline{Z}_a$ und $\overline{Z}_b$ mittlere Linie für die Verteilung a) bzw. b)

fülligen plateauförmigen Profil ist höher belastbar, da die reale Kontaktfläche der untersuchten Oberfläche, die bei Kontakt mit einer Gegenfläche entsteht, größer ist und demzufolge die auftretenden realen Pressungen geringer sind.

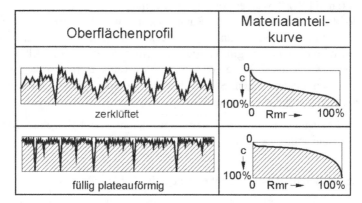

Abbildung 2.8. Oberflächenprofile a) zerklüftet, b) füllig plateauförmig

2.5 Bemaßung von Funktionsflächen

1. Wie wird eine Gleitfläche bemaßt?

Lösung: Für Gleitflächen sind in der Regel ein möglichst geringer Verschleiß und eine hohe Tragfähigkeit erwünscht. Dies kann mit plateauartigen Oberflächen (z. B. gehonte oder geläppte Oberflächen) realisiert werden. Günstig wären daher kleine zulässige Rpk- und Rp-Werte. Größere Rvk-Werte sind vorteilhaft für die Schmierstoffaufnahme.

Für die Oberflächenrauheitstolerierung von Gleitflächen ist auch der Rz-Wert in Kombination mit dem Rmr-Wert günstig. Die Rz-Werte sollten nach VDI-Richtlinie 2204 für Wellen und härtere Lagerwerkstoffe (z. B. Bronze) bei Rz 1 bis Rz 4 liegen, wobei die höheren Werte für große Wellendurchmesser und die niedrigen Werte für kleine Wellendurchmesser gelten. Für weiche Lagerwerkstoffe (z. B. Weißmetall) werden Rz1 bis Rz6 empfohlen.

Beispiele für Oberflächenangaben für Wellen in Gleitlagern:

1. Beispiel: Rpk 0,5; Rk 1 und Rvk 2,5

2. Beispiel: Rz 3,0 und Rmr (0,6) 60% (c0 5%)

2. Wie wird eine Dichtfläche bemaßt?

Lösung: Bei einer Dichtfläche können einzelne Rauheitsspitzen Undichtigkeit hervorrufen. Daher sind hier die Gesamthöhe des Rauheitsprofils der Messstrecke Rt und die Rauheitskennwerte Rpk und Rk aus der Materialanteilkurve zielführend. Damit die Oberfläche keine eigene Förderkomponente entwickelt und damit Undichtigkeit hervorruft, muss die Oberfläche in vielen Anwendungen drallfrei sein. So sollte eine Welle in dem Bereich, in dem ein Radialwellendichtring auf der Welle läuft, drallfrei sein und Rauheitskennwerte von Rz 1,0 bis Rz 4,0 und Rt-Werte < Rtmax 6,0 aufweisen.

Beispiel für Oberflächenangaben für eine Dichtfläche Welle/Radialwellendichtring: "Rtmax 4,0; Rpk 0,8 und Rk 1,2; drallfrei".

3 Grundlagen der Festigkeitsberechnung

Die Grundlagen zur Festigkeitsberechnung von Bauteilen bilden die Regeln der technischen Mechanik. Die Mechanik behandelt die Grundbeanspruchungen aus Zug, Druck, Schub, Biegung und Torsion sowie zusammengesetzte Beanspruchungen, die mit Hilfe von Vergleichsspannungshypothesen auf einachsige Beanspruchungen zurückgeführt werden. Eine Teilaufgabe eines Festigkeitsnachweises ist es, die *Beanspruchung* im Bauteil (rechnerisch) zu ermitteln.

Für die Festigkeitsberechnung eines Maschinenbauteils sind neben der Mechanik weitere Disziplinen gefragt. Die Werkstoffkunde liefert die „*Beanspruchbarkeit*" des Werkstoffes. Während sich die Werkstoffkunde vordringlich mit den Eigenschaften des Werkstoffes befasst, sind weitere Einflüsse zu berücksichtigen, die in den meisten Fällen die Beanspruchbarkeit des Werkstoffes im Bauteil verringern. Dazu gehören beispielsweise die Einflüsse aus Oberflächenrauheiten, aus inneren oder äußeren Kerben, die Bauteilgröße und mechanische oder Wärmebehandlungsverfahren. Somit ist es Aufgabe der Festigkeitsberechnung, die Erkenntnisse aus Mechanik, Werkstoffkunde und den Betriebsbedingungen, die das Bauteil erfährt, zusammenzuführen. Das Ergebnis der Festigkeitsberechnung ist der Vergleich von im Bauteil auftretenden Beanspruchungen (mechanische Spannungen) mit der Beanspruchbarkeit des Werkstoffes.

Die Tragfähigkeit eines Bauteiles kann rechnerisch oder experimentell nachgewiesen werden. Während experimentelle Nachweise bei Bauteilen, die in Massen gefertigt werden, üblich und kostenseitig vertretbar sind, gibt es Bauteile, bei denen aufgrund der Kosten oder der Bauteilgröße allein der rechnerische Festigkeitsnachweis möglich ist.

Bei allen Festigkeitsbetrachtungen ist streng zwischen statischen oder quasistatischen Beanspruchungen und dynamischen Beanspruchungen zu unterscheiden, da für die Beanspruchbarkeit ganz unterschiedliche Werkstoffkenngrößen zu berücksichtigen sind.

Eine weitere Differenzierung ist bei der Ermittlung der Beanspruchungen zu machen. Es werden (neben den hier nicht behandelten Bruchmechanikkonzepten) im wesentlichen zwei Berechnungskonzepte verfolgt:
Beim Kerbspannungskonzept wird, ausgehend von den an der betrachteten Bauteilstelle ermittelten Nennspannungen, versucht, durch Korrekturfaktoren, welche

Kerben und andere Einflüsse berücksichtigen, die physikalisch wirksame mechanische Beanspruchung (Spannung) zu ermitteln. Der Vergleich zur Werkstoffbeanspruchung erfolgt dann zu dem Werkstoffkennwert, der am Probestab unter Laborbedingungen ermittelt wurde.

Beim Nennspannungskonzept wird die am betrachteten Querschnitt anliegende Nennspannung ermittelt. Diese ist im Allgemeinen niedriger als die physikalisch im Bauteil wirkende Spannung. Um die Einflüsse aus Kerben, Bauteilgröße, Rauheiten etc. zu berücksichtigen, wird beim Nennspannungskonzept der unter Laborbedingungen ermittelte Werkstoffkennwert in einen (betragsmäßig) kleineren Gestaltfestigkeitswert umgerechnet. Der Vergleich wird dann zwischen Nennspannung und Gestaltfestigkeitswert (der nur für das betreffende Bauteil gilt) vorgenommen. Zu beachten ist, dass die Nennspannung praktisch fast immer nur eine Berechnungsgröße ist und mit der wirksamen physikalischen Spannung nur indirekt im Zusammenhang steht. Nennspannungskonzepte werden dann bevorzugt, wenn die Ermittlung der realen physikalisch wirksamen Spannung kaum möglich ist. Beispiele dafür sind Schweißnähte oder Welle-Nabe-Verbindungen (WNV), die komplexe Beanspruchungszustände im Inneren aufweisen.

3.1 Verständnisfragen zur Belastungsermittlung und Bauteilberechnung

Aufgabe 1)

Eine in Stehlagern gestützte Welle wird auf der einen Seite mit einem Keilriemen angetrieben, siehe Abbildung 3.1. Am anderen Wellenende ist ein Sägeblatt montiert.

Gegebene Daten:

– Wirkdurchmesser der Riemenscheibe: 250 mm

– Vorspannkraft des Riemens pro Trum: 300 N

– Schnittkraft am Sägeblatt: 200 N

– Lagerabstand der Stehlager: 300 mm

– Abstand Mitte Keilriemenscheibe Lager A: 80 mm

– Abstand Mitte Sägeblatt Lager B: 100 mm

– Durchmesser des Sägeblattes: 400 mm

– Übersetzung des Riemengetriebes: $i = 1$

– Kraftrichtung der Schnittkraft am Sägeblatt: annähernd in Richtung der Riemenzugkräfte

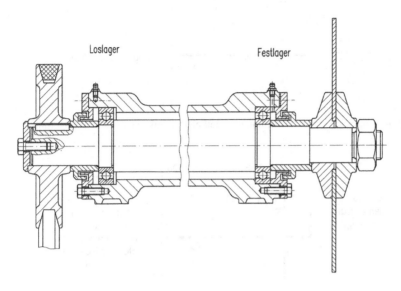

Abbildung 3.1. Kreissägewelle mit Riemenantrieb

Gesucht:

1. Welche Belastungen wirken auf die Welle? Hier soll zunächst erklärt werden, welchen Charakter die Belastungen in ihrem zeitlichen Verlauf haben.

2. Welche Beanspruchungen treten dabei auf? Dazu ist zu untersuchen, ob die statischen bzw. dynamischen Belastungen auf statische oder dynamische Beanspruchungen im Bauteil führen.

Lösung

Zur Ermittlung der Belastungen am Bauteil müssen mehrere Arbeitsschritte ausgeführt und Überlegungen angestellt werden.

Ersatzmodell

Das Bauteil muss durch ein Ersatzmodell beschrieben werden. Für Wellen wird überwiegend ein Balkenmodell eingesetzt. Mit dem Balkenmodell wird an der Riemenscheibe, dem Sägeblatt und den Lagerstellen im Sinne der Mechanik frei geschnitten. Dann werden im ersten Schritt die Lagerreaktionskräfte infolge Riemenzugkraft und Schnittkraft am Sägeblatt ermittelt.

Mit dem Freischneiden des Berechnungsmodells können die Schnittkraft- bzw. Momentenverläufe ermittelt werden, siehe Abb. 3.3 und 3.4.

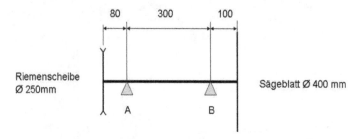

Abbildung 3.2. Skizze, Berechnungsmodell einer Kreissägenwelle mit Lagerung

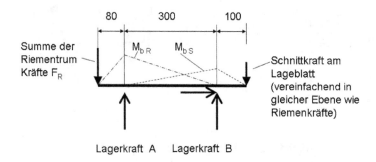

Abbildung 3.3. Berechnungsmodell Kreissägewelle freigeschnitten

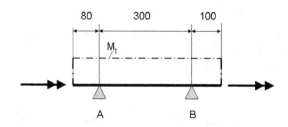

Abbildung 3.4. Berechnungsmodell Kreissägewelle Torsionsmomentenverlauf

Analyse der Lastzustände

Bei allen Belastungsermittlungen müssen Überlegungen zu den Lastfällen gemacht werden. Bei der vorliegenden Fragestellung sind folgende Lastzustände denkbar:

a) die Maschine (Kreissäge) steht still

b) die Maschine rotiert, führt aber keinen Sägevorgang aus

c) die Maschine ist im Sägeeinsatz

Eine wesentliche Frage bei den Lastzuständen ist die Unterscheidung in quasi statische Belastungen und dynamische (zeitveränderliche) Belastungen. Zu beachten ist, dass quasi statische Belastungen im Bauteil dynamische Beanspruchungen hervorrufen können. Konkret zur Aufgabe: Der Lastzustand a) wird wegen der statischen Belastungen und auch statischen Beanspruchungen nicht weiter verfolgt, da die Zustände b) und c) dynamische Beanspruchungen im Bauteil verursachen. Der Lastzustand b) verursacht in der Welle aufgrund der Riemenzugkraft Umlaufbiegung in der Welle. Dies ist eine dynamische Wechsellast, da sich die Welle unter Einwirkung von ortsfesten Kräften (den Riementrumkräften) dreht und damit an der Oberfläche der Welle wechselnd Zug und Druck auftreten. Der Lastzustand c) verursacht die größten Belastungen und wird daher einer Berechnung üblicher Weise zu Grunde gelegt. Bei diesem Lastfall verursachen die Riemenkräfte Umlaufbiegung an dem Wellenende der Riemenscheibe und die Schnittkraft am Sägeblatt verursacht ebenfalls Umlaufbiegung an dem (anderen) Wellenende, das das Sägeblatt trägt. Weiterhin wird die Welle durch Torsion belastet, die an der Riemenscheibe eingeleitet wird und am Sägeblatt abgenommen wird.

Vereinfachungen

Im vorliegenden Fall wird vereinfachend angenommen, dass die Riemenkraft und die Schnittkraft in einer Ebene liegen, so dass es nicht notwendig wird, die Auflagerkräfte in zwei Ebenen zu ermitteln und sie dann geometrisch zu addieren. Weiterhin wird ein Riemengetriebe mit Übersetzung 1 betrachtet, was zur Folge hat, dass die Drehmomentenbelastung die Spannkraft an der Welle nicht erhöht. Bei Übersetzungen ungleich 1 entsteht eine vertikale Kraftkomponente, die die Lagerkraft erhöht. Als weitere Vereinfachung wird nur der Lastzustand betrachtet, wenn am Sägeblatt eine Schnittkraft anliegt. Dreht die Welle frei, sind die dann wirkenden Kräfte nur durch den von der Vorspannung hervorgerufenen Riemenzug verursacht. In diesem Zustand wird praktisch kein Drehmoment in der Welle geführt (die Reibungsmomente in den Lagern werden vernachlässigt).

Zusammenfassung der Lösung

Es wird im Sinne einer Worstcase Betrachtung nur der Lastfall mit der größten Belastung und Bauteilbeanspruchung berechnet. Die angreifenden Kräfte werden vereinfachend in einer Ebene angenommen, was die größten Belastungen hervorruft. Es treten unter diesen Bedingungen folgende Belastungen in der Welle auf:

Statische Belastung, statische Beanspruchung:
In der Welle tritt während des Sägevorganges ein quasi stationäres Torsionsmoment auf. Das statische Torsionsmoment verursacht ebenfalls quasistatische Schubspannungen entlang der Welle zwischen Riemenscheibe und Sägeblatt.

Statische Belastung, dynamische Beanspruchung:
Die an den Wellenenden an der Riemenscheibe und dem Sägeblatt angreifenden Kräfte verursachen Biegemomente und demzufolge Biegebeanspruchungen der Welle. Da sich die Welle unter den ortfesten Kräften dreht, liegt eine dynamische Wechselbeanspruchung in der Welle vor.

Aufgabe 2)

Ein Schienenfahrzeug wird im Nahverkehr eingesetzt. Es soll die für das Getriebe im Fahrantrieb maßgebliche Belastung ermittelt werden. Der Antrieb wird in einer Untergrundbahn verwendet. Das Fahrzeug hat kurze Haltestellenabstände, beschleunigt zwischen den Haltestellen auf seine maximale Geschwindigkeit und bremst dann (auch mit dem Fahrantrieb) um im nächsten Bahnhof wieder zum Stand zu kommen. Die Drehmomentkurve des elektrischen Fahrmotors zeigt im Motorstillstand das maximale Drehmoment, das mit steigender Drehzahl (damit mit steigender Fahrgeschwindigkeit) abnimmt und über der Drehzahl mit der Funktion $1/n$ fällt. Das Fahrzeug wird am Tag 18 Stunden genutzt. Die Gebrauchsdauer des Fahrzeuges liegt bei ca. 30 Jahren. Für die nachfolgenden Überlegungen soll angenommen werden, dass das Fahrzeug wegen der kurzen Haltestellenabstände 30 mal pro Stunde anfährt.

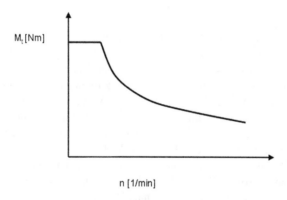

Abbildung 3.5. Drehmoment – Drehzahlkurve eines elektrischen Fahrmotors

Gesucht:
Welche Belastung ist zur Auslegung und Berechnung des Getriebes heranzuziehen?

Lösung

Die höchste Belastung für das Getriebe tritt beim Anfahren des Zuges (mit voller Beladung) auf. Bei niedrigen Motordrehzahlen wirkt dabei das maximale Drehmoment des Motors. Da das Getriebe über 30 Jahre genutzt wird, treten so viele Anfahrvorgänge auf, dass diese Belastung als Dauerbelastung für die Dimensionierung anzusetzen ist.

Erläuterung:

Um die Lastwechselzahl abzuschätzen, wird folgende Überlegung angestellt. Pro Tag 18 Stunden Betrieb mit 30 Anfahrten pro Stunden ergibt $18 \cdot 30 = 540$ Anfahrten pro Tag. Vereinfachend wird angenommen, dass die Anfahrt aus einer mittleren Drehzahl mit $300/\text{min}$ Motordrehzahl ca. 30 Sekunden dauert. Während dieser Zeit wirkt das höchste Drehmoment über $540 \cdot 150$ Umdrehungen $= 81.000$ Umdrehungen. Damit ergeben sich 81.000 Lastwechsel pro Tag. Dies ergibt bei 350 Tagen im Jahr und 30 Jahren $= 850$ Mio. Lastwechsel in 30 Jahren. Die Auslegung von Zahnradgetrieben erfolgt in fast allen Fällen als „dauerfeste" Auslegung. Im vorliegenden Fall sind alle niedrigeren Belastungen als die beim Anfahrvorgang auftretenden ohne Bedeutung, da das Getriebe die hohen Belastungen aus dem Anfahrvorgang dauerfest tragen muss.

Aufgabe 3)

Eine Gestellkonstruktion soll leichter gebaut werden, indem die bisherige Konstruktion aus Stahlprofilen durch eine Aluminiumkonstruktion ersetzt werden soll. Wird zur Vereinfachung die konstruktive Gestaltung beibehalten und werden nur die Stahlprofile durch Aluminiumprofile ersetzt, so hat dies verschiedene Auswirkungen.

Gesucht:

– Wie ändert sich das Gewicht der Gestellkonstruktion?

– Wie werden sich die Verformungen unter Last verändern?

– Ist es zielführend, für eine Leichtbaukonstruktion nur den Werkstoff Stahl durch Aluminium zu substituieren?

Lösung

Das Gewicht ändert sich im Verhältnis der Dichten von Aluminium zu Stahl ca. im Verhältnis $2,8/7,8 = 0,36$. Die Verformungen vergrößern sich im Verhältnis der E Moduli um ca. $210.000/80.000 = 2,63$. Es ist im Allgemeinen nicht zweckmäßig, Stahl durch Aluminium allein zu ersetzen. Um zu große (elastische) Verformungen zu vermeiden, muss in den meisten Anwendungsfällen eine Anpassung der Querschnitte (Flächenträgheitsmomente) erfolgen. Daher ist die reale Gewichtseinsparung deutlich kleiner als das Verhältnis der Dichten, in vielen Fällen werden nur ca. 20 bis 30 % Ersparnis erreicht.

3.2 Dauerfestigkeitsberechnung nach DIN 743

DIN 743 dient zur Auslegung von Wellen und Achsen gegen Dauerbruch und bleibende Verformung infolge einer Maximalbelastung. Der Tragfähigkeitsnachweis erfolgt durch die rechnerische Ermittlung der Sicherheitszahl, mit der eine Bewertung des Bauteils unter Betriebsbelastung möglich wird.

Anwendungsgrenzen:

–   Der Tragfähigkeitsnachweis gilt nur für Stahl

–   Es werden nur für Zug/Druck, Biegung und Torsion berücksichtigt

–   Der Temperaturbereich beträgt: $-40\,°C$ bis $+150\,°C$

–   Keine Berücksichtigung von Korrosion aus Umgebungseinflüssen

Ausgehend von einer konkreten Wellenkonstruktion werden die zuvor in Aufgabe 1) gezeigten Schritte durchgeführt. Es wird ein Ersatzmodell (im Allgemeinen ein Balkenmodell) zur Abstraktion der Welle gewählt. Es folgt das Freischneiden nach den Regeln der Mechanik und die Ermittlung der Querkraft- und Biegemomentverläufe. Im Ergebnis liegen für jeden nachzurechnenden Querschnitt Schnittlasten und die Geometrie aus der Wellenkonstruktion vor. In dieser Aufgabe soll für den in Abb. 3.6 gezeigten Wellenabschnitt, der durch eine Axialkraft F_{ax}, eine Radialkraft F_r und ein Torsionsmoment M_t dynamisch belastet wird, ein Festigkeitsnachweis gemäß DIN 743 durchgeführt werden.

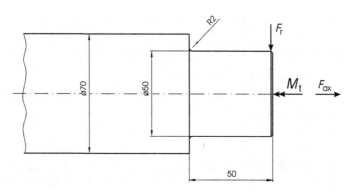

Abbildung 3.6. Wellenabsatz mit axialer, radialer und Torsionsbelastung

Gegeben:

Belastungen: $F_{ax} = (\pm 15.000)\,\mathrm{N}$

$F_r = (6.000 \pm 3.000)\,\mathrm{N}$

$M_t = (300 \pm 300)\,\mathrm{Nm}$

Werkstoff: Baustahl E295

$\sigma_{B(dB)} = 490\,\mathrm{N/mm^2}$; $\sigma_{S(dB)} = 295\,\mathrm{N/mm^2}$;

$\sigma_{zdW(dB)} = 195\,\mathrm{N/mm^2}$; $\sigma_{bW(dB)} = 245\,\mathrm{N/mm^2}$;

$\tau_{tW(dB)} = 145\,\mathrm{N/mm^2}$

Geometrie: $D = 70\,\text{mm}; d = 50\,\text{mm};$

$\qquad\qquad\qquad\quad l = 50\,\text{mm}; r = 2\,\text{mm}$

Rauheit im Kerbgrund: $R_z = 6{,}3\,\mu\text{m}$

geforderte Sicherheit: $S \geq 1{,}8$

Gesucht:

a) die auftretenden Mittelspannungen σ_{zdm}, σ_{bm} und τ_{tm},

b) die auftretenden Ausschlagsspannungen σ_{zda}, σ_{ba} und τ_{ta},

c) die Vergleichsmittelspannung σ_{vm} bzw. τ_{vm} gemäß DIN 743 an der Stelle des Wellenabsatzes,

d) die für den Wellenabsatz relevanten Kerbwirkungszahl β_σ und β_τ,

e) der Gesamteinflussfaktor K gemäß DIN 743,

f) die Wechselfestigkeit σ_{zdW}, σ_{bW} und τ_{tW},

g) die Mittelspannungsempfindlichkeiten ψ_{zdK}, ψ_{bK} und ψ_K,

h) die Gestaltfestigkeiten σ_{zdADK}, σ_{bADK} und τ_{tADK},

i) die Gesamtsicherheit S gemäß DIN 743.

Lösung

Abbildung 3.7 zeigt die notwendigen Berechungszwischenschritte.

a) Ermittlung der Mittelspannungen und
b) Ermittlung der Ausschlagspannungen (Amplituden)

$$\text{Zug durch } F_{ax}: \quad F_{ax,m} = 0\,\text{N} \Rightarrow \sigma_{zdm} = 0\,\frac{\text{N}}{\text{mm}^2}$$

$$\text{Amplitude}: \quad F_{ax,a} = 15.000\,\text{N} \Rightarrow \sigma_{zda} = \frac{F_{ax,a}}{\pi d^2/4} = \frac{4 \cdot 15.000\,\text{N}}{\pi \cdot 50^2\,\text{mm}^2}$$

$$\sigma_{zda} = 7{,}64\,\frac{\text{N}}{\text{mm}^2}$$

$$\text{Biegung durch } F_r: \quad M_b = M_{bm} \pm M_{ba}$$

$$\text{Biegemoment}: \quad = (6000 \pm 3000)\,\text{N} \cdot 0{,}05\,\text{m}$$

$$= (300 \pm 1500)\,\text{Nm}$$

Biegenennspannungen

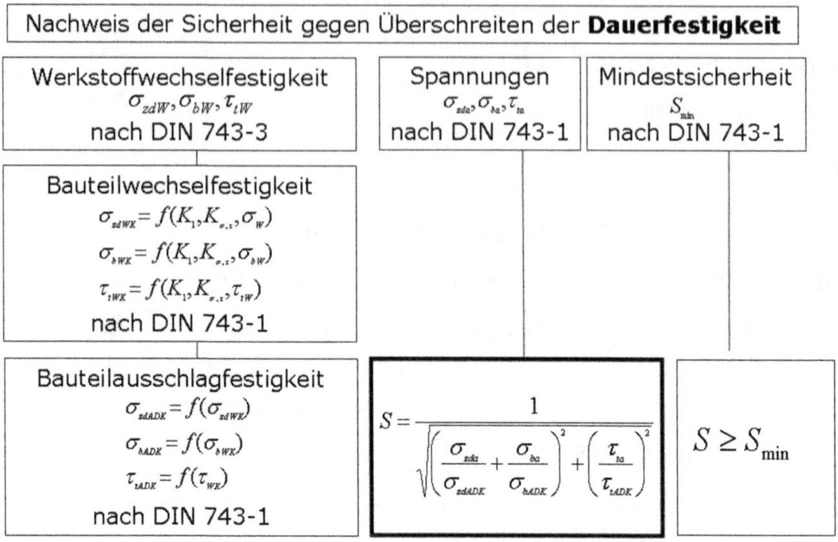

Nachweis der Sicherheit gegen Überschreiten der **Dauerfestigkeit**		
Werkstoffwechselfestigkeit $\sigma_{zdW}, \sigma_{bW}, \tau_{tW}$ nach DIN 743-3	**Spannungen** $\sigma_{zda}, \sigma_{ba}, \tau_{ta}$ nach DIN 743-1	**Mindestsicherheit** S_{min} nach DIN 743-1

Bauteilwechselfestigkeit
$\sigma_{zdWK} = f(K_1, K_{\sigma,\tau}, \sigma_W)$
$\sigma_{bWK} = f(K_1, K_{\sigma,\tau}, \sigma_{bW})$
$\tau_{tWK} = f(K_1, K_{\sigma,\tau}, \tau_{tW})$
nach DIN 743-1

Bauteilausschlagfestigkeit
$\sigma_{zdADK} = f(\sigma_{zdWK})$
$\sigma_{bADK} = f(\sigma_{bWK})$
$\tau_{tADK} = f(\tau_{WK})$
nach DIN 743-1

$$S = \frac{1}{\sqrt{\left(\dfrac{\sigma_{zda}}{\sigma_{zdADK}} + \dfrac{\sigma_{ba}}{\sigma_{bADK}}\right)^2 + \left(\dfrac{\tau_{ta}}{\tau_{tADK}}\right)^2}} \qquad S \geq S_{min}$$

Abbildung 3.7. Notwendige Berechungszwischenschritte für Festigkeitsnachweis nach DIN 743

$$\sigma_{bm} = \frac{M_{bm}}{W_{äq}} = \frac{M_{bm}}{\pi \cdot d^3 / 32} = \frac{32 \cdot 300.000\,\text{Nmm}}{\pi \cdot 50^3\,\text{mm}^3} \qquad \sigma_{bm} = 24{,}45\,\frac{\text{N}}{\text{mm}^2}$$

$$\sigma_{ba} = = \frac{32 \cdot 150.000\,\text{Nmm}}{\pi \cdot 50^3\,\text{mm}^3} \qquad \sigma_{ba} = 12{,}22\,\frac{\text{N}}{\text{mm}^2}$$

Torsionsschubspannung durch M_t:

$$\tau_{tm} = \frac{M_t}{W_t} = \frac{M_t}{\pi \cdot d^3 / 16} = \frac{16 \cdot 300.000\,\text{Nmm}}{\pi \cdot 50^3\,\text{mm}^3} \qquad \tau_{tm} = 12{,}22\,\frac{\text{N}}{\text{mm}^2}$$

$$\tau_{ta} = 12{,}22\,\frac{\text{N}}{\text{mm}^2}$$

Schubspannung durch Querkraft F_r:

$$\tau_m = \frac{F_{rm}}{A} = \frac{4 \cdot F_{rm}}{\pi \cdot d^2} = \frac{4 \cdot 6000\,\text{N}}{\pi \cdot 50^2\,\text{mm}^2} \qquad \tau_m = 3{,}06\,\frac{\text{N}}{\text{mm}^2}$$

$$\tau_a = \frac{F_{ra}}{A} = \frac{4 \cdot F_{ra}}{\pi \cdot d^2} \Rightarrow \tau_a = 1{,}53\,\frac{\text{N}}{\text{mm}^2}$$

c) Ermittlung der Vergleichsmittelspannungen σ_{mv} und τ_{mv}:

$$\sigma_{mv} = \sqrt{(\sigma_{zdm} + \sigma_{bm})^2 + 3 \cdot \tau_{tm}^2}$$

$$= \sqrt{(0 + 24{,}45\,\frac{N}{mm^2})^2 + 3 \cdot (12{,}22\,\frac{N}{mm^2})^2}$$

$$\sigma_{mv} = 32{,}34\,\frac{N}{mm^2}$$

$$\tau_{mv} = \frac{\sigma_{mv}}{\sqrt{3}} \Rightarrow \tau_{mv} = 18{,}67\,\frac{N}{mm^2}$$

Damit sind die oberen 3 Blöcke aus Abb. 3.7 abgearbeitet.

d) Ermittlung der Kerbwirkungszahlen β_σ und β_τ

Kerbwirkungszahlen können experimentell ermittelt oder alternativ rechnerisch bestimmt werden. Für die rechnerische Ermittlung wird die Stützziffer n und die Formzahl α benötigt. Die Formzahlen können aus Diagrammen, wie in DIN 743 - 2 verfügbar, ermittelt oder berechnet werden.

$$\text{Allgemein: } \beta = \frac{\alpha \text{ (Formzahl)}}{n \text{ (Stützziffer)}}$$

Benötigte Größen:

$$t = \frac{D - d}{2} = 10\,mm \qquad \text{(Kerbtiefe)}$$
$$D = 70\,mm$$
$$d = 50\,mm$$
$$r = 2\,mm > 0 \qquad \frac{r}{t} = 0{,}2$$
$$\frac{d}{D} = 0{,}71 < 1 \qquad \frac{r}{d} = 0{,}04$$

Formzahlen α aus DIN 743-2 Seite 8:

Die ermittelten Formzahlen sind im Folgenden aufgeführt:

Tabelle 3.1.

		aus Formel DIN 7432	aus Diagrammen
Zug/Druck	$\alpha_{\sigma zd}$	2,49	2,5
Biegung	$\alpha_{\sigma b}$	2,22	2,2
Torsion	$\alpha_{\tau t}$	1,63	1,6

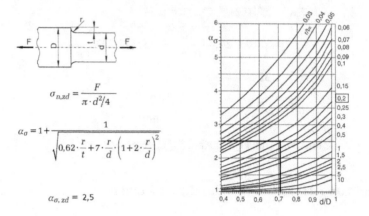

Abbildung 3.8. Formzahlen für gekerbte Rundstäbe bei Zugbeanspruchung

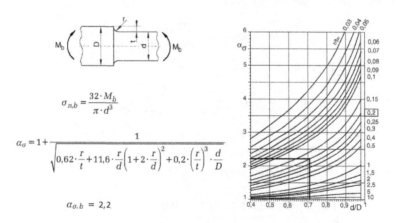

Abbildung 3.9. Formzahlen für gekerbte Rundstäbe bei Biegungbeanspruchung

Ermittlung der Stützziffer n:

Dazu werden das bezogene Spannungsgefälle G' und die im Bauteil maßgebliche Streckgrenze für den geg. Geometriefall σ_s (d) benötigt. Das bezogene Spannungsgefälle G' wird entsprechend den Formeln aus DIN 743 berechnet.

Die Auswertung liefert für G':

Die Streckgrenze des Werkstoffes im Bauteil ist abhängig vom technologischen Größenfaktor. Daher muss der Normwert (oder Messwert vom Probestab) umge-

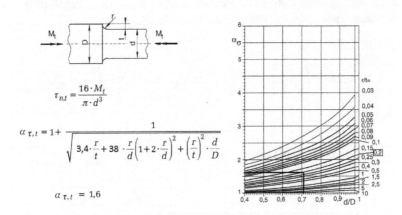

$$\tau_{n,t} = \frac{16 \cdot M_t}{\pi \cdot d^3}$$

$$\alpha_{\tau,t} = 1 + \cfrac{1}{\sqrt{3{,}4 \cdot \dfrac{r}{t} + 38 \cdot \dfrac{r}{d}\left(1 + 2 \cdot \dfrac{r}{d}\right)^2 + \left(\dfrac{r}{t}\right)^2 \cdot \dfrac{d}{D}}}$$

$$\alpha_{\tau,t} = 1{,}6$$

Abbildung 3.10. Formzahlen für gekerbte Rundstäbe bei Torsionsbeanspruchung

Tabelle 3.2. Bezogenes Spannungsgefälle G'

Bauteilform	Belastung	Bezogenes Spannungsgefälle G'	Bemerkungen
	Zug-Druck	$\dfrac{2 \cdot (1 + \varphi)}{r}$	Für Rundstäbe gelten die Formeln näherungsweise auch dann, wenn eine Längsbohrung vorliegt.
	Biegung	$\dfrac{2 \cdot (1 + \varphi)}{r}$	
	Torsion	$\dfrac{1}{r}$	
	Zug-Druck	$\dfrac{2{,}3 \cdot (1 + \varphi)}{r}$	für $d/D > 0{,}67$; $r > 0$:
	Biegung	$\dfrac{2{,}3 \cdot (1 + \varphi)}{r}$	$\boxed{\varphi = \dfrac{1}{4\sqrt{t/r} + 2}} \Rightarrow$ 0.0914
	Torsion	$\dfrac{1{,}15}{r}$	sonst: $\varphi = 0$

rechnet werden auf die Bauteilgröße. Dies kann nach DIN 743 analytisch erfolgen

Tabelle 3.3.

	G'
Zug/Druck	1,26
Biegung	1,26
Torsion	0,575

oder aus dem Diagramm Abb. 3.12 abgelesen werden. Dabei ist d_B der Durchmesser des Probestabes und d der (größte) Durchmesser des Bauteiles.

Analytisch:

$$K_1(d) = 1 - 0{,}26 \cdot \lg\left(\frac{d}{2d_B}\right) = 0{,}95 \qquad \sigma_s(d) = 0{,}95 \cdot 295\,\frac{N}{mm^2} = 280{,}3\,\frac{N}{mm^2}$$

Graphisch:

$$\sigma_s(d) = K_1(d) \cdot \sigma_s(d_B = 16\,mm) = K_1(d) \cdot 295\,\frac{N}{mm^2}$$

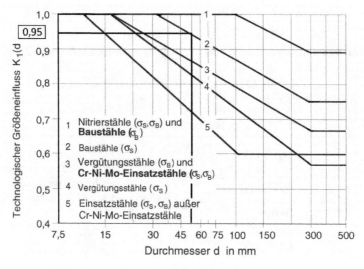

Abbildung 3.11. Technologischer Größenfaktor nach DIN 743

Die Stützziffer kann ebenfalls aus einem DIN 743 Diagramm abgelesen werden.

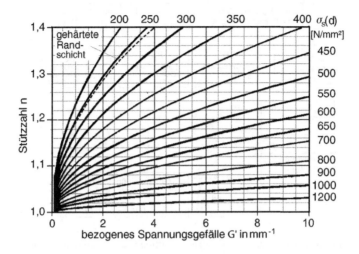

Abbildung 3.12. Bezogenes Spannungsgefälle G' und Stützzahl n

Damit können die Kerbwirkungszahlen berechnet werden.

$$\beta_{\sigma zd} = \frac{\alpha_{\sigma zd}}{n_\sigma} = \frac{2{,}5}{1{,}21} = 2{,}07$$

$$\beta_{\sigma b} = \frac{\alpha_{\sigma b}}{n_\sigma} = \frac{2{,}2}{1{,}21} = 1{,}82$$

$$\beta_{\tau t} = \frac{\alpha_{\tau t}}{n_\tau} = \frac{1{,}6}{1{,}13} = 1{,}42$$

e) Ermittlung des Gesamteinflussfaktors K

Der Gesamteinflussfaktor K gemäß DIN 743 kann nun ermittelt werden. In Abbildung 3.13 wird gezeigt, welche Größen in den Faktor eingehen. Bislang sind folgende Größen noch zu ermitteln: $K_2(d)$, der geometrische Größeneinflussfaktor; $K_{F(\sigma,\tau)}$, der Einflussfaktor der Oberflächenrauheit und K_V, der Einflussfaktor der Oberflächenverfestigung.

Berechnung des Gesamteinflussfaktors K:

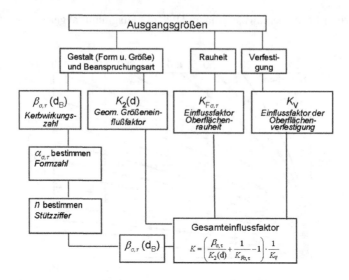

Abbildung 3.13. Eingangsgrößen zur Ermittlung des Gesamteinflussfaktors

Bestimmung von $K_2(d)$:

Zug, Druck: $K_2(d) = 1$
Biegung, Torsion: $K_2(d) = 0{,}87$

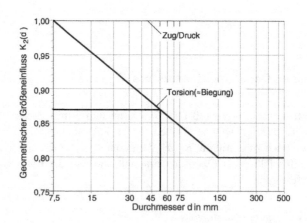

Abbildung 3.14. Geometrischer Größenfaktor nach DIN 743

Bestimmung des Oberflächeneinflussfaktors K_F:

$$\sigma_B \approx K_1(d) \cdot \sigma_B(d_B)$$
$$\sigma_B \approx 1 \cdot \sigma_B(d_B) = 490 \ \frac{N}{mm^2}$$

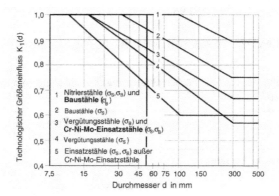

Abbildung 3.15. Technologischer Größeneinfluss K_1 zur Bestimmung des Abzissenwertes im folgenden Diagramm Abb. 3.16

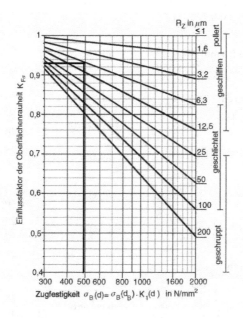

Abbildung 3.16. Einflussfaktor der Oberflächenrauheit K_F nach DIN 743

$K_{F\sigma}$ (Diagramm): $K_{F\sigma} = 0,93$

$K_{F\sigma}$ (Formel): $K_{F\sigma} = 1 - 0,22 \lg \left(\frac{R_Z}{\mu m} \right) \cdot \left(\lg \left(\frac{\sigma_B(d)}{20 \, N/mm^2} \right) - 1 \right)$

$K_{F\sigma} = 0,93$

$K_{F\tau}$ (Formel) DIN 7432: $K_{F\tau} = 0,575 K_{F\sigma} + 0,425$

$K_{F\tau} = 0,96$

Bestimmung von K_V: $\Rightarrow$ $K_V = 1,0$, siehe Tabelle 3.4

Tabelle 3.4. Einflußfaktor der Oberflächenverfestigung, K_V, abhängig vom technologischen Verfahren, Richtwerte

Verfahren	Art	Probe d in mm	K_V
Chemisch-thermische Verfahren			
Nitrieren Nitrierhärtetiefe 0,1 mm bis 0,4 mm Oberflächenhärte 700 HV10 bis 1000 HV10	ungekerbt	8 ... 25 25 ... 40	1,15 ... 1,25 1,10 ... 1,15
	gekerbt	8 ... 25 25 ... 40	1,9 ... 3,0 1,3 ... 2,0
Einsatzhärten Einsatzhärtetiefe 0,2 mm bis 0,8 mm Oberflächenhärte 670 HV bis 750 HV	ungekerbt	8 ... 25 25 ... 40	1,2 ... 2,1 1,1 ... 1,5
Karbonitrierhärten Härtetiefe 0,2 mm bis 0,4 mm Oberflächenhärte mindestens 670 HV10	ungekerbt	10	1,8
Mechanische Verfahren			
Rollen	ungekerbt	7 ... 25 25 ... 40	1,2 ... 1,4 1,1 ... 1,25
	gekerbt	7 ... 25 25 ... 40	1,5 ... 2,2 1,3 ... 1,8
Kugelstrahlen	ungekerbt	7 ... 25 25 ... 40	1,1 ... 1,3 1,1 ... 1,2
	gekerbt	7 ... 25 25 ... 40	1,4 ... 2,5 1,1 ... 1,5
Thermische Verfahren			
Induktivhärten Flammenhärten Einhärtetiefe 0,9 mm bis 1,5 mm Oberflächenhärte 51 HRC bis 64 HRC	ungekerbt	7 ... 25 25 ... 40	1,2 ... 1,6 1,1 ... 1,4

Berechnung Gesamteinflussfaktor K:

allgemein: $\quad K = \left(\dfrac{\beta_{\sigma,\tau}}{K_2(d)} + \dfrac{1}{K_{F\sigma,\tau}} - 1 \right) \cdot \dfrac{1}{K_V}$

Zug/Druck: $\quad K_{zd} = \left(\dfrac{2{,}07}{1} + \dfrac{1}{0{,}93} - 1 \right) \cdot \dfrac{1}{1} \qquad K_{zd} = 2{,}15$

Biegung: $\quad K_b = \left(\dfrac{1{,}82}{0{,}87} + \dfrac{1}{0{,}93} - 1 \right) \cdot \dfrac{1}{1} \qquad K_b = 2{,}18$

Torsion: $\quad K_t = \left(\dfrac{1{,}42}{0{,}87} + \dfrac{1}{0{,}96} - 1 \right) \cdot \dfrac{1}{1} \qquad K_t = 1{,}67$

f) Berechnung der Wechselfestigkeit

$$\sigma_{zdWK} = \frac{\sigma_{zdW}(d_B) \cdot K_1(d)}{K_{zd}} = \frac{195\,\text{N/mm}^2 \cdot 1{,}0}{2{,}15} = 90{,}70 \frac{\text{N}}{\text{mm}^2}$$

$$\sigma_{bWK} = 112{,}39 \frac{\text{N}}{\text{mm}^2}$$

$$\tau_{tWK} = 86{,}83 \frac{\text{N}}{\text{mm}^2}$$

$K_1(d)$ für die Zugfestigkeit

g) Berechnung der Mittelspannungsempfindlichkeit

$$\psi_{zd\sigma K} = \frac{\sigma_{zdWK}}{2 \cdot K_1(d) \cdot \sigma_B - \sigma_{zdWK}} = 0{,}10$$

$$\psi_{b\sigma K} = 0{,}13$$

$$\psi_{\tau K} = 0{,}10$$

h) Berechnung der Gestaltfestigkeit σ_{ADK}, τ_{ADK}:

In DIN 743 wird unterschieden, ob die dynamische Amplitude mit der Mittelspannung proportional wächst oder ob die Mittelspannung unabhängig von den Amplituden konstant ist.

Im vorliegenden Belastungsfall ist der Fall 2 aus DIN 743-1, Seite 5 zu Grunde zu legen: $\sigma_{mv}/\sigma_{zd,b\,a} = \text{konst. bzw. } \tau_{mv}/\tau_{zd,b\,a} = \text{konst.}$

$$\sigma_{zdADK} = \frac{\sigma_{zdWK}}{1 + \psi_{zd\sigma K} \cdot \frac{\sigma_{mv}}{\sigma_{zd\,a}}} = \frac{90{,}70\,\text{N/mm}^2}{1 + 0{,}10 \cdot \frac{32{,}34}{7{,}64}}$$

$$\sigma_{zdADK} = 63{,}73\,\frac{\text{N}}{\text{mm}^2}$$

$$\sigma_{bADK} = 83{,}62\,\frac{\text{N}}{\text{mm}^2}$$

$$\tau_{tADK} = 75{,}32\,\frac{\text{N}}{\text{mm}^2}$$

i) Bestimmung der Gesamtsicherheit S

$$S = \frac{1}{\sqrt{\left(\frac{\sigma_{zd\,a}}{\sigma_{zdADK}} + \frac{\sigma_{b\,a}}{\sigma_{bADK}}\right)^2 + \left(\frac{\tau_{t\,a}}{\tau_{tADK}}\right)^2}}$$

$$S = \frac{1}{\sqrt{\left(\frac{7{,}64\,\text{N/mm}^2}{63{,}73\,\text{N/mm}^2} + \frac{12{,}22\,\text{N/mm}^2}{83{,}62\,\text{N/mm}^2}\right)^2 + \left(\frac{12{,}22\,\text{N/mm}^2}{75{,}32\,\text{N/mm}^2}\right)^2}}$$

$$S = 3{,}21 > S_{min} = 1{,}8$$

Die rechnerische Sicherheit S muss gleich oder größer der geforderten Mindestsicherheit von $S_{min} = 1{,}8$ sein.

3.3 Berechnung einer Drehstrommotorwelle

Für eine Drehstrommotorwelle sollen die Sicherheit gegen Dauerbruch und die Sicherheit gegen bleibende Verformung berechnet werden. Von der Welle des in Abb. 3.17 dargestellten Drehstrommotors sind folgende Abmessungen bekannt: $d_1 = 65\,\mathrm{mm}$; $d_2 = 75\,\mathrm{mm}$; $d_3 = 85\,\mathrm{mm}$; Ausrundungsradien bei Wellenabsätzen $r = 1\,\mathrm{mm}$; $l_1 = 10\,\mathrm{mm}$; $l_2 = 120\,\mathrm{mm}$; $l_3 = 140\,\mathrm{mm}$; $l_4 = 200\,\mathrm{mm}$; $l_8 = 1100\,\mathrm{mm}$. Der Wellenwerkstoff ist mit 42CrMo4 (vergütet) angegeben. Die Breite der beiden Kugellager beträgt $b_A = b_B = 25\,\mathrm{mm}$.

Der Drehstrommotor arbeitet mit einer Leistung von $P = 350\,\mathrm{kW}$ und einer Drehzahl von $n \approx 3000\ (2950)\ \mathrm{min}^{-1}$. Für die Welle ergibt sich eine dynamische Belastung, die mit $M_{\mathrm{t\,a}} = 0{,}5 M_{\mathrm{t\,n}}$ angenommen werden kann. Während des Betriebes treten einzelne Stöße mit $M_{\mathrm{t\,max}} = 4 M_{\mathrm{t\,n}}$ auf.

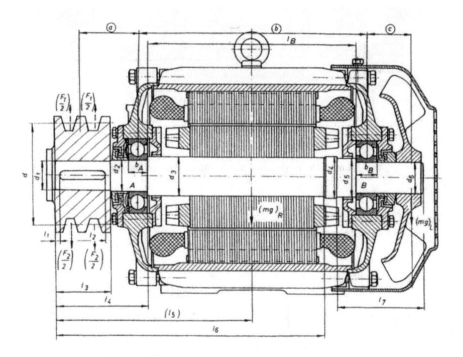

Abbildung 3.17. Drehstrommotor im Längsschnitt

a) Wie groß kann eine auf den Wellenstumpf (Keilriemenscheibe) wirkende Radialbelastung werden, damit am Passfederauslauf und an den Wellenabsätzen l_3 und l_4 die Sicherheit gegen Dauerbruch bei Biegung $S_{Db} = 3$ wird (Verfestigung $K_V = 1$; Rauheit $\rightarrow K_{F\sigma} = 1$)? Die Gewichtskräfte von Rotor und Riemenscheibe sind vernachlässigbar (Torsion hier vernachlässigt).

b) Wie groß ist die resultierende Sicherheit gegen Dauerbruch und bleibende Verformung?

Lösung

Auflagereaktionen

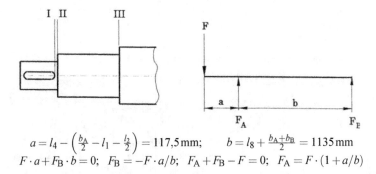

$$a = l_4 - \left(\tfrac{b_A}{2} - l_1 - \tfrac{l_2}{2}\right) = 117{,}5\,\text{mm}; \qquad b = l_8 + \tfrac{b_A + b_B}{2} = 1135\,\text{mm}$$
$$F \cdot a + F_B \cdot b = 0; \quad F_B = -F \cdot a/b; \quad F_A + F_B - F = 0; \quad F_A = F \cdot (1 + a/b)$$

Abbildung 3.18. Wellenende mit Absätzen und Auflagereaktionen

Schnittreaktionen

$$M_{bI} + F \cdot \frac{l_2}{2} = 0 \qquad\qquad \rightarrow \quad M_{bI} = -F \cdot \frac{l_2}{2}$$

$$M_{bII} + F \cdot \left(l_3 - l_1 - \frac{l_2}{2}\right) = 0 \qquad \rightarrow \quad M_{bII} = -F \cdot \left(l_3 - l_1 - \frac{l_2}{2}\right)$$

$$M_{bIII} + F \cdot \left(a + \frac{b_A}{2}\right) - F_A \cdot \frac{b_A}{2} = 0 \quad \rightarrow \quad M_{bIII} = F \cdot a \cdot \left(\frac{b_A}{2 \cdot b} - 1\right)$$

Torsionsmoment

$$M_{t\,n} = \frac{P}{\omega} = \frac{P}{2 \cdot \pi \cdot n} = 1114\,\text{Nm}$$

Bauteil-Dauerfestigkeit (Biegung; Annahme nur Biegung tritt auf)

$$\sigma_{ADK} = \sigma_{WK}(d) - \psi_{\sigma K} \cdot \sigma_m$$

$$\left(\text{mit } \psi_{\sigma K} = \frac{\sigma_{WK}(d)}{2 \cdot \sigma_B(d) - \sigma_{WK}(d)} \text{ und } \sigma_{WK}(d) = \frac{\sigma_{bW}(d) \cdot K_1(d)}{K_{(\sigma)}} \right)$$

Tabelle 3.5.

Einflussfaktor	I	II	III
Größeneinflussfaktor $K_1(d)$ bei $d = 85\,\text{mm}$ $K_1(d) = 1 - 0.26 \cdot \lg(d/d_B)$	$K_1(d) = 0.81$	$K_1(d) = 0.81$	$K_1(d) = 0.81$
Geometrischer Größeneinfluss $K_2(d)$ $K_2(d) = 1 - 0.2 \cdot \frac{\lg(d/7.5\,\text{mm})}{\lg 20}$	$K_2(d) = 0.86$	$K_2(d) = 0.86$	$K_2(d) = 0.85$
Biege-Wechselfestigkeit σ_{bW} für d_B	$\sigma_{bW} = 550\,\text{MPa}$	$\sigma_{bW} = 550\,\text{MPa}$	$\sigma_{bW} = 550\,\text{MPa}$
Streckgrenze σ_S für d_B Streckgrenze σ_S für d Zugfestigkeit σ_B für d_B Zugfestigkeit σ_B für d	$\sigma_S = 900\,\text{MPa}$ $\sigma_S = 729\,\text{MPa}$ $\sigma_S = 1.100\,\text{MPa}$ $\sigma_S = 892.6\,\text{MPa}$	$\sigma_S = 900\,\text{MPa}$ $\sigma_S = 729\,\text{MPa}$ $\sigma_S = 1.100\,\text{MPa}$ $\sigma_S = 892.6\,\text{MPa}$	$\sigma_S = 900\,\text{MPa}$ $\sigma_S = 729\,\text{MPa}$ $\sigma_S = 1.100\,\text{MPa}$ $\sigma_S = 892.6\,\text{MPa}$
Kerbwirkungszahl $\beta_\sigma(d_{BK})$ $\beta_\sigma(d_{BK}) = 3 \cdot (\sigma_B(d)/1.000\,\text{MPa})^{0.38}$	$\beta_\sigma(d_{BK}) = 2.87$		
Geometrischer Größeneinfluss $K_3(d)$ $K_3(d) = 1 - 0.2 \cdot \lg \beta_\sigma(d_{BK}) \cdot \frac{\lg(d/7.5\,\text{mm})}{\lg 20}$	$K_3(d) = 0.934$ $K_3(d_{BK}) = 0.949$	–	–
Stützzahl n $n = 1 + \sqrt{G' \cdot \text{mm}} \cdot 10^{\left(0.33 - \frac{\sigma_S(d)}{712\,\text{N/mm}^2}\right)}$ ($\varphi = 0.0914, G' = 2.51/\text{mm}$)	–	$n = 1.07$	$n = 1.07$
Kerbwirkungszahl β_σ	$\beta_\sigma = \beta_\sigma(d_{BK}) \frac{K_3(d_{BK})}{K_3(d)}$ $\beta_\sigma = 2.92$	$\beta_\sigma = \alpha_\sigma/n$ $\alpha_\sigma = 2.78$ $\beta_\sigma = 2.6$	$\alpha_\sigma = 2.86$ $\beta_\sigma = 2.68$
Gesamteinflussfaktor $K_{(\sigma)}$ $K_{(\sigma)} = \frac{\sigma_d}{K_2(d)}$	$K_{(\sigma)} = 3.40$	$K_{(\sigma)} = 3.02$	$K_{(\sigma)} = 3.15$
Bauteil-Biege-Wechselfestigkeit σ_{bWK} $\sigma_{bWK} = \frac{\sigma_{bW} \cdot K_1(d)}{K_{(\sigma)}}$	$\sigma_{bWK} = 131.0\,\text{MPa}$	$\sigma_{bWK} = 147.5\,\text{MPa}$	$\sigma_{bWK} = 141.4\,\text{MPa}$
Bauteil-Dauerfestigkeit σ_{bADK} $\sigma_{bADK} = \sigma_{bWK}$; da $\sigma_{bm} = 0$	$\sigma_{bADK} = 131.0\,\text{MPa}$	$\sigma_{bADK} = 147.5\,\text{MPa}$	$\sigma_{bADK} = 141.4\,\text{MPa}$
Widerstandsmoment W_b $W_b = \frac{\pi \cdot d^3}{32}$	$W_b = 26.961.25\,\text{mm}^3$	$W_b = 26.961.25\,\text{mm}^3$	$W_b = 41.417.48\,\text{mm}^3$
Ausschlagsspannung σ_a $\sigma_a = \frac{\sigma_{bADK}}{S_{Db}}$ Mögliche Radialbelastung $\sigma_a = \frac{M_{b I, II, III}}{W_b}$ $F = f(\sigma_a, W_b)$	$\sigma_a = 43.7\,\text{MPa}$ $F = -19.621.8\,\text{N}$	$\sigma_a = 49.2\,\text{MPa}$ $F = -18.911.4\,\text{N}$	$\sigma_a = 47.1\,\text{MPa}$ $F = -16.822.8\,\text{N}$

Resultierende Sicherheit

$$\frac{1}{S_D^2} = \frac{1}{S_{Db}^2} + \frac{1}{S_{Dt}^2} \text{ mit } \sigma_{ADK} = \sigma_{WK} - \psi_{\sigma K} \cdot \sigma_{mv}; \quad \tau_{ADK} = \tau_{WK} - \psi_{\tau K} \cdot \tau_{mv};$$

$$M_t = \frac{P}{\omega} = 1.114,1 \, \text{Nm}$$

Tabelle 3.6.

Einflussfaktor	I	II	III
Widerstandsmoment W_t $W_t = \frac{\pi \cdot d^3}{16}$	$W_t = 53.922,5 \, \text{mm}^3$	$W_t = 52.922,5 \, \text{mm}^3$	$W_t = 82.835 \, \text{mm}^3$
Torsionsmittelspannung τ_m $\tau_m = \frac{M_{tn}}{W_t}$	$\tau_m = 20,7 \, \text{MPa}$	$\tau_m = 20,7 \, \text{MPa}$	$\tau_m = 13,5 \, \text{MPa}$
Vergleichsmittelspannungen $\sigma_{mv} = \sqrt{\sigma_{mb}^2 + 3 \cdot \tau_m^2};$ $\tau_{mv} = \frac{\sigma_{mv}}{\sqrt{3}}$	$\tau_{mv} = 20,7 \, \text{MPa}$ $\sigma_{mv} = 35,8 \, \text{MPa}$	$\tau_{mv} = 20,7 \, \text{MPa}$ $\sigma_{mv} = 35,8 \, \text{MPa}$	$\tau_{mv} = 13,5 \, \text{MPa}$ $\sigma_{mv} = 23,3 \, \text{MPa}$
Torsions-Wechselfestigkeit τ_{tw}	$\tau_{tw} = 330 \, \text{MPa}$	$\tau_{tw} = 330 \, \text{MPa}$	$\tau_{tw} = 330 \, \text{MPa}$
Geometrischer Größeneinfluss $K_2(d)$ $K_2(d) = 1 - 0,2 \cdot \frac{\lg(d/7,5\text{mm})}{\lg 20}$	$K_2(d) = 0,86$	$K_2(d) = 0,86$	$K_2(d) = 0,85$
Kerbwirkungszahl β_τ mit $G' = 1,15/\text{mm}$	$\beta_\tau(d_{BK}) = 0,56 \cdot \beta_\sigma(d_{BK}) + 0,1$ $\beta_\tau(d_{BK}) = 1,71$ $\beta_\tau(d) = \beta_\tau(d_{BK}) \frac{K_3(d_{BK})}{K_3(d)}$ $K_3(d_{BK}) = 0,974$ $K_3(d) = 0,966$ $\beta_\tau(d) = 1,72$	$\beta_\tau(d) = \alpha_\tau/n$ $n = f(\sigma_S(d)) = 1,05$ $\alpha_\tau = 1,865$ $\beta_\tau(d) = 1,78$	$\beta_\tau(d) = \alpha_\tau/n$ $n = f(\sigma_S(d)) = 1,05$ $\alpha_\tau = 1,895$ $\beta_\tau(d) = 1,81$
Gesamteinflussfaktor $K_{(\tau)}$ $K_{(\tau)} = \frac{\beta_\tau}{K_2(d)}$	$K_{(\tau)} = 2,0$	$K_{(\tau)} = 2,07$	$K_{(\tau)} = 2,13$
Bauteil-Torsions-Wechselfestigkeit τ_{WK} $\tau_{WK} = \frac{\sigma_{tW} \cdot K_1(d)}{K_{(\tau)}}$	$\tau_{WK} = 133,7 \, \text{MPa}$	$\tau_{WK} = 129,1 \, \text{MPa}$	$\tau_{WK} = 125,5 \, \text{MPa}$
Mittelspannungsempfindlichkeit $\psi_{\tau K}$, $\psi_{\sigma K}$ $\psi_{\sigma K} = \frac{\sigma_{WK}}{2 \cdot \sigma_B(d) - \sigma_{WK}};$ $\psi_{\tau K} = \frac{\tau_{WK}}{2 \cdot \sigma_B(d) - \tau_{WK}}$	$\psi_{\sigma K} = 0,0792$ $\psi_{\tau K} = 0,0810$	$\psi_{\sigma K} = 0,0901$ $\psi_{\tau K} = 0,0780$	$\psi_{\sigma K} = 0,0862$ $\psi_{\tau K} = 0,0756$
Bauteildauerfestigkeit τ_{ADK}, σ_{ADK} $\tau_{ADK} = \tau_{WK} - \psi_{\tau K} \cdot \tau_{mv}$, $\sigma_{ADK} = \sigma_{WK} - \psi_{\sigma K} \cdot \sigma_{mv}$	$\tau_{ADK} = 132,0 \, \text{MPa}$ $\sigma_{ADK} = 128,2 \, \text{MPa}$	$\tau_{ADK} = 127,5 \, \text{MPa}$ $\sigma_{ADK} = 144,7 \, \text{MPa}$	$\tau_{ADK} = 124,5 \, \text{MPa}$ $\sigma_{ADK} = 139,4 \, \text{MPa}$
Torsions-Ausschlagsspannung τ_a $\tau_a = \frac{0,5 \cdot M_{tn}}{W_t}$	$\tau_a = 10,3 \, \text{MPa}$	$\tau_a = 10,3 \, \text{MPa}$	$\tau_a = 6,7 \, \text{MPa}$
Einzelsicherheiten $S_{D\tau} = \frac{\tau_{ADK}}{\tau_a}$; $S_{D\sigma} = \frac{\sigma_{ADK}}{\sigma_a}$	$S_{D\tau} = 12,8$ $S_{D\sigma} = 2,93$	$S_{D\tau} = 12,4$ $S_{D\sigma} = 2,94$	$S_{D\tau} = 18,6$ $S_{D\sigma} = 2,96$
Resultierende Sicherheit $S_D = \left(\sqrt{1/S_{D\sigma}^2 + 1/S_{D\tau}^2}\right)^{-1}$	$S_D = 2,86$	$S_D = 2,86$	$S_D = 2,92$

Nachweis gegen Überschreiten der Fließgrenze

Tabelle 3.7.

Einflussfaktor	I	II	III
Technologischer Größeneinfluss $K_1(d)$, $d = 85$ mm	$K_1(d) = 0{,}81$	$K_1(d) = 0{,}81$	$K_1(d) = 0{,}81$
statische Stützwirkung K_{2F}	$K_{2F} = 1{,}2$	$K_{2F} = 1{,}2$	$K_{2F} = 1{,}2$
Biegefließgrenze $\sigma_{FK\,b}$ ($\gamma_F = 1{,}1$) $\sigma_{b\,FK} = K_1(d) \cdot K_{2F} \cdot \gamma_F \cdot \sigma_S(d_B)$	keine Umdrehungs-kerbe! $\rightarrow \gamma_F = 1$ $\sigma_{b\,FK} = 874{,}8$ MPa	$\sigma_{b\,FK} = 918{,}5$ MPa	$\sigma_{b\,FK} = 918{,}5$ MPa
Torsionsfließgrenze τ_{FK} $\tau_{t\,FK} = K_1(d) \cdot K_{2F} \cdot \sigma_S(d_B)/\sqrt{3}$	$\tau_{t\,FK} = 505$ MPa	$\tau_{t\,FK} = 505$ MPa	$\tau_{t\,FK} = 505$ MPa
Resultierende Sicherheit $S_F = \left(\sqrt{\tau_{max}^2/\tau_{t\,FK}^2 + \sigma_{max}^2/\sigma_{b\,FK}^2}\right)^{-1}$	$S_F = 4{,}53$	$S_F = 4{,}69$	$S_F = 5{,}92$

3.4 Berechnung eines geschweißten Stützarmes

Gegeben: Stützarm nach Abb. 3.19

Länge $l = 800$ mm

Kraft $F = 12.500$ N

Spannungsverhältnis $R = +1$ (statisch)

Vorhandene Sicherheit der Kehlnaht an der Befestigungsplatte ist gegen-über der Sicherheit des benachbarten Hohlprofils größer.

Werkstoff S 355 JO

Gesucht: Nachweisrechnung für den kritischen Querschnitt I-I des Trägers

Lösung

1. Nennspannungen

Kritische Stelle im Querschnitt I-I ist die Randfaser (1) an der Seite der Biege-Zug-Beanspruchung. Aufgrund des realen Schubspannungsverlaufes bleiben die Querkraft-Schubspannungen unberücksichtigt.

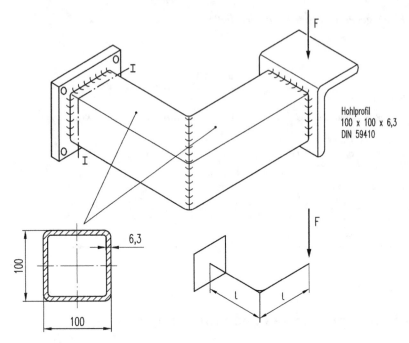

Abbildung 3.19. Stützarm, geschweißt

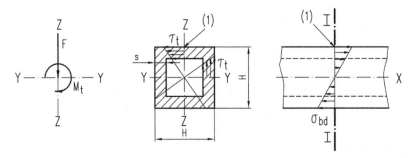

Abbildung 3.20. Querschnitt und angreifende Kraft und Moment im Querschitt I-I

Torsionspannungen

$$\tau_t = \frac{M_t}{W_t} \qquad W_t = \frac{2 \cdot l_t}{H} \qquad l_t = 0{,}141 \cdot [H^4 - (H - 2s)^4]$$

$$l_t = 0{,}141 \cdot [100^4 - 87{,}4^4]$$

$$l_t = 587{,}26 \cdot 10^4 \, \text{mm}^4$$

Weg I: $W_t = \dfrac{2 \cdot 58726 \cdot 10^2}{10^2} = 117{,}5 \cdot 10^3 \,\text{mm}^3$

Weg II: nach 1. Bredt'scher Formel

$$W_t = 2 \cdot A_m \cdot t$$
$$W_t = 2 \cdot 8779{,}7 \,\text{mm}^2 \cdot 6{,}3 \,\text{mm}$$
$$W_t = 110{,}6 \cdot 10^3 \,\text{mm}^3$$

$A_m =$ von der Mittellinie eingeschlossene Fläche
$A_m = (H-s)(H-s); \quad t = s = 6{,}3$
$A_m = 93{,}7^2 = 8779{,}7 \,\text{mm}^2$

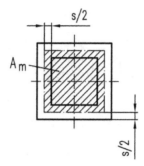

Abbildung 3.21. Zur Anwendung der Bredt'schen Formel zu betrachtenden Fläche

Weg III: nach Tabelle DIN 59410

$$W_t = 111 \cdot 10^3 \,\text{mm}^3$$

Berechnung des am Querschnitt I-I angreifenden Torsionsmomentes:

$$M_t = F \cdot I = 12.500 \,\text{N} \cdot 800 \,\text{mm} = 10.000 \cdot 10^3 \,\text{Nmm}$$

Berechnung der Torsionsschubspannungen:

$$\tau_t = \frac{10.000 \cdot 10^3 \,\text{Nmm}}{110{,}6 \cdot 10^3 \,\text{mm}^3} = 90{,}4 \,\text{N/mm}^2$$

Biegespannungen

$$\sigma_b = \frac{M_b}{W_b} \qquad I_b = I_y = \frac{H^4}{12} - \frac{(H-2s)^4}{12} = \frac{\left(100^4 - 87{,}4^4\right)}{12}$$
$$I_y = 3.470.000 \,\text{mm}^4$$

Weg I: $W_b = \dfrac{2 \cdot l_y}{H} = \dfrac{3.431.719}{50} = 69.400\,\mathrm{mm}^3$

Weg II: nach Tabelle DIN 59410

$$W_b = 67,8 \cdot 10^3\,\mathrm{mm}^3$$

Berechnung des anliegenden Biegemomentes und der Biegespannung:

$$M_b = F \cdot l = 12.500\,\mathrm{N} \cdot 800\,\mathrm{mm} = 10.000 \cdot 10^3\,\mathrm{Nmm}$$

$$\sigma_b = \frac{10.000 \cdot 10^3\,\mathrm{Nmm}}{69.400\,\mathrm{mm}^3} = 144,1\,\mathrm{N/mm}^2$$

2. Ertragbare Spannungen/vorhandene Sicherheit

$$\frac{1}{S_\mathrm{vorh}} = \sqrt{\left(\frac{\sigma_b}{\sigma_{bF}}\right)^2 + \left(\frac{\tau_t}{\tau_F}\right)^2} = \sqrt{\left(\frac{144,1}{370}\right)^2 + \left(\frac{90,4}{190}\right)^2}$$

$$S_\mathrm{vorh} = 1,6$$

4 Gestaltung von Elementen und Systemen

Der Gestaltung von Elementen und Systemen kommt eine ausgesprochen große Bedeutung zu. Der Konstrukteur hat beispielsweise die Gestalt eines Bauteiles festzulegen. Gleichzeitig ist aber auch das Herstellverfahren, die Materialauswahl, das Halbzeug, der Korrosionsschutz, die spätere Montage, die Funktion unter Festigkeitsgesichtspunkten zu berücksichtigen. Dies macht die Aufgabe der Gestaltung anspruchsvoll aber auch herausfordernd und spannend. Die Wirtschaftlichkeit eines Elementes oder Systems wird über die Gestaltung festgelegt. Ein weiteres Wesen der Konstruktionsgestaltung ist es, dass es nicht nur eine „gute" Lösung für eine Aufgabenstellung gibt. Es existieren aufgrund der Gestaltungsvielfalt beliebig viele Lösungen, die vielfach nicht als „richtig" oder „falsch" eingeordnet werden können, sondern die „gut" oder „besser" sein können. Folgend soll an drei Beispielen die Gestaltung gezeigt werden.

4.1 Gestaltung einer Motorradachse

Das Fahrwerk eines Motorrads besteht aus einer Vorderrad- und einer Hinterradführung, die konstruktiv unterschiedlich ausgeführt sind. In dieser Aufgabe wird die Vorderradführung betrachtet. Das am weitesten verbreitete Konzept ist die so genannte Teleskopgabel. Sie besitzt den folgenden prinzipiellen Aufbau (siehe Abb. 4.1 links): Zwei konzentrische Rohre – das Stand- und das Gleitrohr – gleiten ineinander und führen so das Rad, das sich um die Achse dreht, entlang einer Geraden. Die beiden Standrohre sind über zwei Gabelbrücken fest miteinander verbunden. Die Anbindung an den Rahmen erfolgt über das Lenkrohr, die Achse ist wiederum fest mit den Gleitrohren verbunden.

In dieser Aufgabe gestalten Sie die Lagerung des Rades auf der Achse sowie die Verbindung der Achse mit den Gleitrohren, unter Berücksichtigung der Gestaltungsrichtlinien für Teile mit Drehbearbeitung gemäß Abb. 4.2.

Bei der Gestaltung von Produkten müssen im Allgemeinen eine Reihe Randbedingungen und sich daraus ergebende Restriktionen beachtet werden, siehe auch Lehrbuch Steinhilper/Sauer. Im Falle der Vorderradführung sind dies:

– Verwendung ungedichteter Rillenkugellager in Fest-Los-Lager Anordnung

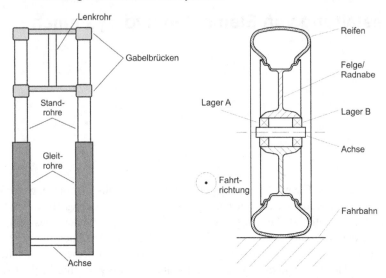

Abbildung 4.1. Prinzipieller Aufbau einer Federgabel (*links*); Schnitt durch ein Rad, schematisch (*rechts*)

Verf.	Gestaltungsrichtlinien	Ziel	nicht fertigungsgerecht	fertigungsgerecht
We	Beachten des erforderlichen Werkzeugauslaufs.	Q	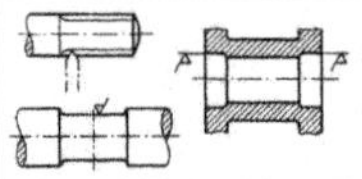	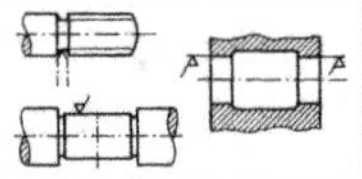
We	Anstreben einfacher Form-meißel.	A	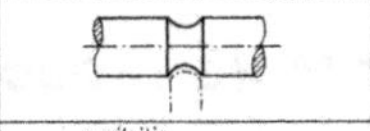	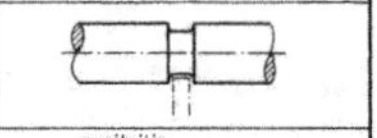
We	Vermeiden von Nuten und engen Toleranzen bei Innen-bearbeitung.	A Q	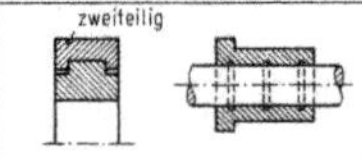 zweiteilig	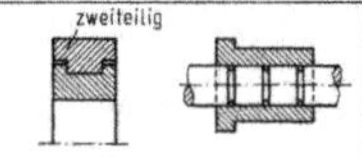 zweiteilig
We	Vorsehen ausreichender Spannmöglichkeiten.	Q	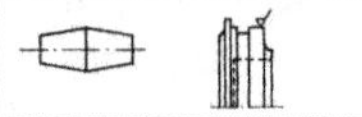	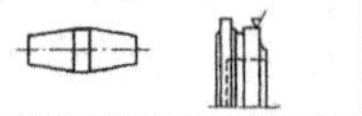
Sp	Vermeiden großer Zerspan-arbeit, z.B. durch hohe Wellen-bunde, besser aufgesetzte Buchsen.	A	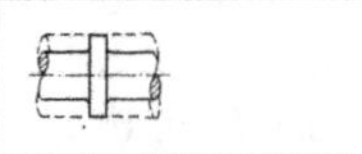	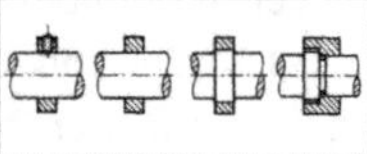
Sp	Anpassen der Bearbeitungs-längen und -güten an Funk-tion.	A	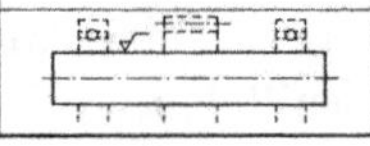	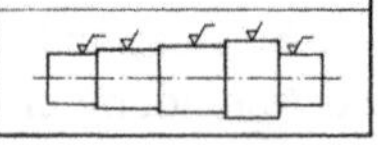

Abbildung 4.2. Gestaltungsrichtlinien für Teile mit Drehbearbeitung [Pahl/Beitz: Konstruktionslehre, Springer Verlag 2003]

– Verschmutzungen sind zu berücksichtigen → Abdichtung des Nabeninneren

– Großserienfertigung → Fertigungs- und Montagegerechtheit

– Versteifung der Gabel, denn je steifer eine Gabel ist, desto größer ist die Lenkpräzision.

Abbildung 4.3. CAD Modell der Vorderradführung

- Ein Verkanten der Gleitrohre gegenüber den Standrohren muss vermieden werden.

- Das Vorderrad muss nicht mit Bordwerkzeug ausbaubar sein. Die Verbindung muss jedoch mit werkstattüblichem Werkzeug lösbar sein.

- Die Gleitrohre werden aus Aluminium gegossen. Sie besitzen im Bereich, der in der Vorlage eingezeichnet ist, einen kreisrunden Querschnitt.

- Sowohl bei der Achse als auch bei den Gleitrohren handelt es sich um ungefederte Massen. Diese sollen nach Möglichkeit gering gehalten werden.

Abbildung 4.3 zeigt ein CAD Modell einer Motorradgabel. Die Gestaltung eines Produktes auf Basis der Prinziplösung geschieht in zwei Schritten: Der qualitativen und der quantitativen Gestaltung. Begonnen wird mit der qualitativen Gestaltung, bei der die qualitativen Gestaltparameter festgelegt werden.

1) Ermitteln Sie zunächst die Mindestanzahl benötigter Achsenabsätze, unter Berücksichtigung der Grundregel der Eindeutigkeit. Betrachten Sie dazu die Liste der Restriktionen.

Lösung: Für jede einzelne Funktion muss gemäß der Grundregel Eindeutigkeit eine eigene Funktionsfläche vorgesehen werden. Dieser Grundregel entspricht ebenfalls die Gestaltungsrichtlinie für Teile mit Drehbearbeitung, dass die jeweiligen Bearbeitungslängen und -güten an die entsprechende Funktion angepasst werden müssen. Für die Achse ergeben sich somit mind. sieben Achsenabsätze: Zwei Absätze für die Aufnahme der Gabelholme, zwei als Lagersitz, zwei für die Dichtungen und ein Absatz zur Verbindung der Lagerabsätze, siehe Abb. 4.4.

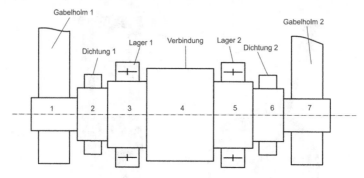

Abbildung 4.4. Qualitative Gestalt der Achse – Schritt 1

2) Die Achse soll laut Restriktionen mit werkstattüblichem Werkzeug montierbar und demontierbar sein. Welche Verbindungsart bietet sich gemäß Restriktionen besonders an? Berücksichtigen Sie bei der Antwort vor allem den Aspekt der Großserienfertigung.

Lösung: Die Verbindung soll eine lösbare Verbindung sein. Die gängigsten lösbaren Verbindungen im Maschinenbau sind Schraubenverbindungen, die sich in der Regel ohne Spezialwerkzeug montieren und demontieren lassen. Ein Einschrauben der Achse in die Gabelholme ist daher sinnvoll.

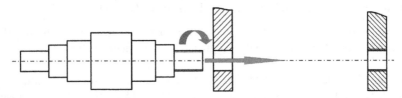

Abbildung 4.5. Montagerichtung

3) Welche Dichtung ist für den Einsatzfall am besten geeignet?

Lösung: Da es sich um eine dynamische Dichtung handeln soll, empfiehlt sich hier die Verwendung eines Radialwellendichtrings.

Auf der Achse wird ein Gehäuse (Felge) gelagert. Bei Betrachtung von Abb. 4.1 und Abb. 4.5 ist zu erkennen, dass sich die in die Felge eingebaute Achse nicht wie geplant montieren lässt, da die starre Verbindung der Gabelholme sich nicht weit genug spreizen lässt. Darüber hinaus ist eine Spreizung aus Steifigkeitsgründen nicht zulässig.

4) Wie lässt sich dieses Montage-Problem umgehen? Wie muss die Form der Achse dafür angepasst werden?

Lösung: Die Achse wird als Steckachse ausgeführt. Die Felge mit Reifen wird zwischen den Gabelholmen fixiert, die Achse von einer Seite durch Gabelholm und Felge gesteckt und in den anderen Gabelholm eingeschraubt. Die Form der Achse muss daher von der typischen Form aus Abb. 4.5 abweichen und eine sich stetig verjüngende Form annehmen.

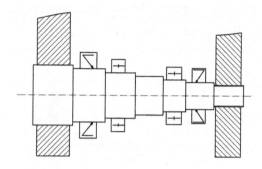

Abbildung 4.6. Qualitative Gestalt der Welle – Schritt 2

5) Ist es in diesem Fall sinnvoll, beide Achsenden mit einem Gewinde zu versehen? Berücksichtigen Sie wieder die Restriktionen!

Lösung: Laut Restriktionen soll ein Verkanten vermieden werden. Werden beide Gabelholme verschraubt, ist ein Verkanten der Gabelholme nicht ausgeschlossen. Daher wird nur ein Achsenabsatz in einen der Gabelholme geschraubt.

6) Wie sollte der andere Gabelholm mit der Achse verbunden werden? Überlegen Sie zunächst, welche Aufgabe die Verbindung Achse – Gabelholm übernehmen muss.

Lösung: Die Verbindung muss den Gabelholm radial fixieren. Eine axiale Sicherung ist durch das Einschrauben des anderen Gabelholms bereits gegeben. Es wird daher eine radiale Funktionsfläche benötigt. Eine Möglichkeit der Verbindung ist die Verwendung einer Klemmverbindung mit geschlitzter Nabe. Bei der Montage wird die Achse in den einen Gabelholm geschraubt und der andere durch die Klemmverbindung geschoben. Durch manuelles Einfedern des Vorderrades werden Spannungen und Verklemmungen in der Baugruppe gelöst, da sich der zu klemmende Absatz im Holm noch ungehindert bewegen kann. Anschließend wird die Klemmschraube angezogen und der Absatz im Holm verspannt.

7) Sehen Sie eine geeignete Funktionsfläche für das Werkzeug zum Lösen der Schraubverbindung von Gabelholm und Achse vor. Überlegen Sie dazu, welches Werkzeug normalerweise im Maschinenbau zum Lösen von Schrauben verwendet wird und wie der Kopf der Schrauben dementsprechend ausgeführt ist.

Lösung: Die gängigsten Schrauben im Maschinenbau sind Sechskantschrauben und Zylinderschrauben mit Innensechskant. Die entsprechenden Werkzeuge sind Maulschlüssel und Innensechskantschlüssel. Beide Ausführungsformen eignen sich prinzipiell zur Erfüllung der Funktion. Entweder kann ein zusätzlicher Absatz als Sechskant hinzugefügt werden oder die entsprechende Stirnfläche mit einem Innensechskant versehen werden. Ein zusätzlicher Absatz erhöht sowohl das Gewicht als auch die Materialkosten und widerspricht damit den Restriktionen geringes Gewicht und Großserienfertigung. Daher ist hier die Variante mit Innensechskant zu bevorzugen.

Die Achse weist nun die folgende qualitative Gestalt auf, Abb. 4.7:

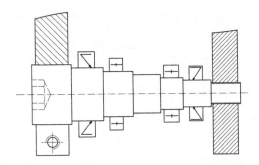

Abbildung 4.7. Qualitative Gestalt der Achse – Schritt 3

8) Wie kann das Gewicht der Achse weiter reduziert werden?

Lösung: Durch die sich verjüngende Form ist die Achse sehr massiv ausgeführt. Durch Ausführung der Achse als Hohlachse kann die Wandstärke deutlich reduziert werden.

Damit ist die qualitative Gestalt der Welle und der Verbindung mit den Gabelholmen gemäß den Restriktionen erfolgt. Es ergibt sich damit die in Abb. 4.8 gezeigte qualitative Gestalt der Achse:

Im Weiteren wird die Gestalt der Felge und eventuell benötigter Zusatzbauteile festgelegt.

Die Felge wird mit Rillenkugellagern auf der Achse in Fest-Los-Anordnung gelagert. Um zu entscheiden, welcher Lagerring lose eingebaut werden kann, muss man zunächst die Belastungsart der Ringe und die damit benötigte Passungsart kennen:

9) Geben Sie daher zu jedem Lagerring die Lastart (Punktlast/Umfangslast) und die Art der Passung (fest/lose) an! Welcher Ring eignet sich somit als Losring?

Lösung: Auf die Außenringe wirkt jeweils eine Umfangslast und auf die für die Innenringe eine Punktlast. Die Außenringe mit Umfangslast müssen daher mit einem

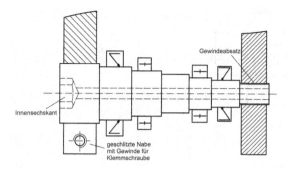

Abbildung 4.8. Qualitative Gestalt der Achse – Schritt 4

Presssitz montiert werden, um ein Wandern des Rings zu vermeiden. Die Innenringe können auch einen losen Sitz aufweisen und eigen sich daher beide als „loser" Ring.

10) Überlegen Sie, wo Körperkanten als Anlageflächen für die Lager zum Einsatz kommen können und wo zusätzliche Bauteile (Sicherungsringe, Hülsen, etc.) benötigt werden.

Lösung: Nach dem die qualitative Gestalt erarbeitet ist, beginnt die quantitative Gestaltung. Dabei werden die genauen Abmessungen mit Maßen festgelegt. Bei Norm- und Katalogteilen sind sowohl die qualitative als auch quantitative Gestalt bereits festgelegt. Die Durchmesser der Absätze mit Normteilen ergeben sich nach den Herstellerangaben der verwendeten Normteile. So werden vom Hersteller explizite Angaben zu Innen- und Außendurchmessern, beispielsweise der Lagersitze, gemacht. Auch werden Angaben zu Mindestdurchmessern angrenzender Absätze, Absatzlängen, benötigten Freistichen und Montagefasen, sowie Oberflächenbeschaffenheit gemacht.

11) Gestalten Sie nun die gesamte Baugruppe. In Abb. 4.9 finden Sie einen Auszug aus dem FAG Wälzlagerkatalog mit den Abmessungen für möglicher Rillenkugellager und entsprechender Absätze. In Abb. 4.10 finden Sie Gestaltungshinweise für Absätze mit RWDR aus dem Simrit Katalog. Die Durchmesser sind hier frei zu wählen. Zu beachten sind dabei das Vermeiden von Doppelpassungen und das Anbringen von Montagefasen, wie bei jeder Konstruktion.

Lösung: In Abb. 4.11 ist eine Lösung mit einem CAD Modell dargestellt. Die folgenden beiden Zeichnungen in Abb. 4.12 zeigen ein Aufgabenblatt und eine ausgearbeitete Lösung.

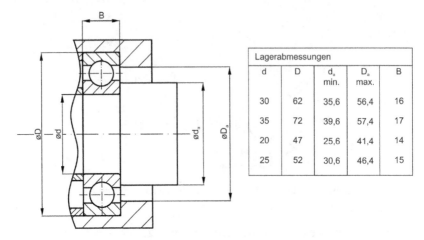

Lagerabmessungen				
d	D	d_a min.	D_a max.	B
30	62	35,6	56,4	16
35	72	39,6	57,4	17
20	47	25,6	41,4	14
25	52	30,6	46,4	15

Abbildung 4.9. Auszug aus dem FAG Wälzlager Katalog

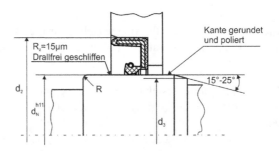

Abbildung 4.10. Auszug aus dem Simrit Katalog zur Gestaltung der Welle mit RWDR

4.2 Gestaltung eines Winkelhebels, Gussgestaltung

Bei dem in Abb. 4.13 dargestellten Bauteil handelt es sich um eine Schweißkonstruktion. Da sich die Stückzahl des Bauteils erhöht hat, soll das Bauteil in Zukunft als Gussbauteil hergestellt werden. Ihre Aufgabe ist es daher, das Bauteil unter Berücksichtigung der Gestaltungsrichtlinie für Bauteile aus Gusswerkstoffen (Abb. 4.14) gussgerecht umzugestalten. Gusswerkstoffe sind sehr spröde und sollten möglichst auf Druck beansprucht werden. Berücksichtigen Sie diesen Sachverhalt, indem Sie den Querschnitt der Belastung anpassen.

1) Welche Belastung wirkt hauptsächlich auf den Hebel? Wie wirkt sich die Belastungsart auf die Geometrie aus?

Lösung: Der Hebel wird hauptsächlich auf Biegung belastet. Die angreifenden Kräfte bewirken quasi, dass der Hebel aufgebogen wird. Die Durchbiegung wird wesentlich vom Flächenträgheitsmoment zweiter Ordnung beeinflusst. Das Flächenträgheitsmoment berechnet sich nach folgender Formel:

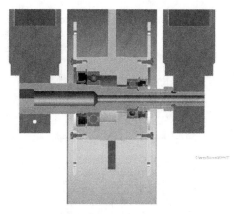

Abbildung 4.11. Schnitt durch die Vorderradführung

$$I_y = \int\limits_{(A)} z \, \mathrm{d}A$$

Dabei ist z der Abstand von der neutralen Achse. Das Flächenträgheitsmoment ist umso größer, je mehr Material vorhanden ist und um je weiter das Material von der neutralen Faser entfernt ist. Bei reiner Biegung verläuft die neutrale Faser durch den Schwerpunkt der Querschnittsfläche. Ein großes Flächenträgheitsmoment führt zu einer kleinen Durchbiegung und ist daher anzustreben. Eine Biegebelastung durch ein Biegemoment um die y Achse führt zu dem in Abb. 4.15 dargestellten Spannungsverlauf.

Die Biegespannung verläuft linear über dem Querschnitt, wie in Abb. 4.16 dargestellt. Liegt die neutrale Faser in der Mitte des Querschnittes (a), dann sind Zug- und Druckspannung gleich groß. Verschiebt sich die Lage der neutralen Faser aus der Mitte des Querschnittes, so wird, abhängig von der Belastungsrichtung, je nach Richtung der Verschiebung entweder die Belastung durch Druck (b) größer oder die Zugbelastung (c). Die Lage der neutralen Faser lässt sich durch die Querschnittsgeometrie variieren. Der Querschnitt muss daher so gewählt werden, dass sich der Fall (b) ergibt, also die Druckspannung deutlich größer ist als die Zugspannung. Zudem muss das Bauteil in Bereichen mit Zugbelastung massiver ausgelegt werden.

2) Welche Gestaltungsrichtlinien für Teile aus Gusswerkstoffen müssen im Fall des Hebels zusätzlich berücksichtigt werden?

Lösung:

– Bevorzugen einfacher Formen.

– Vorsehen von Aushebeschrägen von der Teilfuge aus.

– Anstreben gleichmäßiger Wanddicken.

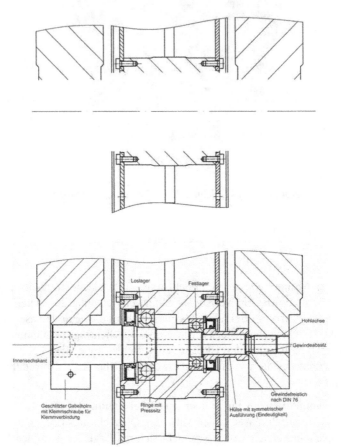

Abbildung 4.12. Aufgabenblatt (*oben*), Lösungsvorschlag Schnitt durch die Vorderradführung (*unten*)

– Vorsehen gießgerechter Bearbeitungszugaben mit Werkzeugauslauf. Zusammenfassen von Bearbeitungsgängen durch Zusammenlegen und Angleichen von Bearbeitungsflächen und Bohrungen.

– Bearbeiten nur unbedingt notwendiger Flächen durch Aufteilen großer Flächen.

3) Gemäß den Gestaltungsrichtlinien soll das Bauteil aus möglichst einfachen Formen bestehen. Welche Formen bieten sich für den Hebel an? Vernachlässigen Sie zunächst eine der Belastung angepasste Geometrie.

Lösung: Eine Möglichkeit ist das Bauteil aus drei Zylindern und zwei Quadern aufzubauen, wie in Abb. 4.17 dargestellt.

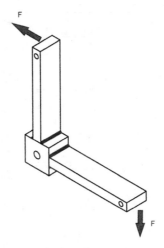

Abbildung 4.13. Schweißkonstruktion mit Kraftangriffsrichtung

4) Wo liegt die Teilungsebene bei dem in Abb. 4.17 dargestellten Hebel? Wie müssen daher benötigte Aushebeschrägen angeordnet werden?

Lösung: Die Teilungsebene liegt in der Mitte des Bauteils, von der ausgehend Aushebeschrägen angebracht werden müssen, damit das Bauteil entformt werden kann und nicht in der Form haftet, siehe Abb. 4.18.

5) Wie sollte der Querschnitt des Hebels im Bereich der Quader, unter Berücksichtigung der Entformbarkeit und des Belastungsfalls, gestaltet werden?

Lösung: Die neutrale Faser muss möglichst weit in negativer z-Richtung verschoben werden, damit das Biegemoment um die y-Achse eine kleinstmögliche Zugspannung induziert. In Abb. 4.19 ist ein möglicher Querschnitt dargestellt, der zu der angestrebten Spannungsverteilung, hohe Druck- und geringe Zugspannung, führt. Das T-Profil bietet darüber hinaus den Vorteil, dass der Bauteilbereich, auf den eine Zugspannung wirkt, sehr massiv ausgeführt ist und daher eine gute Festigkeit aufweist. Wichtig ist das Anbringen der Aushebschrägen von der Teilungsebene aus und von Rundungen zur guten Entformbarkeit.

6) Welche Flächen müssen spanend nachbearbeitet werden? Welche Gestaltungsrichtlinien sind zu beachten und wie wirken sich diese auf die Gestalt aus?

Lösung: Die Bohrungen müssen nach dem Gussvorgang spanend nachbearbeitet werden. Dazu müssen plane Flächen vorgesehen werden, weshalb die letzten drei der oben aufgeführten Gestaltungsrichtlinien zu berücksichtigen sind. Demnach sind gießgerechte Bearbeitungszugaben vorzusehen, Bearbeitungsflächen sind zusammenzufassen und die große Fläche wird unterteilt. Die Bohrungen liegen auf den Zylindern, weshalb diese mit Bearbeitungszugabe versehen werden, indem sie

Verf.	Gestaltungsrichtlinien	Ziel	nicht fertigungsgerecht	fertigungsgerecht
Mo	Bevorzugen einfacher For-men für Modelle und Kerne (geradlinig, rechteckig).	A		
Mo	Anstreben ungeteilter Mo-delle, möglichst ohne Kerne (z.B. durch offene Querschn.).	A		
Fo	Vorsehen von Aushebe-schrägen von der Teilfuge aus (DIN 1511).	Q		
Fo	Anordnen von Rippen so, dass Modell ausgehoben werden kann, Vermeiden von Hinter-schneidungen.	Q		
Fo	Lagern der Kerne zuver-lässig.	Q		
Gi	Vermeiden waagerechter Wand-teile (Gasblasen, Lunker) und sich verengender Querschn. zu den Steigern.	Q		
Gi	Anstreben gleichmäßiger Wand-dicken und Querschnitte sowie allmählicher Querschnittsüber-gänge, Beachten der Werkstoff-eigenheiten für zul. Wand-dicken und Stückgrößen.	Q		
Be	Anordnen der Teilfugen, dass Guss-versatz nicht stört, in Bearbei-tungszonen liegt oder leichte Gratentfernung möglich ist.	A Q		
Be	Vorsehen gießgerechter Be-arbeitungszugaben mit Werk-zeugauslauf.	A Q		
Be	Vorsehen ausreichender Spannflächen.	Q A		
Be	Vermeiden schrägliegender Bearbeitungsflächen und Bohrungsansätze.	A Q		
Be	Zusammenfassen von Bear-beitungsgängen durch Zusam-menlegen und Angleichen von Bearbeitungsflächen und Bohrungen.	A		
Be	Bearbeiten nur unbedingt notwendiger Flächen durch Aufteilen großer Flächen.	A		

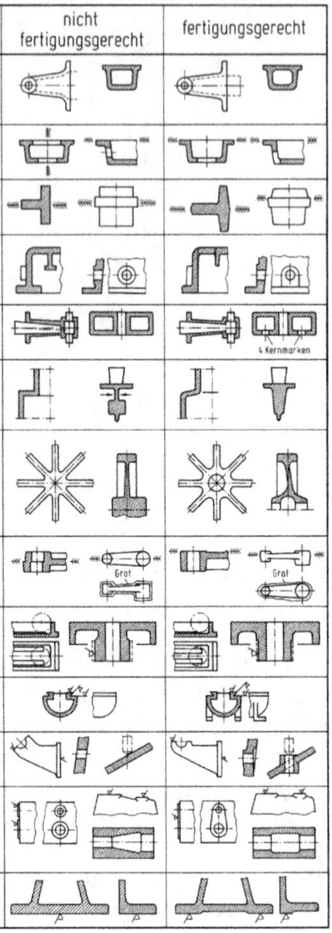

Abbildung 4.14. Gestaltungsrichtlinien für Teile aus Gusswerkstoffen

höher als die Quader ausgeführt werden und in einer Ebene liegen. Dadurch, dass nur die Zylinder höher ausgeführt werden, wird gleichzeitig die große Fläche unterteilt und das zu zerspanende Volumen gering gehalten.

7) Welche Formelemente fehlen noch für eine gussgerechte Konstruktion? Gestalten Sie den kompletten Hebel mit allen erforderlichen Ansichten!

Lösung: Das gesamte Bauteil muss noch mit Rundungen versehen werden.

In Abb. 4.20 ist der Hebel unter Berücksichtigung der Herstellung durch Gießen dargestellt.

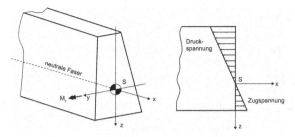

Abbildung 4.15. Bestimmung des Flächenträgheitsmomentes

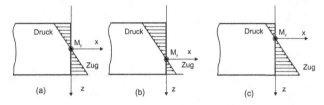

Abbildung 4.16. Einfluss des Faserabstandes auf Zug- und Druckspannung

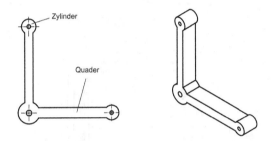

Abbildung 4.17. Gussteil Grobentwurf

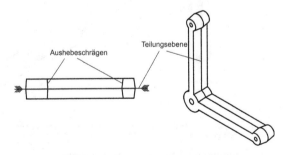

Abbildung 4.18. Gussteil mit Aushebeschrägen

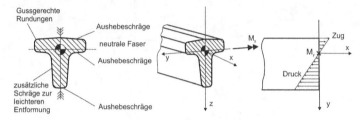

Abbildung 4.19. Profilquerschnitt

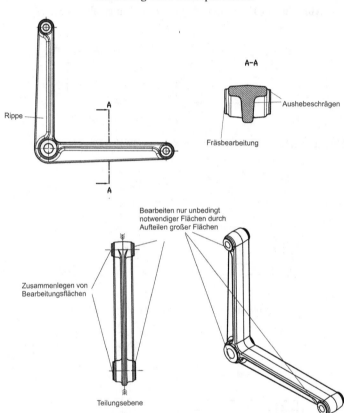

Achtung: Bei dem dargestellten Bauteil handelt es sich nicht um eine normgerechte Darstellung!
Zur besseren Verständlichkeit sind teilweise Tangentialkanten der Rundungen dargestellt.

Abbildung 4.20. Gestalteter Gusshebel

4.3 Gestaltung eines Papierlochers, Blechumformung

Ein Locher dient dazu, Löcher mit einem definierten Durchmesser und Abstand in einen Stapel Papier zu stanzen. Er besteht im Wesentlichen aus zwei Stempeln und Matrizen, einem Hebel, um die Stempel herunterdrücken zu können und Federn, die die Stempel nach dem Lochvorgang wieder in ihre Ausgangsposition drücken, siehe Abb. 4.21.

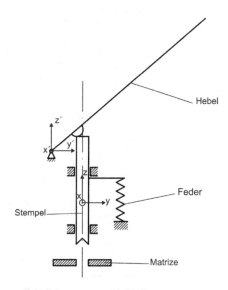

Abbildung 4.21. Prinziplösung eines Lochers

In dieser Aufgabe soll ein Locher als Blechkonstruktion gestaltet werden. Dabei gilt es folgende Restriktionen zu beachten:

– Zur Rückstellung soll je eine Schrauben-Druckfeder pro Stempel verwendet werden.

– Der Locher wird in Großserie hergestellt. Besonderes Augenmerk ist dabei auf eine fertigungsgerechte Blechgestaltung gemäß Abb. 4.22 zu legen.

– Der Locher muss nicht demontierbar sein.

– Zu verwenden sind Bleche mit einer Stärke von 1 mm.

– Der Locherfuß soll zweiteilig gestaltet sein, bestehend aus einem Standfuß und einem Gehäuse, in dem der Hebel und die Stempel gelagert sind.

– Ein Auffangbehälter für das ausgestanzte Papier braucht nicht dargestellt und berücksichtigt zu werden.

– In Papiereinschubrichtung ist ein geeigneter Papieranschlag vorzusehen.

Zuerst soll das Gehäuse betrachtet werden.

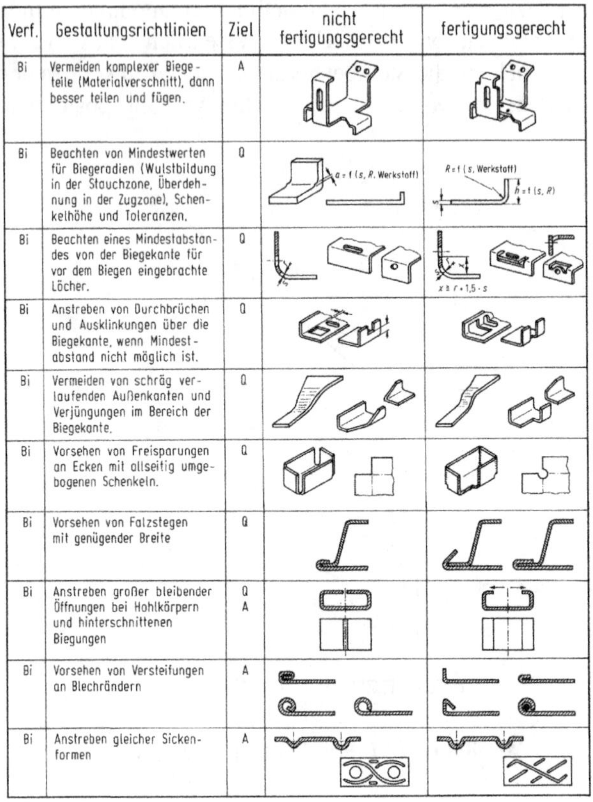

Verf.	Gestaltungsrichtlinien	Ziel	nicht fertigungsgerecht	fertigungsgerecht
Bi	Vermeiden komplexer Biege-teile (Materialverschnitt), dann besser teilen und fügen.	A		
Bi	Beachten von Mindestwerten für Biegeradien (Wulstbildung in der Stauchzone, Überdehnung in der Zugzone), Schenkelhöhe und Toleranzen.	Q		
Bi	Beachten eines Mindestabstandes von der Biegekante für vor dem Biegen eingebrachte Löcher.	Q		
Bi	Anstreben von Durchbrüchen und Ausklinkungen über die Biegekante, wenn Mindestabstand nicht möglich ist.	Q		
Bi	Vermeiden von schräg verlaufenden Außenkanten und Verjüngungen im Bereich der Biegekante.	Q		
Bi	Vorsehen von Freisparungen an Ecken mit allseitig umgebogenen Schenkeln.	Q		
Bi	Vorsehen von Falzstegen mit genügender Breite	Q		
Bi	Anstreben großer bleibender Öffnungen bei Hohlkörpern und hinterschnittenen Biegungen	Q A		
Bi	Vorsehen von Versteifungen an Blechrändern	A		
Bi	Anstreben gleicher Sicken-formen	A		

Abbildung 4.22. Gestaltungsrichtlinien für Biegeteile

1) Welche Funktion übernimmt das Gehäuse laut Aufgabenstellung und Prinzipskizze?

Lösung: Im Gehäuse werden die Federn und die Stempel gelagert. Zusätzlich übernimmt das Gehäuse die Funktion der Führung der Stempel.

2) Welche Funktionsflächen werden für die Führung der Stempel benötigt? Betrachten Sie hierzu die Prinzipskizze und überlegen Sie, welche Funktion Führungen allgemein übernehmen.

Lösung: Eine Führung nimmt Bauteilen Freiheitsgrade, so dass sich das Bauteil nur noch in definierten Richtungen bewegen kann. Zur Erfüllung der geforderten Funktion müssen folgende Freiheitsgrade dem Stempel genommen werden: Translation entlang der x- und y-Achse, sowie Rotation um die x- und die y-Achse. Erforderlich ist eine Translation in z-Richtung. Zugelassen ist die Rotation um die z-Achse,

Verf.	Gestaltungsrichtlinien	Ziel	nicht fertigungsgerecht	fertigungsgerecht
We Fl	Vermeiden von Unterschnei-dungen.	Q A		
Fl	Vermeiden von Seitenschrägen und kleinen Durchmesser-unterschieden.	Q		
Fl	Vorsehen rotationssymmetri-scher Körper ohne Werkstoff-anhäufungen, sonst teilen und fügen.	Q		
Fl	Vermeiden schroffer Quer-schnittsänderungen, scharfer Kanten und Hohlkehlen.	Q		
Fl	Vermeiden von kleinen, langen oder seitlichen Bohrungen sowie von Gewinden.	Q		

Abbildung 4.23. Gestaltungsrichtlinien für Umformteile

da die Stempel rotationssymmetrisch sind und damit die Löcher immer kreisrund sind. Für die Fixierung in radialer Richtung ist prinzipiell eine zylindrische Funktionsfläche ausreichend. Diese kann allerdings das Kippmoment nicht aufnehmen. Eine zusätzliche, zweite zylindrische Funktionsfläche in einem Abstand h entlang der z-Achse von der ersten Funktionsfläche ist daher nötig, siehe Abb. 4.24.

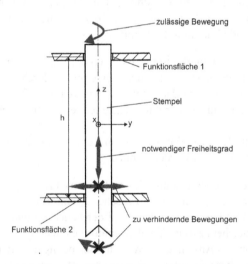

Abbildung 4.24. Übersicht über Freiheitsgrade und Aufgabe der Führung

3) Der Stempel soll durch Schrauben-Druckfedern in seine Ausgangslage zurück-gestellt werden. Welche Position bietet sich für die Federn in diesem Fall besonders an und warum?

Lösung: Schraubenfedern können ausknicken. Nicht knicksichere Federn müssen auf einem Dorn oder einer Hülse geführt werden. Daher ist es sonnvoll jede Feder auf den zugehörigen Stempel zu setzen. Dadurch ist die Knicksicherheit gewährleistet und es werden keine zusätzlichen Bauteile in Form von Hülsen benötigt, vergleiche Abb. 4.25.

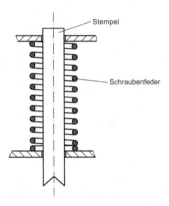

Abbildung 4.25. Einbau der Feder um den Stempel

4) Was fehlt bei der dargestellten Anordnung? Überlegen Sie, was mit dem Stempel geschehen würde, wenn man die Anordnung so zusammen baut. Übernimmt die Feder ihre rückstellende Funktion des Stempels?

Lösung: Es fehlt ein Anschlag des Stempels in axialer Richtung. In der oben dargestellten Anordnung fällt der Stempel einfach ungehindert durch die Führung durch. Außerdem kann die Feder in der dargestellten Form keine Kraft in axialer Richtung auf den Stempel ausüben und daher ihre rückstellende Funktion nicht wahrnehmen.

5) Verbessern Sie die Konstruktion so, dass mit einem zusätzlichen Bauteil beide fehlende Funktionen ausgeübt werden können.

Lösung: Eine mögliche Lösung ist die Verwendung eines Klemmringes, der auf den Stempel geklemmt wird. Die Feder wird zwischen Klemmring und der unteren Führung eingespannt. Der Stempel liegt damit auf der Feder auf und kann nicht durch die Führung durchrutschen. Zusätzlich übernimmt die obere Kante des Klemmrings die Funktion eines oberen Anschlags, so dass die Bewegung des Stempels nach oben hin begrenzt und die obere Stellung eindeutig definiert ist, siehe Abb. 4.26.

Betrachten Sie erneut die Prinzipskizze. Gestaltet sind bereits die Führung der Stempel und die Lagerung der Feder.

6) Wie muss die Konstruktion dazu angepasst werden, um eine sichere Führung des Stempels zu gewährleisten?

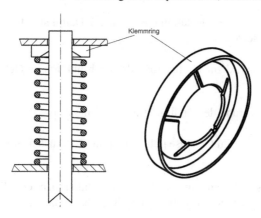

Abbildung 4.26. Einbau eines Klemmrings auf dem Stempel

Lösung: Für eine sichere Führung muss die Führungslänge verlängert werden, damit nicht nur die Spitzen des Stempels geführt werden, wenn die Stempel in der oberen Position stehen. Im Rahmen der Biegeteilherstellung wird das Blech durchgestanzt und die Ecken der Matrize nach innen gebogen und damit die Führungslänge vergrößert, Abb. 4.27.

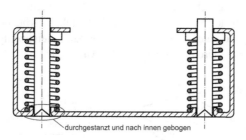

Abbildung 4.27. Verwenden des Gehäuses als Matrize mit Verlängerung der Führungslänge

Damit ist die Gestaltung der Lagerung der Stempel und der Feder im Gehäuse abgeschlossen.

Im nächsten Schritt werden die Gestaltung des Hebels und die Lagerung des Hebels im Gehäuse betrachtet.

Gemäß Prinzipskizze wird der Hebel in einem Drehgelenk in dem Gehäuse gelagert.

7) Welche Freiheitsgrade müssen zur Lagerung des Hebels im Deckel festgesetzt werden?

Lösung: Der Deckel darf sich nur um die vorgesehene Drehachse (x') drehen. Eine Verschiebung in radialer oder axialer Richtung (Translation in x'-, y'- und z'-Richtung) ist nicht zulässig. Ebenfalls verhindert werden müssen Drehungen um die anderen beiden Achsen (Rotation um y' und z'). Damit sind fünf von sechs Freiheitsgraden festzusetzen.

8) Welches Bauteil wird zur Realisierung der Drehfunktion im Gehäuse am Besten eingesetzt?

Lösung: Zur Realisierung der Drehfunktion wird eine Achse verwendet.

9) Wie muss die Achse im Gehäuse gelagert werden? Berücksichtigen Sie Ihre Antwort zu Frage 7.

Lösung: Die Achse wird analog zum Stempel gestaltet, d. h. eine Führung in zwei radialen Funktionsflächen. Zusätzlich muss die Achse axial durch Anschläge fixiert werden.

10) Wie kann die Achse mit dem Blech des Deckels verbunden werden? Wie kann die Achse mit Hilfe des Deckelbleches im Gehäuse axial fixiert werden?

Lösung: Die Achse kann nicht direkt wie in der Prinzipskizze am Ende des Bleches angeordnet werden, da dann eine radiale Führung im Gehäuse nicht mehr gewährleistet ist. Die Achse muss frei drehbar im Gehäuse gelagert werden, deshalb wird sie parallel zum Hebel angeordnet. Biegt man die Seiten des Hebels um, kann die Achse durch dafür vorgesehenen Bohrungen gesteckt werden und durch Umbördeln der Enden nach der Montage fest mit dem Hebel verbunden werden, siehe Abb. 4.29. Die umgebogenen Hebelseiten dienen dann gleichzeitig als Anschlag in axialer Richtung für die Drehachse, vergleiche Abb. 4.28.

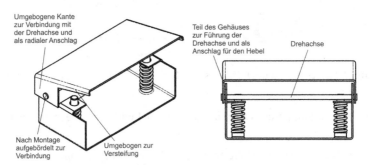

Abbildung 4.28. Gestalt des bisher erarbeiteten Lochers

Gestalten Sie basierend auf den bisher erarbeiteten Antworten, und unter Berücksichtigung der Gestaltungsrichtlinien von Biegeteilen, den Locher. Verwenden Sie dazu das dargestellte Lösungsblatt. Bisher noch nicht gestaltet sind der Fuß des Lochers und seine Verbindung mit dem Gehäuse sowie die Matrize. Überlegen Sie dazu unter zu Hilfename von Abb. 4.22 wie Blechteile miteinander verbunden werden können. Tipp: Verwenden Sie die Verbindung beider Bauteile direkt als Anschlag

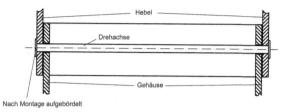

Abbildung 4.29. Führung der Drehachse im Detail

für den Papierstapel. Ebenfalls noch zu erarbeiten ist die Funktionsfläche im Hebel, mit der die Stempel heruntergedrückt werden.

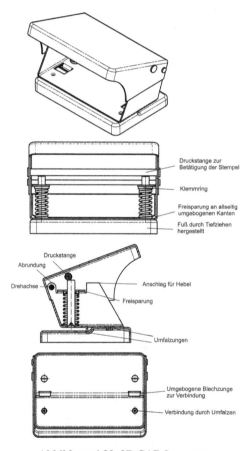

Abbildung 4.30. 3D CAD Lösungen

5 Federn

Ein wichtiges Konstruktionselement sind die Federn, die es in einer Vielzahl von Varianten gibt. Alle beruhen auf dem gleichen Prinzip durch geeignete Gestaltung die Elastizität eines Werkstoffes gezielt auszunutzen. Je nach Art entstehen dabei verschiedene Hauptbeanspruchungen wie Zug/Druck, Biegung, Torsion und Scherung, welche die Grundlage für die Berechnung liefern. Federn lassen sich nicht nur nach der Art der Beanspruchung, sondern auch nach verschiedenen Aspekten, wie Werkstoff, Gestalt und Funktion klassieren.

Für den Ingenieur ist in der Regel die Klassierung nach Funktion die Interessanteste, da für die Konstruktion die Erfüllung der Hauptfunktion, wie das Speichern von Energie, Ausüben von Kräften und das Dämpfen von Schwingungen, von Bedeutung ist.

In diesem Übungskapitel wird der Schwerpunkt auf die im Maschinenbau gängige Schraubenfeder und auf die im Kupplungsbau bei Fahrzeugen nicht wegzudenkende Tellerfeder gelegt. Im ersten Teil werden die grundlegenden Funktionen der Federn und speziell die Federkennlinie der Tellerfeder behandelt.

Häufig werden gewünschte Federkennlinien anhand von Reihen- oder Parallelschaltungen von Einzelfedern erreicht. Anhand eines Beispiels wird gezeigt, wie die Kennlinie einer Federschaltung und die verrichtete Arbeit berechnet werden und diese in einem Kraft-Weg-Diagramm grafisch bestimmt werden kann. Des Weiteren wird auf den Artnutzungsgrad einer Feder eingegangen, wie er im einfachen Fall eines Biegebalkens berechnet und verbessert werden kann.

Abschließend wird am Beispiel einer Ventilfeder gezeigt, wie eine dynamische belastete Schraubenfeder unter Vorspannung berechnet wird und welcher Festigkeitsnachweis dabei durchzuführen ist.

5.1 Verständnisfragen zu Federn

a) Nennen Sie verschiedene Grundfunktionen von Federn.

Lösung

- Energie speichern

- Dämpfen

- Ausüben von Kräften

- Abstimmung der Dynamik

b) Geben Sie die dominante Beanspruchungsart der jeweiligen Federnbauform an.

Lösung

- Blattfeder: Biegung

- Drehstabfeder: Torsion

- Schraubenfeder: Torsion

c) Zeichnen Sie (qualitativ) die Federkennlinien einer Schraubenfeder und die einer geschichteten Blattfeder, die zunächst belastet und anschließend entlastet werden. Beschriften Sie die Achsen. Der Federnwerkstoff weist ein ideal elastisches Verhalten auf (keine innere Dämpfung).

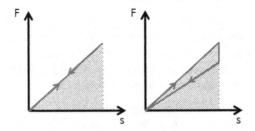

Abbildung 5.1. links: Kennlinie Schraubenfeder, rechts: Kennlinie Blattfeder

d) Erklären Sie mit Hilfe der Wirkflächenpaare den unterschiedlichen Verlauf der Kennlinie für Be- und Entlastung.

Lösung

Die geschichtete Blattfeder besteht aus mehreren Einzelblattfedern. In den Wirkflächenpaaren zwischen den Blattfedern entsteht Reibung, die zu Energieumwandlung (Thermische Energie) führt.

e) Tragen Sie (qualitativ) in die Abb. 5.1 (Aufgabenteil c) die verrichtete Arbeit während der Belastung der Blattfeder und die Arbeit der Schraubenfeder ein.

Lösung

Die Arbeit der Feder entspricht der schraffierten Fläche unter der Federkennlinie.

f) In einer Kupplung wird eine Tellerfeder in ihrer Planlage vorgespannt montiert. Bestimmen Sie (quantitativ) mit Hilfe des unteren Diagramms (Abb. 5.2) die Federnkraft der geschlossenen Kupplung im Neuzustand.

Gegeben:

$$h_0 = 4\,\text{mm}, \quad F_0 = 3500\,\text{N}, \quad t = 2\,\text{mm}$$

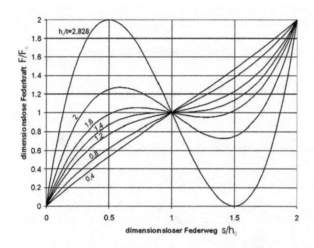

Abbildung 5.2. Diagramm mit Kennlinien verschiedener Tellerfedern

Lösung

– Planlage: $s = h_0 = 4\,\text{mm} \rightarrow s/h_0 = 1$
– aus Diagramm: $F/F_0(1) = 1 \rightarrow F = 3500\,\text{N}$

g) Welche (mehrere) Federkennlinien (h_0/t) kommen potentiell in Frage, wenn bei einem Verschleiß der Kupplungsbeläge um 2 mm eine Mindestanpresskraft von 90% von F_0 eingehalten werden soll. Erläutern Sie Ihre Antwort mit Hilfe des Diagramms.

$$F/F_0 = 0,9$$
$$s/h_0 = 0,5$$

h) Für welche der Federnkennlinien (h_0/t) aus dem Aufgabenteil g) würden Sie sich entscheiden, wenn Sie den Verschleiß der Kupplungsbeläge im Kupplungspedal

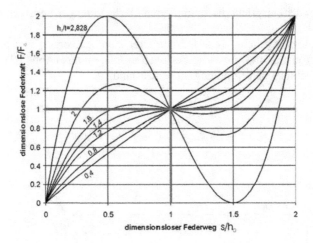

Abbildung 5.3. Federdiagramm mit Lösung f)

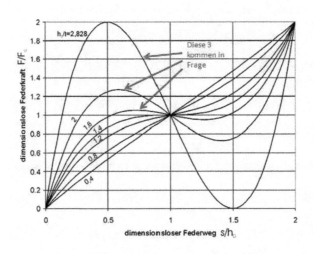

Abbildung 5.4. Federdiagramm mit Lösung zu g)

spürbar bemerken sollen und die Funktion der Kupplung bei einem Ausrückweg von 2 mm stets gewährleistet ist. Begründen Sie Ihre Aussage mit wenigen Worten.

Lösung

$$h_0/t = 2$$

Bei der Kennlinie $h_0/t = 1.6$ ändert sich während des Verschleißes die Pedalkraft nicht. Bei der Kennlinie $h_0/t = 2.8$ ändert sich zwar während des Verschleißes die Pedalkraft, jedoch im Neuzustand ist die Funktion nicht erfüllt ($F = 0$).

Aufgabe 5.2. Federschaltung

In Abb. 5.5 ist ein System aus zwei Schraubendruckfedern gezeigt. Die Kennlinien der beiden Federn sind linear. Für die Federraten gilt: $c_1 < c_2$.

Daten: $c_1 = 30\,\text{N/mm}$
$c_2 = 50\,\text{N/mm}$
$h = 10\,\text{mm}$

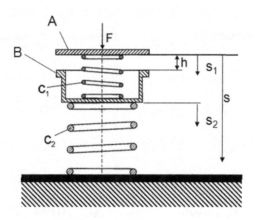

Abbildung 5.5. Federschaltung

a) Um was für eine Schaltung handelt es sich.

Lösung

Es handelt sich um eine Reihenschaltung.

b) Das System wird aus dem nicht vorgespannten Zustand ($F_0 = 0\,\text{N}$, $s_1 = 0\,\text{mm}$, $s_2 = 0\,\text{mm}$) heraus belastet, bis eine Kraft $F = 350\,\text{N}$ erreicht wird. Welches zusätzliche Wirkflächenpaar, im Gegensatz zum unbelasteten Zustand, kommt bei der Belastung hinzu? Belegen Sie Ihre Aussage mit einer entsprechenden Berechnung.

Lösung

$$F = c \cdot s \rightarrow s = F/c$$
$$\Rightarrow \quad S_1 = 350\,\text{N}/30\,\text{N/mm} = 11{,}66\,\text{mm} < h = 10\,\text{mm}$$
$$\Rightarrow \quad S_2 = 350\,\text{N}/50\,\text{N/mm} = 7\,\text{mm}$$

Es entsteht ein neues Wirkflächenpaar zwischen Bauteil A und Bauteil B.

c) Skizzieren Sie jeweils die Kennlinien der beiden Einzelfedern und die Feder-kennlinie des Federsystems in ein Diagramm bei der Belastung von $F = 350\,\text{Nm}$. Beschriften Sie die Kennlinien in allen Skizzen mit den zugehörigen Federraten.

Lösung

$$C_{\text{ges}} = (C_1 \cdot C_2)/(C_1 + C_2) = (30\,\text{N/mm} \cdot 50\,\text{N/mm})/(30\,\text{N/mm} + 50\,\text{n/mm})$$
$$= 18{,}75\,\text{N/mm}$$

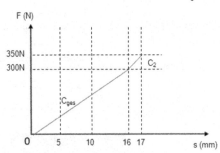

Abbildung 5.6. links: Federkennlinie der Einzelfedern, rechts: Federkennlinie des Gesamt-systems

d) Berechnen Sie bei der vorgegebenen Kraft ($F = 350\,\text{N}$) die vom Gesamtsystem aufgenommene Arbeit, wenn die Belastung aus der Ruhelage ($F_0 = 0\,\text{N}$; $s_0 = 0\,\text{mm}$) heraus erfolgt.

Lösung

$$W = \int F\,ds$$

Rechnerische Lösung:

Beide Federn nehmen Arbeit auf, bis der Federweg von Feder $s_1 = h$ ist.

$$F_{\text{beide}} = c_1 \cdot h = 30\,\text{N/mm} \cdot 10\,\text{mm} = 300\,\text{N}$$

$\Rightarrow$ Im Bereich $0\,\text{N} \leq F \leq 300\,\text{N}$ ist die Federrate des Systems:

$$c_{\text{ges}} = c_1 \cdot c_2 / (c_1 + c_2) = 18,75\,\text{N/mm}$$

Die vom System aufgenommene Arbeit für diesen Bereich ist:

$$W = 0,5 \cdot F \cdot s \quad \text{mit} \quad s = F/c$$
$$W_{\text{B1}} = 0,5 \cdot F^2 / c_{\text{ges}} = 0,5 \cdot (300)^2 / 18,75 = 2400\,\text{N mm}$$

Im Bereich $300\,\text{N} < F < 350\,\text{N}$ ist die Federrate c_2:

$$W_{\text{B2}} = 0,5 \cdot (350^2 - 300^2) / 50 = 325\,\text{N mm}$$

Arbeit des Gesamtsystems:

$$W = W_{\text{B1}} + W_{\text{B2}} = 2400\,\text{N mm} + 325\,\text{N mm} = 2725\,\text{N mm}$$

Grafische Lösung:

Die Arbeit des Gesamtsystems entspricht der Fläche unter der Federkennlinie:

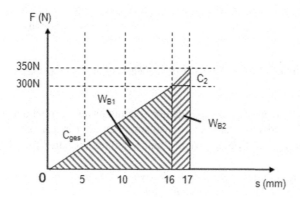

Abbildung 5.7. Arbeit des Gesamtsystems

$$W = W_{\text{B1}} + W_{\text{B2}}$$
$$W_{\text{B1}} = 0,5 \cdot 16\,\text{mm} \cdot 300\,\text{N} = 2400\,\text{N mm}$$
$$W_{\text{B2}} = (17\,\text{mm} - 16\,\text{mm}) \cdot 300\,\text{N} + 0,5 \cdot (17\,\text{mm} - 16\,\text{mm})$$
$$\cdot (350\,\text{N} - 300\,\text{N}) = 325\,\text{N mm}$$
$$W = 2400\,\text{N mm} + 325\,\text{N mm} = 2725\,\text{N mm}$$

5.2 Artnutzungsgrad

a) Definieren Sie den Artnutzgrad einer Feder und erläutern Sie seine Bedeutung:

Lösung: Der Artnutzgrad ist definiert als Quotient aus realer und idealer Arbeits-
aufnahmefähigkeit der Feder: $\eta_A = \frac{W}{W_{ideal}}$. Der ideale Fall tritt ein, wenn der Feder-
werkstoff gleichmäßig belastet wird. Im realen Fall ist die Energieaufnahme durch
lokale Spannungsspitzen beschränkt, so dass andere Bereiche nur schwach belastet
werden können (und damit wenig Arbeit aufnehmen).

b) Begründen Sie anhand einer Skizze, warum der Artnutzgrad bei der in Abb. 5.8
gezeigten einzelnen Blattfeder mit konstantem Rechteckquerschnitt sehr niedrig ist.
Überlegen Sie sich mit Hilfe des Widerstandsmomentes zwei unterschiedliche Geometrien mit deutlich verbessertem Artnutzgrad und skizzieren Sie beide Vorschläge.

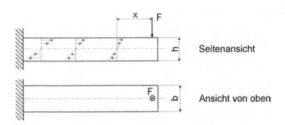

Abbildung 5.8. Blattfeder (Biegebalken) einseitig eingespannt

Lösung: Der Artnutzgrad ist niedrig, da der Spannungsverlauf über dem Querschnitt
nicht kontant ist und außerdem die Randspannungen zur Einspannstelle hin zu nehmen. Der Artnutzgrad ist besser, wenn Randspannung über die Länge konstant ist.

Widerstandsmoment: $W = b \cdot h^2 / 6$
Randspannung an Stelle x: $\sigma = F \cdot x / W$

Um konstante Randspannungen zu erreichen, muss zur Einspannstelle hin b linear,
bzw. h parabolisch zunehmen. Lösungsvorschläge siehe Abb. 5.9.

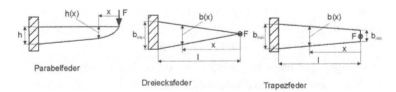

Abbildung 5.9. Lösungsvorschläge zur Erhöhung des Artnutzungsgrades

c) Berechnen Sie den Artnutzungsgrad des Biegebalkens.

Lösung

$$W = \frac{1}{2} \cdot F_{max} \cdot s_{max} = \eta_A \cdot \frac{\sigma^2 \cdot V}{2 \cdot E}$$

mit

$$s_{max} = \frac{F_{max} \cdot l^3}{3 \cdot E \cdot I} = \frac{F_{max} \cdot l^3 \cdot 12}{3 \cdot E \cdot b \cdot h^3}$$

$$\sigma = \frac{F_{max} \cdot l \cdot 6}{b \cdot h^2}$$

$$\frac{1}{2} \cdot F_{max} \cdot \frac{F_{max} \cdot l^3 \cdot 12}{3 \cdot E \cdot b \cdot h^3} = \eta_A \cdot \frac{F_{max}^2 \cdot l^2 \cdot 36 \cdot l \cdot b \cdot h}{b^2 \cdot h^4 \cdot 2 \cdot E}$$

$$\Rightarrow \eta_A = 1/9$$

d) Wie groß ist der Artnutzungsgrad bei einem homogenen Zugstab?

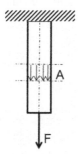

Abbildung 5.10. Spannungen im Zugstab

Lösung: Der Artnutzungsgrad eines Zugstabes ist 1. Die Spannung im Stab ist sowohl über den gesamten Querschnitt als auch über die gesamte Länge konstant. Die Randspannungen sind ebenfalls gleich groß.

5.3 Dynamische Federberechnung

In einem Verbrennungsmotor werden die Ventile über eine Nockenwelle betätigt. Durch die Rotation der Nocke wird das Ventil heruntergedrückt und über die Feder wieder rückgestellt. Dadurch schließt sich das Ventil wieder.

Gegeben:

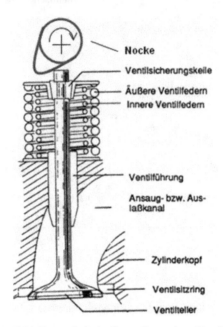

Abbildung 5.11. Exemplarische Darstellung eines Ventils im PKW

Betriebsdauer:	6000 Stunden
Drehzahl:	1000 U/min
$F_{\text{Betriebskraft}}$:	400 N
$F_{\text{Vorspannkraft}}$:	200 N
Hub:	10 mm
Federstahl:	vergüteter Federstahldraht der Sorte VD nach EN 10270-2:2001, kugelgestrahlt
Anzahl der Windungen:	$w = 7$
Aussendurchmesser:	$D_{\text{a}} = 30$ mm
Drahtdicke:	$d = 4$ mm

a) Berechnen Sie die Federkonstante D

Lösung

$$D = \frac{\Delta F}{\Delta s} = \frac{400\,\text{N} - 200\,\text{N}}{10\,\text{mm}} = 20\,\text{N/mm}$$

b) Berechnen Sie die Lastspielzahl der Feder.

Lösung

$$N = 6000\,\mathrm{h} \cdot 60 \cdot 1000\,\mathrm{U/min} = 3{,}6 \cdot 10^8$$

c) Welchen Festigkeitsnachweis müssen Sie in diesen Fall durchführen?

Lösung

Für Lastspielzahlen $N > 10^7$ werden Federn auf Dauerfestigkeit geprüft.

d) Berechnen Sie das Wickelverhältnis w

Lösung

$$w = \frac{D_\mathrm{m}}{d} = \frac{D_\mathrm{a} + D_\mathrm{i}}{2d} = \frac{D_\mathrm{a} + (D_\mathrm{a} - 2 \cdot d)}{2d} = \frac{30\,\mathrm{mm} + (30\,\mathrm{mm} - 2 \cdot 4\,\mathrm{mm})}{2 \cdot 4\,\mathrm{mm}} = 6{,}5$$

e) Berechnen Sie den Spannungskorrekturfaktor k nach Bergsträsser (DIN EN 13906-1)

Lösung

$$k = \frac{w + 0{,}5}{w - 0{,}75} = \frac{6{,}5 + 0{,}5}{6{,}5 - 0{,}75} = \frac{7}{5{,}75} = 1{,}22$$

f) Berechnen Sie die korrigierte Randoberspannung, Randunterspannung und den Schubspannungshub

Lösung

$$\tau_\mathrm{k} = k\tau$$
$$\tau_\mathrm{k} = k\frac{8DF}{\pi d^3} = k\frac{8F}{\pi d^3}\frac{D_\mathrm{a} + (D_\mathrm{a} - 2 \cdot d)}{2}$$
$$\tau_\mathrm{k} = F \cdot 1{,}22 \cdot \frac{8}{\pi (4\,\mathrm{mm})^3} \frac{30\,\mathrm{mm} + (30\,\mathrm{mm} - 2 \cdot 4\,\mathrm{mm})}{2} = F \cdot 1{,}26/\mathrm{mm}^2$$
$$\tau_\mathrm{kU} = 1{,}26/\mathrm{mm}^2 \cdot 200\,\mathrm{N} = 252\,\mathrm{N/mm}^2$$
$$\tau_\mathrm{kO} = 1{,}26 \cdot 400\,\mathrm{N} = 504\,\mathrm{N/mm}^2$$
$$\tau_\mathrm{kH} = \tau_\mathrm{kO} - \tau_\mathrm{kU} = 504\,\mathrm{N/mm}^2 - 252\,\mathrm{N/mm}^2 = 252\,\mathrm{N/mm}^2$$

g) Überprüfen Sie mit Hilfe des Dauerfestigkeitsschaubilds (Goodman-Diagramm) für kaltgeformte Federn aus vergütetem Federstahldraht der Sorte VD nach EN 10270-2:2001, kugelgestrahlt die Dauerfestigkeit der Ventilfeder.

Lösung

Dauerfestigkeitskurve für $d = 4\,\mathrm{mm}$ liegt zwischen der $d = 3\,\mathrm{mm}$ und $d = 5\,\mathrm{mm}$ Kurve. $\tau_\mathrm{kH} < \tau_\mathrm{kH}(10^7)$ und somit ist die Feder dauerfest.

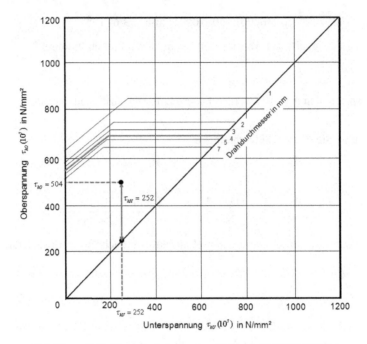

Abbildung 5.12. Dauerfestigkeitsschaubild nach DIN EN 13906-1

6 Schrauben und Schraubenverbindungen

Schraubenverbindungen gehören zu den meist verwendeten lösbaren Verbindungen. Ihre Funktion und Wirkungsweise zu verstehen stellt eine wichtige Etappe in der Ingenieurausbildung dar. In den Übungen zu Schraubenverbindungen stehen Berechnungen im Vordergrund, auch wenn der beanspruchungsgerechten Gestaltung ebenfalls eine große Bedeutung zukommt. Die Auslegung von Schraubenverbindungen wird durch eine einfach anzuwendende Vorgehensweise aus VDI 2230 unterstützt. Dabei wird nach Berücksichtigung der Lasthöhe und Belastungssituation die Schraubengröße für eine gewählte Schraubenfestigkeit gewählt. Grundsätzlich sind zwei Belastungsarten zu unterscheiden:

Bei querbelasteten Schraubenverbindungen wirken die äußeren Kräfte nicht als dynamische Zusatzbeanspruchungen in der Schraube, sofern der Reibschluss aufrechterhalten ist. Bei dieser Verbindungsart drückt die Schraube die zu verbindenden Teile zusammen, und der zwischen den Teilen wirkende Reibschluss überträgt die Last. Rutschen in der Trennfuge muss unbedingt vermieden werden; solange dies gewährleistet ist, wird die Schraube auch nicht durch Querkräfte nennenswert belastet. Ein Formschluss der Schraube ist im Allgemeinen bei diesen Verbindungen nicht gewünscht. Bei längsbelasteten Schraubenverbindungen (Belastungsrichtung parallel zur Schraubenachse) verteilt sich die Belastung auf die Schraube und die verspannten Teile. Maßgeblich für die Verteilung ist das Verhältnis der Steifigkeiten von Schraube und verspannten Teilen. Handelt es sich bei der äußeren Belastung um eine zeitlich veränderliche Last, unterliegt die Schraube einer dynamischen Beanspruchung und ist hinsichtlich ihrer Ermüdung rechnerisch zu überprüfen. Bei beiden Belastungsarten ist es wichtig und notwendig zu überprüfen, ob der Vorspannkraftverlust, der sich durch Setzerscheinungen einstellt, dazu führt, dass die Schraubenverbindung ihre Funktion nicht mehr erfüllen kann. Eine weitere sehr wichtige und in der Praxis häufig übersehene Aufgabe ist die Überprüfung der zulässigen Flächenpressung unter dem Schraubenkopf. Die VDI Richtlinie 2230 liefert für repräsentative Werkstoffe Grenzwerte. Ebenso wichtig ist es sicherzustellen, dass in der Praxis nicht durch „großzügig"' ausgeführte Fasen beim Entgraten von Durchgangsbohrungen die wirksame Auflagenfläche des Schraubenkopfes unzulässig reduziert wird.

6.1 Verständnisfragen

a) In welchen Verhältnis steht bei einer Befestigungsschraube die zu überwinden-de Reibkraft im Gewinde und am Kopf zur Kraft, bzw. dem Drehmoment, das benötigt wird um die Schraube elastisch zu spannen?

b) Wie muss das Anziehdrehmoment einer Befestigungsschraube angepasst wer-den, wenn durch Einsatz veränderter Oberflächen, zum Beispiel durch den Ein-satz von Klebstoffen im Gewinde, der Reibwert erhöht wird?

c) Wie wird das Torsionsmoment an einer Flanschverbindung sinnvoller Weise mit Schrauben übertragen, formschlüssig oder reibschlüssig ?

d) Warum stellt das Klaffen einer längskraftbelasteten Schraubenverbindung eine wesentlich Beanspruchungserhöhung dar ?

e) Wie ist eine Schraube am wirkungsvollsten gegen selbsttätiges Lösen zu si-chern?

Lösung

a) Aufgrund der Reibung stellt eine Schraube einen Art Getriebe dar, das einen sehr schlechten Wirkungsgrad hat. Der weit überwiegende Teil des Anziehdreh-momentes muss für die Reibung in der Kopfauflagefläche und im Gewinde auf-gebracht werden und nur ein kleinerer Anteil wird benötigt, um die Schraube elastisch zu strecken.

b) Wenn sich der Reibwert an Kopf oder Gewinde erhöht, muss das Anziehdreh-moment erhöht werden.

c) Formschlüssiges Übertragen an Flanschverbindungen ist lediglich für Sonder-lasten (Überlasten) sinnvoll, für Betriebslasten sollte die Verbindung immer reibschlüssig ausgelegt werden.

d) Beim vollständigen Klaffen wirkt die gesamte äußere Zugkraft auf die Schraube allein. Ist die Verbindung noch vorgespannt (kein Klaffen), teilt sich die äußere Last auf die verspannten Teile (Platte) und Schraube auf, so dass die Schraube nur einen Teil der äußeren Last ertragen muss. Daher ist Klaffen häufige Ursache für ein Versagen der Verbindung.

e) Die beste Sicherung einer Schraubenverbindung gegen selbsttätiges Lösen be-steht meist darin, eine Dehnschraube mit hoher Vorspannkraft konstruktiv vor-zusehen, (Dehnschrauben erfordern ausreichend große Klemmlängen). Dehn-schrauben müssen nur kleine Anteile der äußeren Last tragen und sind daher aufgrund der Selbsthemmung im Gewinde selbstsichernd.

6.2 Dimensionierung nach VDI 2230

Die Dimensionierung von Schrauben ist ein iterativer Prozess. Es geht darum, zunächst die Schraubengröße abzuschätzen, dann eine konkrete Konstruktion auszuarbeiten, um dann die ausgewählte Schraubenverbindung rechnerisch (oder experimentell) zu überprüfen. In den folgenden Beispielen wird die Dimensionierung nach VDI 2230 an zwei Beispielen gezeigt. Auf eine Einzelschraube wirken im Allgemeinen die im nebenstehenden Bild gezeigten Belastungen aus Querkraft F_Q, Kraft in Schraubenachsrichtung F_A und Biegemomente M_B.

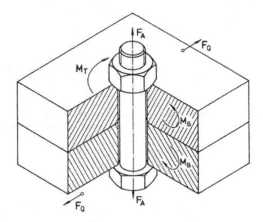

Abbildung 6.1. Schraubenverbindung mit Querkraft, Axialkraft und Momenten belastet

Zur Dimensionierung wird Teil 2 der Tabelle 6.1 genutzt, sie enthält Kraftstufen und drei Schraubenfestigkeitsklassen. Teil 1 der Tabelle 6.1 zeigt das Vorgehen zur Auswahl der geeigneten Schraubengröße.

Tabelle 6.1. Teil 1, Abschätzen des Durchmessers von Schrauben, nach [VDI 2230]

Arbeitsschritt	Erhöhen der Kraft um N Stufen	Vorgehen
A		In Spalte 1 von Tabelle 6.1, Teil 2 die zur der an der Verbindung angreifenden Kraft nächst höhere Kraft wählen
B		Die erforderliche Mindestvorspannkraft ergibt sich, indem von dieser Kraft um N Stufen weitergegangen wird
B1	$N = 4$	wenn mit F_{Qmax} zu entwerfen ist: für statische und dynamische Querkraft
B2	$N = 2$	wenn mit F_{Amax} zu entwerfen ist: für dynamische und exzentrisch angreifende Axialkraft
	$N = 1$	für dynamische und zentrisch oder statisch und exzentrisch angreifende Axialkraft
	$N = 0$	für statisch und zentrisch angreifende Axiallast

Tabelle 6.1. Teil 1, Fortsetzung Abschätzen des Durchmessers nach [VDI 2230]

Arbeitsschritt	Erhöhen der Kraft um N Stufen	Vorgehen
C		weitere Erhöhung der Kraftstufen infolge des Anziehverfahrens:
	$N = 2$	für Anziehen der Schraube mit einfachem Drehschrauber, der über Nachziehdrehmoment eingestellt wird
	$N = 1$	für Anziehen mit Drehmomentschlüssel oder Präzisionsschrauber
	$N = 0$	für Anziehen über Winkelkontrolle in den überelastischen Bereich
D		in den Spalten 2, 3 und 4 ist die erforderliche Schraubenabmessung in mm abhängig von der Festigkeitsklasse abzulesen

Tabelle 6.1. Teil 2, Abschätzen des Durchmessers von Schrauben, nach [VDI 2230]

Spalte 1	2	3	4
Kraft [N]	Nenndurchmesser [mm] Festigkeitsklasse 12.9	10.9	8.8
250			
400			
630			
1000	3	3	3
1600	3	3	3
2500	3	3	4
4000	4	4	5
6300	4	5	6
10.000	5	6	8
16.000	6	8	10
25.000	8	10	12
40.000	10	12	14
63.000	12	14	16
100.000	16	18	20
160.000	20	22	24
250.000	24	27	30
400.000	30	33	36
630.000	36	39	

Aufgabe 1)

Eine Einzelschraubenverbindung wird mit einer Querkraft von 1200 N dynamisch belastet, andere Lasten liegen nicht an. Es soll eine Schraube mit der Festigkeitsklasse 8.8 und zur Montage ein Drehmomentschlüssel zum Einsatz kommen. Welche Schraubengröße ist zweckmäßig zu wählen?

Lösung

a) In der Kraftstufentabelle in Spalte 1 auf den nächst höheren Wert gehen. In diesem Fall $F = 1600$ N.

b) Den Kraftwert um 4 Stufen erhöhen, da eine dynamische Querkraft anliegt. Dies führt auf die Kraftstufe $F_{VM\,min} = 10.000$ N.

c) Eine weitere Kraftstufe erhöhen für die Montage mit Drehmomentschlüssel.

d) Mit der gefundenen Kraftstufe $F_{VM\,min} = 16.000$ N wird in der Spalte für die Festigkeitsklasse 8.8 die Schraubengröße M 10 ermittelt.

Aufgabe 2)

Eine Einzelschraubenverbindung wird mit einer nicht zentrisch angreifenden Längskraft von 900 N dynamisch belastet, andere Lasten liegen nicht an. Es soll eine Schraube mit der Festigkeitsklasse 10.9 und zur Montage ein einfacher Drehschrauber verwendet werden. Welche Schraubengröße ist zweckmäßig zu wählen?

Lösung

a) In der Kraftstufentabelle in Spalte 1 auf den nächst höheren Wert gehen. In diesem Fall $F = 1000$ N.

b) Den Kraftwert um 2 Stufen erhöhen, da eine dynamische Querkraft anliegt. Dies führt auf die Kraftstufe $F_{VMmin} = 2500$ N.

c) 2 weitere Kraftstufen erhöhen für die Montage mit Drehschrauber, $F_{VMmin} = 6300$ N.

d) Mit der gefundenen Kraftstufe $F_{VMmin} = 6300$ N wird in der Spalte für die Festigkeitsklasse 10.9 die Schraubengröße M 5 ermittelt.

6.3 Berechnung einer gleitfesten Schraubenflanschverbindung

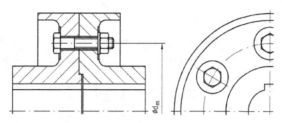

Abbildung 6.2. Flanschverbindung

Gegeben:

- Scheibenkupplung (gemäß Abb. 6.2)

- Drehmomentbelastung der Kupplung $M_t = 240\,\mathrm{Nm}$

- Betriebsfaktor $C_{\mathrm{Betr}} = 1,2$

- Sicherheit gegen Rutschen $S_R = 1,8$

- Schraubenanzahl $z = 6$ (Festigkeitsklasse 8.8)

- erforderliche Sicherheit der Schrauben $S_{\mathrm{erf}} = 1,5$

- $d_m = 106\,\mathrm{mm}$

- Reibungszahlen:
  Kupplungswirkfläche $\mu_H = 0,15$
  Kopfauflage $\mu_A = 0,15$
  Gewinde $\mu_G = 0,15$

- Konstruktionsmaße, Tabelle 6.2

Gesucht:

a) Gewindegröße (erforderlicher Spannungsquerschnitt, Gewindeabmessungen)

b) tatsächliche Sicherheit der Schrauben S_{tats}

c) Festigkeitsklasse der Mutter

d) Anziehdrehmoment

Tabelle 6.2. Konstruktionsmaße von Schraubenverbindungen

	Gewinde DIN 13					Schrauben					Scheiben DIN EN ISO 7089			Durchgangslöcher ISO 273		
						DIN EN ISO 4014		DIN EN ISO 4762								
Nenngröße Reihe I	Nenndurchmesser d	Steigung P	Flankendurchmesser d_2	Kerndurchmesser d_3	Spannungsquerschnitt A_S	Schlüsselweite SW	Kopfhöhe k	Kopfdurchmesser d_k	Kopfhöhe k	Mutterhöhe (DIN EN 24032) m	Innendurchmesser d_1	Außendurchmesser d_2	Höhe h	fein (f) H12	mittel (m) H13 d_B	grob (g) H13
	mm	mm	mm	mm	mm²	mm	mm	mm	mm	mm	mm	mm	mm	mm	mm	
M5	5	0,8	4,480	4,019	14,2	8	3,5	8,5	5	4,7	5,3	10	1	5,3	5,5	5,8
M6	6	1	5,350	4,773	20,1	10	4	10	6	5,2	6,4	12	1,6	6,4	6,6	7
M8	8	1,25	7,188	6,466	36,6	13	5,3	13	8	6,8	8,4	16	1,6	8,4	9	10
M10	10	1,5	9,026	8,160	58	16	6,4	16	10	8,4	10,5	20	2	10,5	11	12
M12	12	1,75	10,863	9,853	84,3	18	7,5	18	12	10,8	13	24	2,5	13	13,5	14,5
M16	16	2	14,701	13,546	167	24	10	24	16	14,8	17	30	3	17	17,5	18,5
M20	20	2,5	18,376	16,933	245	30	12,5	30	20	18	21	37	3	21	22	24
M24	24	3	22,051	20,319	353	36	15	36	24	21,5	25	44	4	25	26	28
M30	30	3,5	27,727	25,706	561	46	18,7	45	30	25,6	31	56	4	31	33	35
M36	36	4	33,402	31,039	817	55	22,5	54	36	31	37	66	5	37	39	42

Lösung

a) Gewindegröße (erforderlicher Spannungsquerschnitt, Gewindeabmessungen)

$$A_S = \frac{F_{MV} \cdot S_{erf}}{0{,}7 \cdot R_e} \quad \text{aus} \quad \sigma_z = \frac{F}{A}$$

Der Faktor 0,7 berücksichtigt vereinfachend die Torsionsspannungen in der Schraube infolge M_G

$$F_{MV} = \frac{F_t \cdot S_{erf}}{\mu_H \cdot z} \quad \text{aus } F_R = F_N \cdot \mu \quad \text{(Reibungsgesetz)}$$

$$F_t = \frac{2 \cdot M_t \cdot C_{Betr}}{d_m}$$

$$M_t \quad = 240\,\text{Nm}$$
$$C_{Betr} = 1{,}2$$
$$d_m \quad = 106\,\text{mm}$$

$$F_t = \frac{2 \cdot 240 \cdot 10^3 \cdot 1{,}2}{106}$$

$$F_t \quad = 5434\,\text{N}$$
$$S_R \quad = 1{,}8$$
$$\mu_H = 0{,}15$$
$$z \quad = 6$$

$$F_{MV} = \frac{5434 \cdot 1{,}8}{0{,}15 \cdot 6}$$

$$F_{MV} = 10.868\,\text{N}$$
$$S_{erf} = 1{,}5$$
$$R_e \quad = R_{p0{,}2} = 640\,\text{N/mm}^2$$

$$A_S = \frac{10.868 \cdot 1{,}5}{0{,}7 \cdot 640}$$

$$A_S = 36{,}39\,\text{mm}^2$$

Gewindeabmessungen: **M 8**

$$d = 8\,\text{mm}$$
$$P = 1{,}25\,\text{mm}$$
$$d_2 = 7{,}188\,\text{mm}$$
$$d_3 = 6{,}466\,\text{mm}$$
$$A_S = 36{,}6\,\text{mm}$$

b) tatsächliche Sicherheit der Schrauben

$$S_{\text{tats}} = \frac{A_S \cdot 0,7 \cdot R_{p0,2}}{F_{MV}}$$

$A_S = 36,6\,\text{mm}^2$

$$S_{\text{tats}} = \frac{36,6 \cdot 0,7 \cdot 640}{10.868}$$

$R_{p0,2} = 640\,\text{N}/\text{mm}^2$

$F_{MV} = 10.868\,\text{N}$

$$S_{\text{tats}} \approx 1,51$$

c) Festigkeitsklasse der Mutter

Festigkeitsklasse Mutter $\geq R_m$ Schraube $= 800\,\text{N}/\text{mm}^2$

Mutter M 8-8

d) Anziehdrehmoment

$F_{MV} = 10.868\,\text{N}$
$\mu_G = 0,15$
$d_2 = 7,188\,\text{mm}$
$P = 1,25\,\text{mm}$
$d = 8\,\text{mm}$
$\mu_A = 0,15$

$$M = F_{MV} \cdot (0,58 \cdot \mu_G \cdot d_2 + 0,16 \cdot P + 0,7 \cdot d \cdot \mu_A)$$
$$M = 10.868 \cdot (0,58 \cdot 0,15 \cdot 7,188 + 0,16 \cdot 1,25 + 0,7 \cdot 8 \cdot 0,15)$$
$$M \approx 18.100\,\text{N}\,\text{mm} = 18,1\,\text{Nm}$$

6.4 Schraubenverbindung Hydraulikbehälter

Der Verschlussdeckel eines Hydraulikbehälters wird durch einen im Bereich $p = 0$–100 bar pulsierenden Druck dynamisch belastet. Für die Berechnung nach VDI 2230 der Flanschverbindungen in Abb. 6.3 und 6.4 ist gegeben:

Schrauben:	8 Stück M 10 Festigkeitsklasse 10.9
	($\sigma_A = 52,5$ MPa – nach VDI 2230)
Flansch:	Werkstoff GJL 250 (E-Modul $= 10^5$ MPa)
Hülse:	Werkstoff S 235 (E-Modul $= 2,1 \cdot 10^5$ MPa)
Deckel:	Werkstoff GJL 250 (E-Modul $= 10^5$ MPa)

Aufgaben:

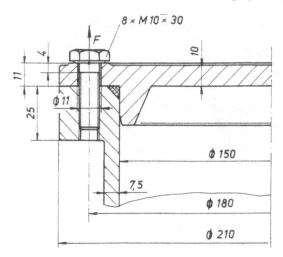

Abbildung 6.3. Deckelverschraubung

1. Wie hoch ist die Ermüdungsbruchsicherheit (Dauerbruch) der in Abb. 6.4 dargestellten Schrauben nach DIN EN ISO 4014? Die Schrauben sind so vorgespannt, dass bei Montage die Streckgrenze zu 90% ausgelastet ist ($F_{M,zul} = 43.500$ N bei $\mu_G = 0,08$). Die Nachgiebigkeit des Schraubenkopfes und der Mutter beträgt $\delta_M = \delta_K = 2,425 \cdot 10^{-7}$ mm/N.

2. Bestimmen Sie die Ermüdungsbruchsicherheit (Dauerbruch) bei Verwendung von Dehnschrauben nach Abb. 6.4! Es gilt weiterhin die Voraussetzung, dass die Schrauben vorgespannt sind.

3. Wie hoch können die Dehnschrauben vorgespannt werden, wenn beim Anziehen die Streckgrenze zu 90% ausgelastet wird? (Reibungszahl im Gewinde $\mu_G = 0,08$)

4. Bestimmen Sie die im Betrieb auftretende Flächenpressung an der Auflagefläche des Schraubenkopfes für beide Schraubenarten und vergleichen Sie diese mit den zul. Werten.

5. Berechnen Sie die max. notwendige Vorspannkraft $F_{M\,max}$ der Dehnschraube bei einer erforderlichen Restklemmkraft von 10^3 N (streckgrenzgesteuertes Anziehverfahren voraussetzen).

6. Zeichnen Sie das Verspannschaubild für beide Schraubenarten!

Lösung
1. Sechskantschraube DIN 931

a) Ermüdungsbruchsicherheit (Dauerbruch)

$$s_D = \frac{\sigma_A}{\sigma_a} > 1,3$$

σ_A – Dauerfestigkeit der Schraube
$\sigma_A = 52,5$ MPa

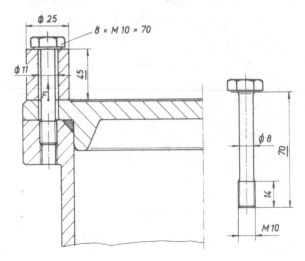

Abbildung 6.4. Deckelverschraubung mit Dehnhülse

b) Dauerschwingbeanspruchung der Schraube

$$\sigma_a = \frac{\Phi_n \cdot F_A}{2 \cdot A_{d_3}}$$

c) Belastung pro Schraube für Maximalbelastung $F_{B,max}$

$$F_A = \frac{F_B}{z} \qquad\qquad z \;-\; \text{Schraubenanzahl}$$

d) äußere Belastung

$F_{B,max} = \Delta p \cdot A = 176.715\,\text{N}$ $p \;-\;$ Druck
$F_{B,min} = 0$ $p \;=\; 0\dots100\,\text{bar} = 0\dots10\,\text{N/mm}^2$
$A = \dfrac{\pi \cdot d_i^2}{4} = 17.671{,}5\,\text{mm}^2$ $A \;-\;$ Wirkfläche des Druckes
    $d_i \;-\;$ Innendurchmesser d. Behälters
    $d_i \;=\; 150\,\text{mm}$

e) Höhe der Krafteinleitung

$$\Phi_n = n \cdot \Phi_K$$

$n \;-\;$ Annahme: Kraftangriff
      unter dem Schraubenkopf
$n = 1$

f) Kräfteverhältnis Φ_K

$$\Phi_K = \frac{\delta_P}{\delta_S + \delta_P}$$

g) Nachgiebigkeit der Schraube

$$\delta_S = \delta_K + \delta_1 + \delta_2 + \delta_G + \delta_M$$

δ_K – Schraubenkopf
δ_1 – Schaft
δ_2 – nicht eingeschr. Gewinde
δ_G – eingeschraubtes Gewinde
δ_M – Mutter

$$\delta_K = 2{,}425 \cdot 10^{-7} \frac{mm}{N}$$

$$\delta_1 = \frac{l_1}{E_S \cdot A_N}$$

$$A_N = \frac{\pi \cdot d^2}{4} = 78{,}54\,mm^2$$

$$\delta_1 = 2{,}425 \cdot 10^{-7} \frac{mm}{N}$$

A_N – Nennquerschnitt
E_S – E-Modul der Schraube
$E_S = 2{,}1 \cdot 10^5\,MPa$
l_1 – Schaftlänge
$l_1 = 4\,mm$

$$\delta_2 = \frac{l_2}{E_S \cdot A_S}$$

$$\delta_2 = 5{,}747 \cdot 10^{-7} \frac{mm}{N}$$

A_S – Spannungsquerschnitt
$A_S = 58\,mm^2$
l_2 – nicht eingeschraubte
   Gewindeläne
$l_2 = l_K - l_1 = 7\,mm$
l_K – Klemmlänge $l_K = 11\,mm$

$$\delta_G = \frac{l_G}{E_S \cdot A_{d_3}}$$

$$\delta_G = 4{,}552 \cdot 10^{-7} \frac{mm}{N}$$

A_{d_3} – Kernquerschnitt
$A_{d_3} = 52{,}3\,mm^2$
l_G – wirksame eingeschraubte
   Gewindelänge
$l_G = 0{,}5 \cdot d = 5\,mm$

$$\delta_M = 2{,}425 \cdot 10^{-7} \frac{mm}{N}$$

für die Nachgiebigkeit der Schraube ergibt sich:

$$\delta_S = 17{,}574 \cdot 10^{-7} \frac{mm}{N}$$

h) Nachgiebigkeit der Fügeteile,
   hier Berechnung nach VDI 2230, Ausgabe 1986

$$\delta_P = \frac{l_K}{A_{ers} \cdot E_P}$$

E_P – E-Modul der Fügeteile
$E_P = 10^5\,MPa$
A_{ers} – Ersatzfläche

$$A_{ers} = \frac{\pi}{4} \cdot \left(d_w^2 - d_h^2\right) + \frac{\pi}{8} \cdot d_w \cdot (D_A - d_w) \cdot \left[(x+1)^2 - 1\right]$$

$$x = \sqrt[3]{\frac{l_K \cdot d_w}{D_A^2}}$$

d_w – Außendurchmesser der äußeren Kopfauflage
d_w = 15,6 mm
d_h – Bohrungsdurchmesser
d_h = 11 mm
l_K = 11 mm
D_A – Außendurchmesser der verspannten Hülse

$D_A = 210\,\text{mm} - 180\,\text{mm} = 30\,\text{mm}$
wenn $D_A > d_w + l_k \rightarrow$ Kegel voll ausgebildet, Berechnung erfolgt mit $D_A = d_w + l_k$

$$D_A = 26,6\,\text{mm}$$

$$A_{ers} = 206,35\,\text{mm}^2$$

für die Nachgiebigkeit der Fügeteile ergibt sich:

$$\delta_P = 5,331 \cdot 10^{-7}\,\frac{\text{mm}}{\text{N}}$$

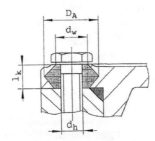

$$F_A = \frac{176.715\,\text{N}}{8\ \text{Schrauben}} = 22{,}089\,\text{N}$$

$$\Phi_K = \frac{5{,}331}{17{,}574 + 5{,}331} = 0{,}233 = \Phi_n$$

$$\sigma_a = \frac{0{,}233 \cdot 22.089}{2 \cdot 52{,}3} = 49{,}15\,\frac{\text{N}}{\text{mm}^2}$$

$$s_D = \frac{52{,}5}{49{,}15} = 1{,}07 < 1{,}3$$

Sicherheit < 1,3 ist nicht zulässig!

2. Dehnschraube (Vorgehensweise wie unter 1.)

a) Nachgiebigkeit der Schraube

$$\delta_K = 2{,}425 \cdot 10^{-7}\,\frac{\text{mm}}{\text{N}}$$

$$\delta_1 = 53{,}047 \cdot 10^{-7}\,\frac{\text{mm}}{\text{N}}$$

$$\delta_G = 4{,}552 \cdot 10^{-7}\,\frac{\text{mm}}{\text{N}}$$

$$\delta_M = 2{,}452 \cdot 10^{-7}\,\frac{\text{mm}}{\text{N}}$$

l_1 – Schaftfläche
l_1 = 56 mm
d_S – Schaftdurchmesser
d_S = 8 mm
A_N = 50,27 mm²

für die Nachgiebigkeit der Schraube ergibt sich:

$$\delta_S = 62{,}449 \cdot 10^{-7} \frac{\text{mm}}{\text{N}}$$

b) Nachgiebigkeit der Fügeteile

$$\delta_P = \delta_H + \delta_F$$

δ_H – Hülse
δ_F – Fügeteile

Hülse:

$$\delta_H = \frac{l_{k1}}{A_{ers,1} \cdot E_{p1}} = 7{,}707 \cdot 10^{-7} \frac{\text{mm}}{\text{N}}$$

l_{k1} – Länge der Hülse
$l_{k1} = 45\,\text{mm}$

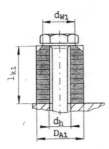

$E_{P1} = 2{,}1 \cdot 10^5\,\text{MPa (E 295 (St 50))}$
$D_{A1} = 25\,\text{mm (Hülsenaußendurchm.)}$
$d_{w1} = 15{,}6\,\text{mm (Kopfauflage)}$
$d_h = 11\,\text{mm (Hülseninnendurchm.)}$
$d_{w1} < D_{A1} < d_{w1} + l_{k1}$
$\rightarrow$ Kegel nicht voll ausgebildet
D_{A1} entspr. Hülsenaußendurchmesser

$$A_{ers,1} = 278{,}0\,\text{mm}^2$$

Fügeteile:

$$\delta_F = \frac{l_{k2}}{A_{ers,2} \cdot E_{P2}} = 2{,}272 \cdot 10^{-7} \frac{\text{mm}}{\text{N}}$$

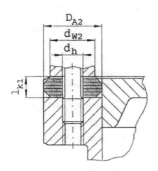

l_{k2} – Klemmlänge der Fügeteile
$l_{k2} = 11\,\text{mm}$
E_{P2} – E-Modul der Fügeteile
$E_{P2} = 10^5\,\text{MPa (GJL 250)}$
$D_{A2} = 30\,\text{mm}$
d_{w2} – Hülsenaußendurchmesser
$d_{w2} = 25\,\text{mm}$
d_h – Hülseninnendurchmesser
$d_h = 11\,\text{mm}$
$d_{w2} < D_{A2} < d_{w2} + l_{k2} \rightarrow$ Kegel n. voll ausgebildet
D_A entspricht Fügeteildurchmesser

$$A_{ers,2} = 484{,}2\,\text{mm}^2$$

für die Nachgiebigkeit der Fügeteile ergibt sich:

$$\delta_F = 9{,}979 \cdot 10^{-7}\,\frac{\text{mm}}{\text{N}}$$

$$\Phi_K = \frac{9{,}979}{62{,}449 + 9{,}979} = 0{,}138$$

Krafteinleitung nahe Trennfuge zwischen Deckel und Hülse:

$$n = \frac{11\,\text{mm}}{56\,\text{mm}} = 0{,}196 \approx 0{,}2$$

$$\Phi_n = 0{,}2 \cdot 0{,}138 = 0{,}0276$$

$$\sigma_a = \frac{0{,}0276 \cdot 22.089}{2 \cdot 52{,}3} = 5{,}83\,\text{MPa}$$

$$s_D = \frac{52{,}5}{5{,}83} = 9{,}0 > 1{,}3 \qquad \text{dauerfeste Auslegung!}$$

3. Zulässige Vorspannkraft der Dehnschraube

Für die Berechnung von $F_{M,\text{zul}}$ ist Beanspruchung der Schraube beim Anziehen maßgebend, es gilt:

$$S_{\text{stat}} = \frac{\sigma_{0.2} \cdot 0{,}9}{\sigma_{\text{red}}} \geq 1{,}0$$

$$\sigma_{\text{red}} \leq \sigma_{0.2} \cdot 0{,}9$$

$\sigma_{0.2}$ – Streckgrenze WS – 10.9
$\sigma_{0.2}$ = 940 MPa

mit:

$$\sigma_{\text{red}} = \sqrt{\sigma_M^2 + 3\tau^2}$$

$$\sigma_M = \frac{F_M}{A_{\text{Schaft}}}$$

$$\tau = \frac{M_G}{W_P}$$

σ_M – zul. Zugspannung
τ – Torsionsspannung
F_M – Montagevorspannkraft
F_M = $F_{M,\text{zul}}$
A_{Schaft} – Schaftquerschnitt
M_G – Torsionsmoment im Gewinde
W_P – Widerstandsmoment

$$M_G = \frac{F_{M,\text{zul}} \cdot d_2}{2} \cdot \left(\frac{P}{\pi \cdot d_2} + 1{,}155 \cdot \mu_G \right)$$

$$A_{\text{Schaft}} = \frac{\pi \cdot d_S^2}{4} = 50{,}27\,\text{mm}^2$$

$$W_P = \frac{\pi \cdot d_S^3}{16} = 100{,}53\,\text{mm}^3$$

P – Steigung
P = 1,5 mm
d_2 – Flankendurchmesser
d_2 = 9,026 mm
μ_G – Gewindereibwert
μ_G = 0,08
d_S – Schaftdurchmesser
d_S = 8 mm

nach Einsetzen und Umstellen berechnet sich $F_{M,\text{zul}}$ mit:

$$F_{M,zul} \leq \frac{\sigma_{0.2} \cdot 0,9}{\sqrt{\left(\frac{1}{A_{Schaft}}\right)^2 + 3 \cdot \left[\frac{d_2}{W_P \cdot 2} \cdot \left(\frac{P}{\pi \cdot d_2} + 1,155 \cdot \mu_G\right)\right]^2}}$$

$$F_{M,zul} \leq 36.980\,N$$

4. Vorhandene Flächenpressung unter Kopfauflage

$$p = \frac{F_M + \Phi_n \cdot F_A}{A_P}$$

A_P — Schraubenkopfauflagefläche

$$A_P = \frac{\pi}{4} \cdot \left(d_w^2 - d_h^2\right)$$

a) Flächenpressung bei Sechskantschraube DIN EN ISO 4014

$p = 500,5\,MPa$

$p < p_G$

$F_{M,zul}$ = 43.500 N

A_P = 96,1 mm²

p_G — zul. Flächenpressung

p_G = 800 MPa (WS: GJL 250)

b) Flächenpressung bei Dehnschraube

$p = 390,9\,MPa$

$p < p_G$

$F_{M,zul}$ = 36.980 N

A_P = 96,1 mm²

p_G = 420 MPa (WS: E 295 (St 50))

5. Notwendige Vorspannkraft der Dehnschraube

$$F_{M,max} = \alpha_A \cdot [F_{K,erf} + (1 - \Phi_n) \cdot F_A + F_Z]$$

$F_{M,max}$ — max. notw. Vorspannkraft

α_A — Anziehfaktor

α_A = 1

(Annahme: streckgrenzen-
gesteuertes Anziehverfahren)

$F_{K,erf}$ — erf. Restklemmkraft

$F_{K,erf}$ = 10^3 N

$$F_z = \frac{f_z \cdot \Phi_K}{\delta_P}$$

$$f_z = 3{,}29 \cdot \left(\frac{l_K}{d}\right) \cdot 10^{-3}$$

$$f_z = 0{,}0059$$

F_z	– Vorspannverlust infolge Setzen
f_z	– Setzbetrag
l_K	$= 56\,\text{mm}$
d	$= 10\,\text{mm}$

$$F_z = 816\,\text{N}$$

$$F_{M,\text{max}} = 23.307\,\text{N}$$

$$F_{M,\text{max}} < F_{M,\text{zul}}$$

$\Phi_K = 0{,}138$

$\delta_P = 9{,}978 \cdot 10^{-7}\,\text{mm/N}$

$\Phi_n = 0{,}0266$

$F_A = 22.089\,\text{N}$

$F_{M,\text{zul}} = 36.980\,\text{N}$

6. Verspannschaubild

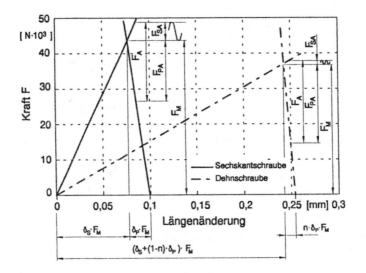

Abbildung 6.5. Verspannschaubild nach VDI 2230; Gegenüberstellung von Dehnschraube und Sechskantschraube DIN EN ISO 4014

7 Achsen und Wellen

In allen technischen Systemen, in denen translatorische oder rotatorische Bewegungen stattfinden, sind Achsen oder Wellen unverzichtbar. Zwangsläufig ist die Nachrechnung oder Dimensionierung dieser Maschinenelemente eine der häufigsten Aufgaben der Konstrukteure in der Praxis. Obwohl das Berechnungsziel sehr unterschiedlich sein kann, stehen dem Anwender dafür meist standardisierte Berechnungsalgorithmen zur Verfügung, die häufig auch in Normen niedergelegt sind. Oft entstehen daraus noch kommerzielle Berechnungsprogramme, so dass die Ergebnisse leicht ermittelbar und vergleichbar sind.

Die Anwendung der Programme ist in der Regel so einfach, dass der Eindruck entstehen könnte, auch technische Laien könnten diese bedienen. Der erfahrene Praktiker weiß aber, dass selbst bei weit verbreiteten und damit erprobten Programmen auf eine grobe Abschätzung der Ergebnisse nicht verzichtet werden sollte. Daher nimmt die Berechnung von Achsen und Wellen an den Hochschulen nach wie vor einen breiten Raum ein und bildet das Gerüst für viele weitere wichtige Maschinenelemente, wie z. B. die Zahnradberechnung.

In der Ausbildung werden i. Allg. folgende Schadensarten behandelt:

- Unzulässige Verformung (elastisch oder plastisch)
- Bruch
- Instabilität
- Verschleiß und
- Korrosion

Davon hat der Bruch eine besondere Bedeutung, weil dieser grundsätzlich zu einem totalen Versagen des Systems führt. Er ist also unter allen Umständen zu vermeiden. Die nachfolgenden Beispiele behandeln deshalb diese Aufgabenstellung, wobei verschiedene Sichtweisen bzw. Genauigkeitsstufen aufgezeigt werden sollen.

Neben der Nachrechnung, die als einfachste Aufgabenstellung angesehen werden kann und der Optimierung, die bei großen Stückzahlen (Kfz) bedeutungsvoll ist, dominiert in der Praxis die Dimensionierungsrechnung. Hier empfiehlt sich zunächst eine überschlägige Vordimensionierung, um ein Gefühl für die zu erwartenden Geometrien zu erhalten. Erst danach sollte die Genaurechnung erfolgen. Orientiert wird hier auf die Ermittlung der Dauerfestigkeit, weil die deutlich schwierigere Lebensdauerermittlung unter der Einwirkung von Lastkollektiven, d. h. unterschiedlich hohen Laststufen, höheren Ausbildungsstufen vorbehalten ist. Hingewiesen werden soll noch auf den Sachverhalt, dass trotz eindeutiger Rechenalgorithmen die Berechnung in verschiedenen Firmen zu unterschiedlichen Ergebnissen führen kann. Ursachen dafür sind differenzierte Vorstellungen von den Werkstofffestigkeiten und Sicherheiten, teilweise auch von den Kerbwirkungen oder gar von der Deutung der Kraftannahmen. In der Summe sollten sich die konservativen und progressiven Annahmen aber ausgleichen, da sonst die Gefahr einer Unterdimensionierung oder dauerhaften Überdimensionierung besteht. Das Infragestellen oder die Neubewertung gewohnter Vorgaben ist demnach auch eine wichtige Aufgabe der Berechnungsingenieure bzw. der Konstrukteure.

7.1 Ermittlung von Auflagerkräften und Momentenverläufen

Für die Zwischenwelle gemäß Abb. 7.1 sind die Zahnkräfte, die Auflagerreaktionen und die Momentenverläufe (Biegung, Torsion) zu bestimmen.

Rad 1 rechtssteigend
Rad 3 linkssteigend
$a = 70\,\text{mm}$
$b = 100\,\text{mm}$
$c = 50\,\text{mm}$

Gegeben:	Leistung	$P = 9\,\text{kW}$		
	Drehzahl	$n_2 = 800\,\text{min}^{-1}$		
	Rad 2	$z_2 = 39$	Rad 3	$z_3 = 20$
		$m_n = 2{,}5\,\text{mm}$		$m_n = 4\,\text{mm}$
		$\alpha_n = 20°$		$\alpha_n = 20°$
		$\beta = 15°$		$\beta = 10°$

Gesucht: a) Kräfte am Rad 2 und am Rad 3 nach Größe und Richtung
b) Auflagerkräfte bei A (Loslager) und B (Festlager)
c) Verlauf Torsionsmoment
d) Verlauf Biegemoment

Lösungshinweis: Resultierenden Biegemomentenverlauf aus Momentenverlauf in der $-z$ Ebene und Momentenverlauf in der y-z Ebene berechnen.

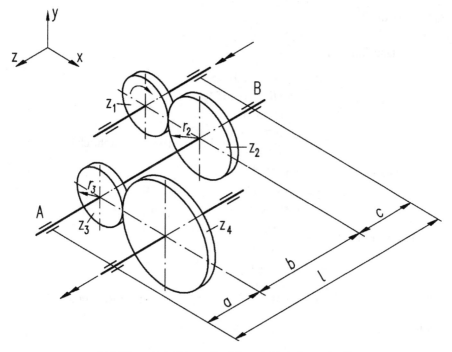

Abbildung 7.1. Skizze, Getriebe mit Zwischenradwelle

Lösung

<u>zu a) Drehmoment</u>

$$M_{t2} = \frac{P}{\omega_2}$$

$$M_{t2} = \frac{9\,\mathrm{kW}}{2 \cdot \pi \cdot n_2} = \frac{9000\,\mathrm{W}}{2 \cdot \pi \cdot n_2}$$

$$M_{t2} = \frac{9000\,\mathrm{W} \cdot 60\,\mathrm{s}}{2 \cdot \pi \cdot 800\,\mathrm{min}^{-1}} = \underline{107{,}4\,\mathrm{Nm}}$$

Kräfte am Rad 2

Umfangskraft $F_{t2} = \dfrac{2 \cdot M_{t2}}{d_2}$

$$d_2 = \dfrac{z_2 \cdot m_n}{\cos \beta} = \dfrac{39 \cdot 2{,}5}{\cos 15°}$$

$$d_2 = 100{,}94\,\text{mm}$$

$$F_{t2} = \dfrac{2 \cdot 107{,}4}{0{,}10094} = 2{,}13\,\text{kN} \qquad \text{(wirkt in Drehrichtung)}$$

Axialkraft $F_{a2} = F_{t2} \cdot \tan \beta$

$$F_{a2} = 2{,}13 \cdot \tan 15°$$

$$F_{a2} = 0{,}57\,\text{kN} \qquad \text{(wirkt zum Lager A)}$$

Radialkraft $F_{r2} = F_{t2} \cdot \dfrac{\tan \alpha_n}{\cos \beta}$

$$F_{r2} = 2{,}13 \cdot \dfrac{\tan 20°}{\cos 15°}$$

$$F_{r2} = 0{,}80\,\text{kN} \qquad \text{(wirkt zur Radmitte)}$$

Kräfte am Rad 3

Umfangskraft $F_{t3} = \dfrac{2M_{t3}}{d_3} = \dfrac{2M_{t2}}{d_3}, \quad d_3 = 81{,}234\,\text{mm}$

$$F_{t3} = \dfrac{2 \cdot 107{,}4}{81{,}234} = 2{,}65\,\text{kN} \qquad \text{(wirkt Drehrichtung entgegen)}$$

Axialkraft $F_{a3} = F_{t3} \cdot \tan \beta$

$$F_{a3} = 2{,}65 \cdot \tan 10°$$

$$F_{a3} = 0{,}47\,\text{kN} \qquad \text{(wirkt zum Lager B)}$$

Erläuterung: Gleiche Flankenrichtung auf den Rädern der Zwischenwelle, damit sich Axialkräfte möglichst ausgleichen.

Radialkraft $F_{r3} = F_{t3} \cdot \dfrac{\tan \alpha_n}{\cos \beta}$

$$F_{r3} = 2{,}65 \cdot \dfrac{\tan 20°}{\cos 10°}$$

$$F_{r3} = 0{,}98\,\text{kN} \qquad \text{(wirkt zur Radmitte)}$$

zu b) Auflagerkräfte

• x-z Ebene

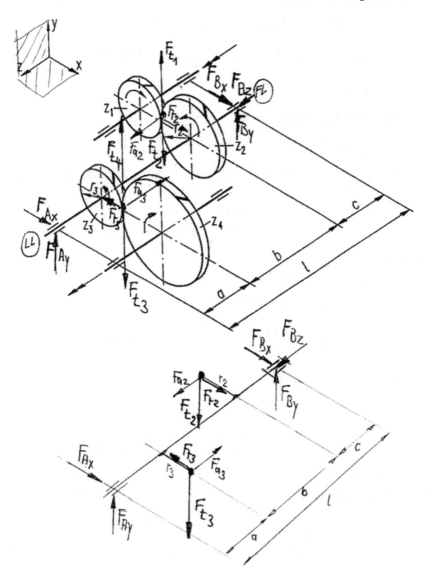

Abbildung 7.2. Kräfte am Getriebe (skizziert)

– Momentengleichgewicht um B

$$F_{Ax} = \frac{F_{r3} \cdot (b+c) - F_{r2} \cdot c - F_{a2} \cdot r_2 - F_{a3} \cdot r_3}{l}$$

$$F_{Ax} = \frac{0{,}98 \cdot (100 + 50) - 0{,}8 \cdot 50 - 0{,}57 \cdot 50{,}47 - 0{,}47 \cdot 40{,}62}{220}$$

$$F_{Ax} = \underline{0{,}269 \, \text{kN}}$$

– Momentengleichgewicht um A

$$F_{Bx} = \frac{-F_{r2} \cdot (a+b) + F_{a2} \cdot r_2 + F_{r3} \cdot a + F_{a3} \cdot r_3}{l}$$

$$F_{Bx} = \frac{-0{,}8 \cdot (70 + 100) + 0{,}57 \cdot 50{,}47 + 0{,}98 \cdot 70 + 0{,}47 \cdot 40{,}62}{220}$$

$$F_{Bx} = \underline{-0{,}089 \, \text{kN}} \qquad (\text{Richtungsänderung})$$

Kontrolle: $F_{Bx} = -F_{r2} + F_{r3} - F_{Ax} = -0{,}8 + 0{,}98 - 0{,}269 = \underline{-0{,}089 \, \text{kN}}$

• y-z Ebene

– Momentengleichgewicht um B

$$F_{Ay} = \frac{F_{t2} \cdot c + F_{t3} \cdot (b+c)}{l}$$

$$F_{Ay} = \frac{2{,}13 \cdot 50 + 2{,}65 \cdot (100 + 50)}{220} = \underline{2{,}29 \, \text{kN}}$$

– Momentengleichgewicht um A

$$F_{By} = \frac{F_{t2} \cdot (a+b) + F_{t3} \cdot a}{l}$$

$$F_{By} = \frac{2{,}13 \cdot (70 + 100) + 2{,}65 \cdot 70}{220} = \underline{2{,}49 \, \text{kN}}$$

Kontrolle: $F_{By} = F_{t2} + F_{t3} - F_{Ay} = 2{,}13 + 2{,}65 - 2{,}29 = 2{,}49 \, \text{kN}$

• Resultierende Auflagerkräfte

$$F_A = \sqrt{F_{Ax}^2 + F_{Ay}^2} = \sqrt{0{,}269^2 + 2{,}29^2} = \underline{2{,}31 \, \text{kN}}$$

$$F_B = \sqrt{F_{Bx}^2 + F_{By}^2} = \sqrt{0{,}089^2 + 2{,}49^2} = \underline{2{,}49 \, \text{kN}}$$

• Axialkraft F_a am Lager B

$$F_{Bz} \equiv F_a = F_{a3} - F_{a2} = 0{,}47 - 0{,}57 = \underline{-0{,}1 \, \text{kN}}$$

zu c) Torsionsmoment

Der Torsionsmomentenverlauf ergibt sich aus der Momenteneinleitung am Zahnrad 2 und der Momentenweiterleitung am Zahnrad 3. Zwischen den beiden Zahnrädern liegt ein konstanter Momentenverlauf vor.

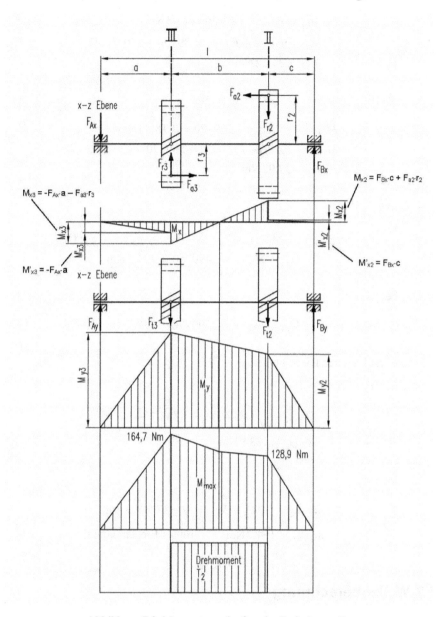

Abbildung 7.3. Momentenverlauf an der Zwischenwelle

zu d) Biegemoment

- *x-z* Ebene

    – bei II

$$M'_{x2} = F_{Bx} \cdot c = 89 \cdot 50 = \underline{4{,}45\,\text{Nm}}$$
$$M_{x2} = F_{Bx} \cdot c + F_{a2} \cdot r_2 = 89 \cdot 50 + 570 \cdot 50{,}47$$
$$M_{x2} = \underline{33{,}22\,\text{Nm}}$$

– bei III

$$M'_{x3} = -F_{Ax} \cdot a = -269 \cdot 70 = -18{,}83\,\text{Nm}$$
$$M_{x3} = -F_{Ax} \cdot a - F_{a3} \cdot r_3 = -269 \cdot 70 - 470 \cdot 40{,}617$$
$$M_{x3} = \underline{-37{,}92\,\text{Nm}}$$

• *y-z* Ebene

– bei II

$$M_{y2} = F_{By} \cdot c = 2490 \cdot 50 = \underline{124{,}5\,\text{Nm}}$$

– bei III

$$M_{y3} = F_{Ay} \cdot a = 2290 \cdot 70 = \underline{160{,}3\,\text{Nm}}$$

• Größte resultierende Biegemomente

– bei II

$$M_{2max} = \sqrt{M_{x2}^2 + M_{y2}^2} = \sqrt{33{,}22^2 + 124{,}5^2}$$
$$M_{2max} = \underline{128{,}9\,\text{Nm}}$$

– bei III

$$M_{3max} = \sqrt{M_{x3}^2 + M_{y3}^2} = \sqrt{-37{,}92^2 + 160{,}3^2}$$
$$M_{3max} = \underline{164{,}7\,\text{Nm}} \qquad \text{größtes Biegemoment!}$$

7.2 Wellenberechnung

Im Zusammenhang mit einer Kundenanfrage erhält der Berechnungsingenieur die Aufgabe, die im Abb. 7.4 dargestellte Getriebewelle hinsichtlich Dauerfestigkeit nachzurechnen, wobei die angegebenen Lastfälle und Betriebslasten wirken sollen.

Lastfälle

A) Vorwärts antreiben

B) Rückwärts antreiben

C) Rückwärts bremsen

Tabelle 7.1. Lastfallabhängige Betriebslasten

Lastfall	A: Vorwärts antreiben	B: Rückwärts antreiben	C: Rückwärts bremsen
F_{ax}	$+1000\,\mathrm{N} \pm 80\,\mathrm{N}$	$+800\,\mathrm{N} \pm 100\,\mathrm{N}$	$+1200\,\mathrm{N} \pm 100\,\mathrm{N}$
F_Q	$+2000\,\mathrm{N} \pm 100\,\mathrm{N}$	$-2400\,\mathrm{N} \pm 200\,\mathrm{N}$	$-2500\,\mathrm{N} \pm 100\,\mathrm{N}$
M_t	$+300\,\mathrm{Nm} \pm 120\,\mathrm{Nm}$	$-280\,\mathrm{Nm} \pm 110\,\mathrm{Nm}$	$+320\,\mathrm{Nm} \pm 60\,\mathrm{Nm}$

Die Länge L beträgt $L = 50\,\mathrm{mm}$, die geforderte Mindestsicherheit gegen Dauerbruch soll $S_{\mathrm{Dmin}} = 1{,}5$ betragen.

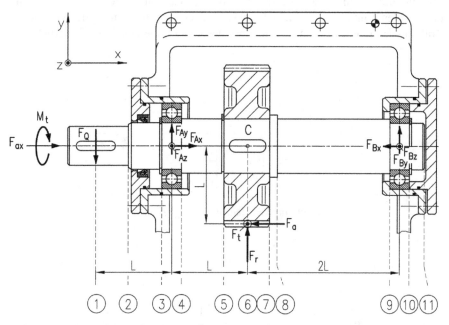

Abbildung 7.4. Getriebewelle mit Betriebslasten und zu berechnenden Querschnittsübergängen

Lösung

Die Welle ist mit zwei Kugellagern, die als Loslager A und Festlager B ausgeführt sind, (statisch bestimmt) gelagert. Das auf der Welle angeordnete Zahnrad besitzt ei-

ne Schrägverzahnung mit $\beta = 8°$ und einen Flankenwinkel von $\alpha = 20°$. Die Dreh-
momenteinleitung und -ausleitung erfolgt wellenseitig über Passfedern. In Kapitel 7.2.1 des Lehrbuches ist die Abbildung einer Getriebewelle in ein mechanisches
Ersatzmodell dargestellt. Das hierfür zweckmäßige Balkenmodell zeigt Abb. 7.5.

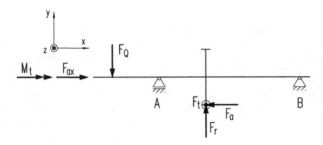

Abbildung 7.5. Balkenmodell der Getriebewelle

Mithilfe dieses sind die auftretenden räumlichen Reaktionskräfte F_A und F_B an den
Lagerstellen A und B zu ermitteln. Dazu ist eine separate Betrachtung der wirkenden
Kräfte in den Ebenen x-y und x-z mit anschließender Superposition erforderlich.

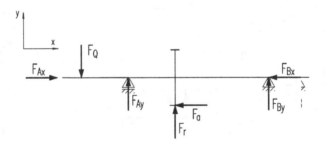

Abbildung 7.6. Balkenmodell x-y-Ebene

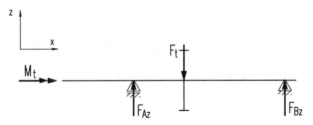

Abbildung 7.7. Balkenmodell x-z-Ebene

Aus dem Kräftegleichgewicht folgt:

$$x+: \quad F_{ax} - F_a - F_{Bx} = 0 \tag{7.1}$$

$$y+: \quad -F_Q + F_{Ay} + F_{By} + F_r = 0 \tag{7.2}$$

$$z+: \quad F_{Az} + F_t + F_{Bz} = 0 \tag{7.3}$$

und aus dem Momentengleichgewicht:

$$M_{x,C}: \quad M_t - F_t \cdot L = 0 \tag{7.4}$$

$$M_{y,B}: \quad F_t \cdot 2L + F_{Az} \cdot 3L = 0 \tag{7.5}$$

$$M_{z,C}: \quad F_{By} \cdot 2L - F_{Ay} \cdot L + F_Q \cdot 2L - F_a \cdot L = 0 \tag{7.6}$$

Die Zahnkräfte erhält man aus dem Drehmoment bzw. aus der damit zu berechnenden tangentialen Zahnkraft F_t.

$$F_t = \frac{M_t}{L}$$

Mit den in Kap. 15 des Lehrbuchs angegebenen Gleichungen für die Schrägverzahnung berechnet sich die am Zahn angreifende Axialkraft wie folgt:

$$F_a = F_t \cdot \sin 8° / \cos 20°$$

$$F_r = F_t \cdot \tan 20°$$

Dies eingesetzt in das oben angegebene Gleichungssystem führt schließlich zu den Berechnungsgleichungen für die Lagerreaktionskräfte!

Aus (7.1): $\quad F_{Bx} = F_{ax} - F_a$

Aus (7.5): $\quad F_{Az} = -\frac{2}{3} F_t$

Aus (7.3): $\quad F_{Bz} = -F_t - F_{Az} = -\frac{1}{2} F_t$

Aus (7.6) mit (7.2): $\quad F_{By} = \dfrac{-F_Q + F_A - F_r}{3}$

Aus (7.2): $\quad F_{Ay} = F_Q - F_{By} - F_r$.

Kritische Querschnitte

Maßgebend für die Dauerfestigkeit der Welle sind i. d. R. Kerben, die vorwiegend an Wellenübergängen auftreten aber auch durch Sicherungsringnuten oder Welle-Nabe-Verbindungen gebildet werden können. Am kritischen Querschnitt liegt die kleinste Sicherheit gegen Dauerbruch und damit die niedrigste Tragfähigkeit der Welle vor. In Kapitel 3 wurde gezeigt, dass die festigkeitsmindernde Kerbwirkung nicht allein durch die Formzahl α sondern auch durch das Spannungsgefälle abgebildet wird. Da diese Einflüsse von Studenten und/oder Berufsanfängern nicht auf Anhieb zu erkennen sind, empfiehlt sich gerade für diese Personengruppe eine umfängliche Nachrechnung, die hier gezeigt werden soll. In Abb. 7.4 sind die potentiellen Kerbstellen durch die Nummerierung von 1 bis 11 gekennzeichnet. An diesen Stellen sind über die oben ermittelten Lagerreaktionen die Nennspannungen zu berechnen, die die Basis der Dauerfestigkeitsberechnung nach DIN 743 bilden (vergl. Kap. 3 des Lehrbuches).

Zur Aufwandsbegrenzung werden in diesem Beispiel die technologischen, die Werkstoff- und Größeneinflussfaktoren abgeschätzt. Ebenso wird bei Kerbwirkungszahlen und den Wechselfestigkeiten verfahren. Obwohl die Abschätzung immer auf der sicheren Seite liegen sollte, folgt aus dieser Verfahrensweise, dass dicht am Grenzwert liegende Ergebnisse bzw. Querschnitte einer genaueren Berechnung unterzogen werden müssen.

Lösung

Aus den oben genannten Betriebslasten und den gewonnenen Gleichungen für die Reaktionskräfte an den Lagerstellen werden folgende Zahlenwerte ermittelt:

Lastfall:	A (stat)	A (dyn)	B (stat)	B (dyn)	C (stat)	C (dyn)
F_{ax} [N]	1000	80	800	100	1200	100
F_Q [N]	2000	100	−2400	200	−2500	100
M_t [Nm]	300	120	−280	110	320	60
Auflagerreaktionen						
$F_{A,y}$ [N]	914,6	−567,5	−1564,7	−375,8	−5202,2	−217,1
$F_{A,z}$ [N]	−4000,0	−1600,0	3733,3	−1466,7	−4266,7	−800,0
$F_{B,x}$ [N]	111,4	−275,5	1629,4	−225,8	252,1	−77,7
$F_{B,y}$ [N]	−1098,4	−206,0	1202,9	−225,0	372,8	−119,7
$F_{B,z}$ [N]	−2000,0	−800,0	1866,7	−733,3	−2133,3	−400,0
Verzahnungskräfte						
F_t [N]	6000,0	2400,0	−5600,0	2200,0	6400,0	1200,0
F_r [N]	2183,8	873,5	−2038,2	800,7	2329,4	436,8
F_a [N]	888,6	355,5	−829,4	325,8	947,9	177,7

Mit diesen Angaben lassen sich nun an allen gekennzeichneten Querschnitten in Abhängigkeit vom jeweiligen Lastfall die wirkenden Kräfte und Momente berechnen und damit die entsprechenden Verläufe entlang der Wellenachse darstellen.

Lastfall A
Statisch:

Abschnitt	x [mm]	F_{ax} [N]	M_t [Nm]	Q_y [N]	Q_z [N]	Q [N]	$M_{B,y}$ [Nmm]	$M_{B,z}$ [Nmm]	M_B [Nmm]
1	20,00	80,0	120,0	−100,0	0,0	100,0	0	0	0
2	40,00	80,0	120,0	−100,0	0,0	100,0	0	−2000	2000
3	65,00	80,0	120,0	−100,0	0,0	100,0	0	−4500	4500
4	75,00	80,0	120,0	−667,5	−1600,0	1733,7	−8000	−8338	11555
5	105,00	80,0	120,0	−667,5	−1600,0	1733,7	−56000	−28363	62773
6	120,00	−275,5	120,0	−667,5	−1600,0	1733,7	−80000	−20603	82610
7	135,00	−275,5	0,0	206,0	800,0	826,1	68000	17512	70219
8	142,50	−275,5	0,0	206,0	800,0	826,1	−62000	−15967	64023
9	215,00	−275,5	0,0	206,0	800,0	826,1	−4000	−1030	4131
10	225,00	0,0	0,0	0,0	0,0	0,0	0	0	0
11	235,00	0,0	0,0	0,0	0,0	0,0	0	0	0

Dynamisch:

Abschnitt	x [mm]	F_{ax} [N]	M_t [Nm]	Q_y [N]	Q_z [N]	Q [N]	$M_{B,y}$ [Nmm]	$M_{B,z}$ [Nmm]	M_B [Nmm]
1	20,00	80,0	120,0	−100,0	0,0	100,0	0	0	0
2	40,00	80,0	120,0	−100,0	0,0	100,0	0	−2000	2000
3	65,00	80,0	120,0	−100,0	0,0	100,0	0	−4500	4500
4	75,00	80,0	120,0	−667,5	−1600,0	1733,7	−8000	−8000	11555
5	105,00	80,0	120,0	−667,5	−1600,0	1733,7	−56000	−28363	62773
6	120,00	−275,5	120,0	−667,5	−1600,0	1733,7	−80000	20603	82610
7	135,00	−275,5	0,0	206,0	800,0	826,1	−68000	−17512	70219
8	142,50	−275,5	0,0	206,0	800,0	826,1	−62000	−15967	64023
9	215,00	−275,5	0,0	206,0	800,0	826,1	−4000	−1030	4131
10	225,00	0,0	0,0	0,0	0,0	0,0	0	0	0
11	235,00	0,0	0,0	0,0	0,0	0,0	0	0	0

Lastfall A
stat.   dyn.:

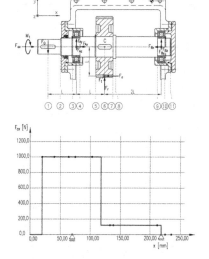

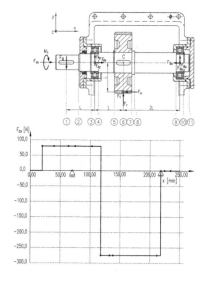

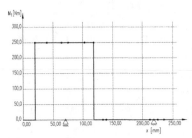

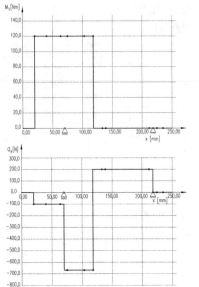

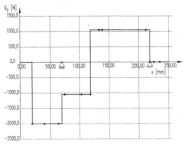

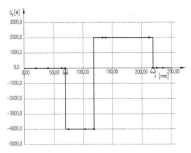

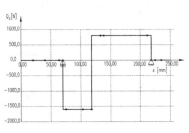

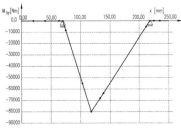

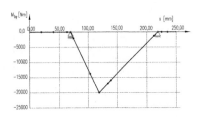

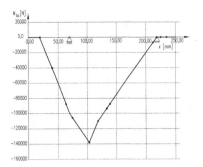

Lastfall B

Statisch:

Abschnitt	x [mm]	F_{ax} [N]	M_t [Nm]	Q_y [N]	Q_z [N]	Q [N]	$M_{B,y}$ [Nmm]	$M_{B,z}$ [Nmm]	M_B [Nmm]
1	20,00	800,0	−280,0	2400,0	0,0	2400,0	0	0	0
2	40,00	800,0	−280,0	2400,0	0,0	2400,0	0	48 000	48 000
3	65,00	800,0	−280,0	2400,0	0,0	2400,0	0	108 000	108 000
4	75,00	800,0	−280,0	835,3	3733,3	3825,6	18 667	124 176	125 572
5	105,00	800,0	−280,0	835,3	3733,3	3825,6	130 667	149 235	198 355
6	120,00	1629,4	−280,0	835,3	3733,3	3825,6	186 667	120 295	222 070
7	135,00	1629,4	0,0	−1202,9	−1866,7	2220,7	158 667	102 251	188 760
8	142,50	1629,4	0,0	−1202,9	−1866,7	2220,7	144 667	93 229	172 105
9	215,00	1629,4	0,0	−1202,9	−1866,7	2220,7	9333	6015	11 104
10	225,00	0,0	0,0	0,0	0,0	0,0	0	0	0
11	235,00	0,0	0,0	0,0	0,0	0,0	0	0	0

Dynamisch:

Abschnitt	x [mm]	F_{ax} [N]	M_t [Nm]	Q_y [N]	Q_z [N]	Q [N]	$M_{B,y}$ [Nmm]	$M_{B,z}$ [Nmm]	M_B [Nmm]
1	20,00	100,0	110,0	−200,0	0,0	200,0	0	0	0
2	40,00	100,0	110,0	−200,0	0,0	200,0	0	−4000	4000
3	65,00	100,0	110,0	−200,0	0,0	200,0	0	−9000	9000
4	75,00	100,0	110,0	−575,8	−1466,7	1575,6	−7333	−12 879	14 820
5	105,00	100,0	110,0	−575,8	−1466,7	1575,6	−51 333	−30 152	59 534
6	120,00	−225,8	110,0	−575,8	−1466,7	1575,6	−73 333	−22 497	76 706
7	135,00	−225,8	0,0	225,0	733,3	767,1	−62 333	−19 122	65 201
8	142,50	−225,8	0,0	225,0	733,3	767,1	−56 833	−17 435	59 448
9	215,00	−225,8	0,0	225,0	733,3	767,1	3667	1125	3835
10	225,00	0,0	0,0	0,0	0,0	0,0	0	0	0
11	235,00	0,0	0,0	0,0	0,0	0,0	0	0	0

Lastfall B

stat.   dyn.:

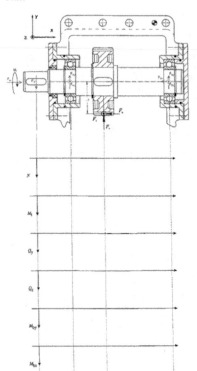

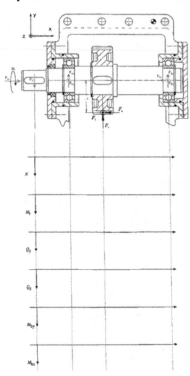

Lastfall C

Statisch:

Abschnitt	x [mm]	F_{ax} [N]	M_t [Nm]	Q_y [N]	Q_z [N]	Q [N]	$M_{B,y}$ [Nmm]	$M_{B,z}$ [Nmm]	M_B [Nmm]
1	20,00	1200,0	320,0	2500,0	0,0	2500,0	0	0	0
2	40,00	1200,0	320,0	2500,0	0,0	2500,0	0	50 000	50 000
3	65,00	1200,0	320,0	2500,0	0,0	2500,0	0	112 500	112 500
4	75,00	1200,0	320,0	−2702,2	−4266,7	5050,4	−21 333	111 489	113 512
5	105,00	1200,0	320,0	−2702,2	−4266,7	5050,4	−149 333	30 422	152 401
6	120,00	252,1	320,0	−2702,2	−4266,7	5050,4	−213 333	37 282	216 567
7	135,00	252,1	0,0	−372,8	2133,3	2165,7	−181 333	31 690	184 082
8	142,50	252,1	0,0	−372,8	2133,3	2165,7	−165 333	28 894	167 839
9	215,00	252,1	0,0	−372,8	2133,3	2165,7	−10 667	1864	10 828
10	225,00	0,0	0,0	0,0	0,0	0,0	0	0	0
11	235,00	0,0	0,0	0,0	0,0	0,0	0	0	0

Dynamisch:

Abschnitt	x [mm]	F_{ax} [N]	M_t [Nm]	Q_y [N]	Q_z [N]	Q [N]	$M_{B,y}$ [Nmm]	$M_{B,z}$ [Nmm]	M_B [Nmm]
1	20,00	100,0	60,0	−100,0	0,0	100,0	0	0	0
2	40,00	100,0	60,0	−100,0	0,0	100,0	0	−2000	2000
3	65,00	100,0	60,0	−100,0	0,0	100,0	0	−4500	4500
4	75,00	100,0	60,0	−317,1	−800,0	860,5	−4000	−6585	7705
5	105,00	100,0	60,0	−317,1	−800,0	860,5	−28000	−16098	32298
6	120,00	−77,7	60,0	−317,1	−800,1	860,5	40000	11968	41752
7	135,00	−77,7	0,0	119,7	400,0	417,5	−34000	−10173	35489
8	142,50	−77,7	0,0	119,7	400,0	417,5	−31000	−9275	32358
9	215,00	−77,7	0,0	119,7	400,0	417,5	−2000	−598	2088
10	225,00	0,0	0,0	0,0	0,0	0,0	0	0	0
11	235,00	0,0	0,0	0,0	0,0	0,0	0	0	0

Lastfall C
stat.   dyn.:

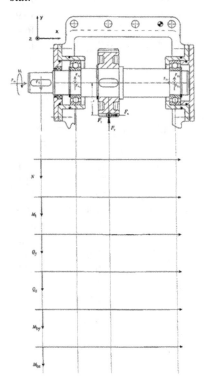

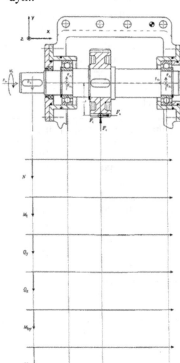

Basierend darauf sind nunmehr die in den jeweiligen Querschnitten wirkenden Spannungen zu ermitteln, die dann die Basis für die endgültige Dauerfestigkeitsberechnung bilden. Die nachfolgenden Tabellen beinhalten die betreffenden Zahlenwerte.

Dabei wird der schon in Kap. 3 des Lehrbuches angesprochene Sachverhalt deutlich, dass die aus der Querkraft resultierenden Schubspannungen τ_Q (nicht die Torsionsspannungen!) praktisch vernachlässigt werden können. Gleiches gilt hier, wie auch meist in der Praxis, für die Axial- bzw. Normalspannungen σ_N.

Nennspannungen

Lastfall A

Statisch:

Abschnitt	x [mm]	σ_N [MPa]	σ_b [MPa]	τ_Q [MPa]	τ_t [MPa]	$\sigma_{v,nenn}$ [MPa]
1	20,00	2,9	0,0	5,8	165,0	285,9
2	40,00	2,0	26,1	4,1	97,8	171,8
3	65,00	1,7	44,1	3,4	73,5	135,4
4	75,00	1,4	40,5	5,9	56,6	107,1
5	105,00	1,2	58,3	5,0	44,5	97,8
6	120,00	0,2	86,1	5,9	56,6	130,9
7	135,00	0,1	46,1	2,4	0,0	46,4
8	142,50	0,1	42,0	2,4	0,0	42,3
9	215,00	0,2	4,3	3,2	0,0	7,2

Dynamisch:

Abschnitt	x [mm]	σ_N [MPa]	σ_b [MPa]	τ_Q [MPa]	τ_t [MPa]	$\sigma_{v,a}$ [MPa]
1	20,00	0,2	0,0	0,3	66,0	114,3
2	40,00	0,2	1,3	0,2	39,1	67,8
3	65,00	0,1	2,2	0,2	29,4	51,0
4	75,00	0,1	4,4	2,5	22,6	39,7
5	105,00	0,1	18,6	2,1	17,8	36,3
6	120,00	0,4	31,2	2,5	22,6	50,5
7	135,00	0,3	16,7	0,9	0,0	17,0
8	142,50	0,3	15,2	0,9	0,0	15,6
9	215,00	0,4	1,6	1,2	0,0	2,8

Nennspannungen

Lastfall B

Statisch:

Abschnitt	x [mm]	σ_N [MPa]	σ_b [MPa]	τ_Q [MPa]	τ_t [MPa]	$\sigma_{v,nenn}$ [MPa]
1	20,00	2,3	0,0	6,9	−154,0	267,0
2	40,00	1,6	31,3	4,9	−91,3	161,7
3	65,00	1,3	52,9	4,0	−68,6	130,8
4	75,00	1,1	47,4	5,4	−52,8	104,0
5	105,00	1,0	58,9	4,6	−41,5	93,9
6	120,00	2,3	83,8	5,4	−52,8	126,0
7	135,00	1,7	44,8	2,3	0,0	46,7
8	142,50	1,7	40,9	2,3	0,0	42,8
9	215,00	2,3	4,2	3,1	0,0	8,5

Dynamisch:

Abschnitt	x [mm]	σ_N [MPa]	σ_b [MPa]	τ_Q [MPa]	τ_t [MPa]	$\sigma_{v,a}$ [MPa]
1	20,00	0,3	0,0	0,6	60,5	104,8
2	40,00	0,2	2,6	0,4	35,9	62,2
3	65,00	0,2	4,4	0,3	26,9	46,9
4	75,00	0,1	5,6	2,2	20,7	36,6
5	105,00	0,1	17,7	1,9	16,3	33,6
6	120,00	0,3	28,9	2,2	20,7	46,5
7	135,00	0,2	15,5	0,8	0,0	15,8
8	142,50	0,2	14,1	0,8	0,0	14,4
9	215,00	0,3	1,4	1,1	0,0	2,6

Nennspannungen

Lastfall C

Statisch:

Abschnitt	x [mm]	σ_N [MPa]	σ_b [MPa]	τ_Q [MPa]	τ_t [MPa]	$\sigma_{v,nenn}$ [MPa]
1	20,00	3,5	0,0	7,2	176,0	305,1
2	40,00	2,4	32,6	5,1	104,3	184,2
3	65,00	2,0	55,1	4,2	78,4	147,4
4	75,00	1,7	42,8	7,1	60,4	114,3
5	105,00	1,4	45,2	6,1	47,5	95,1
6	120,00	0,4	81,7	7,1	60,4	133,5
7	135,00	0,3	43,7	2,3	0,0	44,2
8	142,50	0,3	39,9	2,3	0,0	40,3
9	215,00	0,4	4,1	3,1	0,0	6,9

Dynamisch:

Abschnitt	x [mm]	σ_N [MPa]	σ_b [MPa]	τ_Q [MPa]	τ_t [MPa]	$\sigma_{v,a}$ [MPa]
1	20,00	0,3	0,0	0,3	33,0	57,2
2	40,00	0,2	1,3	0,2	19,6	33,9
3	65,00	0,2	2,2	0,2	14,7	25,6
4	75,00	0,1	2,9	1,2	11,3	20,0
5	105,00	0,1	9,6	1,0	8,9	18,3
6	120,00	0,1	15,8	1,2	11,3	25,3
7	135,00	0,1	8,4	0,4	0,0	8,5
8	142,50	0,1	7,7	0,4	0,0	1,8
9	215,00	0,1	0,8	0,6	0,0	1,4

Zur Berechnung der ertragbaren Ausschlagfestigkeiten werden für die betreffenden Kerbstellen die Kerbwirkungszahlen β benötigt. Bei den so genannten freien Kerben erfolgt deren Berechnung über die Formzahl α und das Spannungsgefälle G'. Für die Passfederverbindungen sind die Kerbwirkungszahlen direkt aus DIN 743 bzw. Kapitel 9 des Lehrbuchs zu entnehmen.

Die durch die Formzahl beschriebene Kerbwirkung wird durch die aus dem Spannungsgefälle resultierende Stützwirkung gemindert. Gemäß Abb. 7.9 beträgt bei einer Streckgrenze von $R_{p0,2} = 600$ MPa die Minderung ca. 5 bis 20%. Demnach liegt die hier getroffene Festlegung $\beta = \alpha$ auf der sicheren Seite und reicht für die oben formulierte Aufgabenstellung vollkommen aus. Aus Gründen der Übersichtlichkeit sind die so ermittelten Kerbwirkungszahlen, die den Formzahlen entsprechen, aus Abb. 7.8 ermittelt bzw. nach den Formeln der DIN 743 berechnet. Die Ergebnisse sind in der folgende Tabelle zusammengefasst.

aus Abbildung 7.8 ermittelt:

Kerb Position	d/D	r/t	α_{zd}	α_b	α_t
2	$25/30 = 0{,}833$	$0{,}2/2{,}5 = 0{,}08$	4,0	3,6	2,7
4	$30/35 = 0{,}857$	$0{,}2/2{,}5 = 0{,}08$	4,3	3,8	2,8
7	$35/39 = 0{,}900$	$0{,}2/2{,}0 = 0{,}10$	4,2	3,7	2,8
8	$35/39 = 0{,}900$	$0{,}5/2{,}0 = 0{,}25$	3,0	2,8	1,8
9	$30/35 = 0{,}857$	$0{,}2/2{,}5 = 0{,}08$	4,3	3,8	2,8

Die Kerbwirkungszahlen aus Abb. 7.10 sind für die Kerb Positionen 3 und 5 folgend aufgeführt.

Kerb Position	r	t	m	$\beta_{\sigma\tau}$	β_τ
3	0,2	2,5	1,0	4,0	2,5
5	0,2	2,5	1,0	4,0	2,5

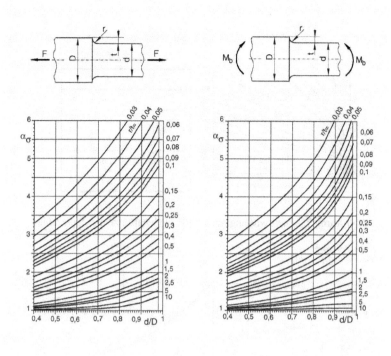

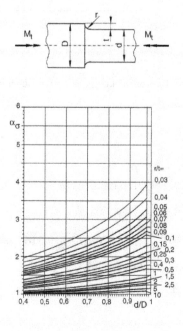

Abbildung 7.8. Formzahlen für Wellenabsätze

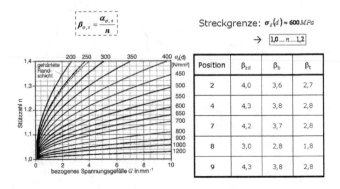

Abbildung 7.9. Kerbwirkungszahlen für Wellenabsätze und Stützzahlen

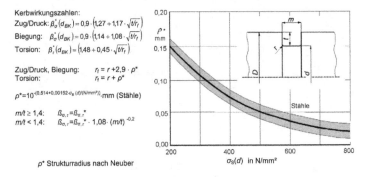

ANMERKUNG　Ergibt sich bei Zug/Druck oder Biegung β_σ >4, ist mit β_σ =4 zu rechnen. Ergibt sich bei Torsion β_τ >2,5, ist mit β_τ=2,5 zu rechnen.

Abbildung 7.10. Kerbwirkungszahlen für Sicherungsnuten

Beispiel für Biegung

$$r_{\mathrm{f}} = r + 2,9 \cdot \rho^*$$
$$r_{\mathrm{f}} = 0,2 + 2,9 \cdot 0,04 = 0,316$$
$$\beta_\sigma^* = 0,9 \cdot \left(1,14 + 1,08\sqrt{t/r_{\mathrm{f}}}\right)$$
$$\beta_\sigma^* = 0,9 \cdot \left(1,14 + 1,08\sqrt{2,5/0,316}\right) = 3,76$$
$$m/t = 1/2,5 = 0,4 < 1,4$$
$$\beta_\sigma = \beta_\sigma^* \cdot 1,08 \cdot (m/t)^{-0,2} = 4,86$$

Demnach wird für Biegung und Zug/Druck mit $\beta_\sigma = 4,0$ gerechnet.

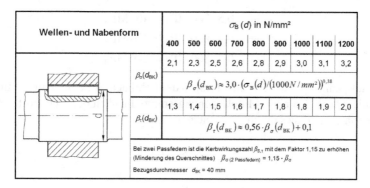

Wellen- und Nabenform		σ_B (d) in N/mm²								
		400	500	600	700	800	900	1000	1100	1200
	$\beta_\sigma(d_{BK})$	2,1	2,3	2,5	2,6	2,8	2,9	3,0	3,1	3,2
		$\beta_\sigma(d_{BK}) \approx 3,0 \cdot (\sigma_B(d)/(1000 N/mm^2))^{0,38}$								
	$\beta_\tau(d_{BK})$	1,3	1,4	1,5	1,6	1,7	1,8	1,8	1,9	2,0
		$\beta_\tau(d_{BK}) \approx 0,56 \cdot \beta_\sigma(d_{BK}) + 0,1$								

Bei zwei Passfedern ist die Kerbwirkungszahl $\beta_{\sigma,\tau}$ mit dem Faktor 1,15 zu erhöhen
(Minderung des Querschnittes) $\beta_{\sigma\,(2\,Passfedern)} = 1,15 \cdot \beta_\sigma$
Bezugsdurchmesser d_{BK} = 40 mm

Abbildung 7.11. Kerbwirkungszahlen für Passfedernuten

Die aus DIN 743 resultierenden Berechnungsvorschriften für die Sicherungsringnuten (Rechtecknuten) enthält Abb. 7.10 wie auch die daraus ermittelten Kerbwirkungszahlen.

Die aus den entsprechenden Tabellen direkt ablesbaren Kerbwirkungszahlen für die
Passfederverbindungen (diese sind nur experimentell ermittelbar) sind in Abb. 7.11
dargestellt und folgend aufgeführt.

Kerb Position	d_0	t	β_σ	β_τ
1	25,0	4,0	2,8	1,7
6	25,0	5,0	2,8	1,7

Die für den gekerbten Querschnitt maßgebenden Wechselfestigkeiten berechnen
sich unter Berücksichtigung der oben getroffenen Vereinfachungen zu

$$\sigma_{WK} = \frac{\sigma_W}{\beta}$$

wobei σ_W die Wechselfestigkeit des glatten Probestabes verkörpert. Um aufwändige
Versuche in der Praxis zu vermeiden, enthält die DIN 743 entsprechende, aus vielen
Laboruntersuchungen abgeleitete diesbezügliche Berechnungsgleichungen.

$$\sigma_{bW} = 0,5 \cdot R_m$$
$$\sigma_{zdW} = 0,4 \cdot R_m$$
$$\tau_{tW} = 0,3 \cdot R_m$$

Es sei an dieser Stelle darauf hingewiesen, dass insbesondere bei hochfesten Stählen
nicht unerhebliche Abweichungen auftreten können.

Für dieses Beispiel wird mit $R_m = 800\,MPa$ ermittelt:

$$\sigma_{bW} = 0,5 \cdot 800\,\text{MPa} = 400\,\text{MPa}$$
$$\sigma_{zdW} = 0,4 \cdot 800\,\text{MPa} = 320\,\text{MPa}$$
$$\tau_{tW} = 0,3 \cdot 800\,\text{MPa} = 240\,\text{MPa}$$

Die Mittelspannung reduziert gemäß Kap. 3 des Lehrbuchs die ertragbare Festigkeit. Man spricht auch von einer Mittelspannungsempfindlichkeit der Werkstoffe. Rechnerisch erfasst wird dies durch die Gleichung

$$\sigma_{ADK} = \sigma_{WK} - \psi \cdot \sigma_{mv}$$

mit

$$\psi = \frac{\sigma_{WK}}{2 \cdot R_m - \sigma_{WK}}$$

Für Torsion gelten analoge Gleichungen.

Aus diesen Betrachtungen resultieren folgende Zahlenwerte für die zulässigen Ausschlagfestigkeiten bei den gegebenen Mittelspannungen.

Wechselfestigkeiten:

Abschnitt	x [mm]	σ_{zdW} [MPa]	σ_{bW} [MPa]	τ_{tW} [MPa]
1	20,00	114,3	142,9	141,2
2	40,00	80,0	111,1	88,9
3	65,00	80,0	100,0	96,0
4	75,00	74,4	105,3	85,7
5	105,00	80,0	100,0	96,0
6	120,00	114,3	142,9	141,2
7	135,00	76,2	108,1	85,7
8	142,50	106,7	142,9	133,3
9	215,00	74,4	105,3	85,7

Dauerfeste Ausschlagsspannungen:

Abschnitt	x [mm]	σ_{bADK} [MPa]	σ_{zdADK} [MPa]	τ_{tADK} [MPa]
1	20,00	48,2	58,3	113,7
2	40,00	44,6	48,3	77,5
3	65,00	42,9	48,3	82,8
4	75,00	43,7	46,2	75,1
5	105,00	42,9	48,3	82,8
6	120,00	48,2	58,3	113,7
7	135,00	44,1	46,9	75,1
8	142,50	48,2	56,4	108,6
9	215,00	43,7	46,2	75,1

Dies war der letzte notwendige Rechenschritt vor der abschließenden Ermittlung der lokalen Sicherheitsfaktoren S_i. Die dafür maßgebende Gleichung lautet:

$$S_i = \cfrac{1}{\sqrt{\left(\cfrac{\sigma_{zda,i}}{\sigma_{zdADK,i}} + \cfrac{\sigma_{ba,i}}{\sigma_{bADK,i}}\right)^2 + \left(\cfrac{\tau_{ta,i}}{\tau_{tADK,i}}\right)^2}}$$

In Tabelle 7.2 sind für alle ausgewählten Kerbstellen die Sicherheitsfaktoren für den jeweiligen Lastfall zusammengefasst.

Tabelle 7.2. Zusammenfassung der ermittelten Sicherheitsfaktoren, Kerbposition siehe Abb 7.12, kleinste Sicherheitsfaktoren unterstrichen

Kerb Position	x [mm]	Lastfall A $S_{abgeschätzt}$	Lastfall B $S_{abgeschätzt}$	Lastfall C $S_{abgeschätzt}$
1	20,00	1,7	1,9	3,4
2	40,00	2,0	2,1	3,9
3	65,00	2,8	2,9	5,4
4	75,00	3,1	3,3	6,0
5	105,00	2,1	2,2	4,0
6	120,00	1,5	1,6	2,9
7	135,00	2,6	2,8	5,2
8	142,50	3,1	3,4	6,2
9	215,00	22,7	25,0	49,0
10	225,00	-	-	-
11	235,00	-	-	-

Es ist eindeutig zu erkennen, dass der Lastfall A zu den kleinsten Sicherheiten führt, d. h. bei dieser Belastung treten die größten Beanspruchungen an den jeweiligen Kerbstellen auf. Entsprechend den Ergebnissen in Tabelle 7.2 wären die Querschnitte 1, 2, 5 und 6 (siehe Abb. 7.12) hier sinnvoller Weise genauer nachzurechnen. Eine

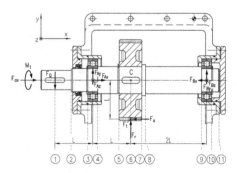

Abbildung 7.12. Getriebewelle mit Betriebslasten und Kerbpositionen

einfache Abschätzung zum Schluss soll zeigen, welche Unsicherheiten in der Abschätzung enthalten sind.

Die Passfeder ist gemäß vorstehendem Bild die kritische Kerbstelle. Für diese wurden aber experimentell ermittelte Kerbwirkungszahlen eingesetzt, die für den Durchmesser 40 mm gelten. Wegen des hier vorliegenden kleineren Durchmessers liegen die verwendeten Kerbwirkungszahlen auf der sicheren Seite. Die Kerbwirkungszahlen beinhalten naturgemäß das Spannungsgefälle und besonders auch den Oberflächeneinfluss (vergl. DIN 743). Demnach ergeben sich nur Unsicherheiten in den angegebenen Kennwerten und im Rechenverfahren. Diese sind aber bereits in der Vorgabe $S_{min} = 1,5$ enthalten, so dass eine weitere Nachrechnung bzw. eine verfeinerte Rechnung in diesem Fall nicht notwendig ist.

7.3 Sicherheitsnachweis Welle/Nachweisrechnung bei dynamischer Beanspruchung

Für die Welle gemäß Abb. 7.13 ist am rechten Wellenende für die Stelle I-I und für die Stelle II-II der Sicherheitsnachweis entsprechend DIN 743 zu führen.

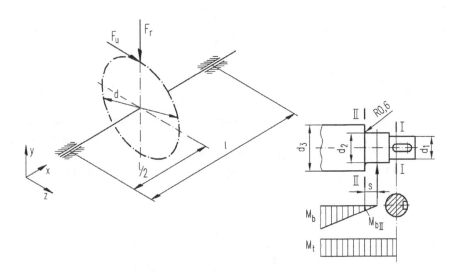

Abbildung 7.13. Wellenbelastung und kritische Querschnitte I-I und II-II

gegeben: $F_u = 30 \cdot 10^3\,\text{N}$ $d_1 = 50\,\text{mm}$ E 335 (St 60–2)

$F_r = 240 \cdot 10^3\,\text{N}$ $d_2 = 60\,\text{mm}$ $R_{z\,I} = 16\,\mu\text{m}$

$d = 140\,\text{mm}$ $d_3 = 80\,\text{mm}$ $R_{z\,II} = 16\,\mu\text{m}$

$l = 300\,\text{mm}$ $R_{\tau t} = 0{,}6$

$s = 10\,\text{mm}$ $R_{\sigma b} = -1$

gesucht: – Nachweis der Sicherheit gegen Überschreiten der Fließgrenze
für die Stelle I-I bzw. II-II

– Nachweis der Sicherheit gegen Überschreiten der Dauerfestigkeit für die Stelle I-I bzw. II-II

Lösung

Lösungsteil A: Nachweis der Sicherheit gegen Überschreiten der Fließgrenze

Nennspannungen

- Querschnitt I-I (nur Torsionsspannungen)

$$\tau_t = \frac{M_t}{W_t} \qquad M_t = F_u \cdot \frac{d}{2} = \frac{30 \cdot 10^3 \cdot 140}{2} = 2{,}1 \cdot 10^3\,\text{Nm}$$

$$W_t = \frac{\pi \cdot d_1^3}{16} = \frac{\pi \cdot 50^3}{16} = 24\,543{,}6\,\text{mm}^3$$

$$\tau_t = \frac{2100 \cdot 10^3}{24\,543{,}6} = \underline{85{,}6\,\text{N/mm}^2}$$

- Querschnitt II-II

  – Torsionsspannungen

$$\tau_t = \frac{M_t}{W_t} \qquad W_t = \frac{\pi \cdot d_2^3}{16} = \frac{\pi \cdot 60^3}{16} = 42\,411{,}5\,\text{mm}^3$$

$$\tau_t = \frac{2100 \cdot 10^3}{42\,411{,}5} = \underline{49{,}5\,\text{N/mm}^2}$$

  – Biegespannung

$$\sigma_b = \frac{M_{b\,II}}{W_b}$$

Bestimmung $M_{b\,II}$

x–y Ebene

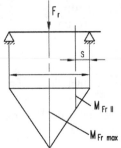

x–z Ebene

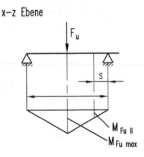

$$M_{\text{Fr max}} = \frac{F_\text{r} \cdot l}{4}$$
$$= \frac{240 \cdot 10^3 \cdot 300}{4}$$
$$= 18 \cdot 10^3 \, \text{Nm}$$

$$M_{\text{Fu max}} = \frac{F_\text{u} \cdot l}{4}$$
$$= \frac{30 \cdot 10^3 \cdot 300}{4}$$
$$= 2{,}25 \cdot 10^3 \, \text{Nm}$$

resultierendes Maximalmoment:

$$M_{\text{b max}} = \sqrt{M_{\text{Fr max}}^2 + M_{\text{Fu max}}^2}$$
$$= \sqrt{(18 \cdot 10^3)^2 + (2{,}25 \cdot 10^3)^2}$$
$$= 18{,}1 \cdot 10^3 \, \text{Nm}$$

resultierendes Moment im Querschnitt II-II:

$$M_{\text{b II}} : s = M_{\text{b max}} : l/2$$
$$M_{\text{b II}} = \frac{M_{\text{b max}} \cdot s \cdot 2}{l} = \frac{18{,}1 \cdot 10^3 \cdot 20}{300} = 1207 \, \text{Nm}$$

Widerstandsmoment Biegung:

$$W_\text{b} = \frac{\pi \cdot d_2^3}{32} = \frac{\pi \cdot 60^3}{32} = 21\,206 \, \text{mm}^3$$
$$\sigma_\text{b} = \frac{1207 \cdot 10^3}{21\,206} = 56{,}9 \, \text{N/mm}^2$$

Ertragbare Spannungen/vorhandene Sicherheiten

- Querschnitt I-I:

Bauteilfließgrenze

$\tau_{tFk} = K_1(d) \cdot K_{2F} \cdot \gamma_F \cdot R_p \cdot 1/\sqrt{3}$ Technologischer Größeneinfluss für Baustahl
$K_1(d = 80) = 0{,}89$
Statische Stützwirkung für Torsion, ohne harte
Randschicht, Vollwelle
$K_{2F} = 1{,}2$
Erhöhung der Fließgrenze bei Torsion
$\gamma_F = 1{,}0$
Streckgrenze $R_p = 335\,\text{N}/\text{mm}^2$

$$\tau_{tFk} = 0{,}89 \cdot 1{,}2 \cdot 1 \cdot 335 \cdot 1/\sqrt{3} = \underline{206{,}6\,\text{N}/\text{mm}^2}$$

vorhandene Sicherheit

$$S_{vorh\,I\text{-}I} = \frac{\tau_{tFk}}{\tau_t} = \frac{206{,}6}{85{,}6} = \underline{2{,}4}$$

• Querschnitt II-II

Bauteilfließgrenzen

$\sigma_{bFk} = K_1(d) \cdot K_{2F} \cdot \gamma_F \cdot R_p$ $K_1(d = 80) = 0{,}89$
$K_{2F} = 1{,}2$
$\gamma_F = 1{,}1$
($\beta_k = 2{,}1$ nach Lösungsteil B)

$$\sigma_{bFk} = 0{,}89 \cdot 1{,}2 \cdot 1{,}1 \cdot 335 = \underline{393{,}6\,\text{N}/\text{mm}^2}$$

$\tau_{tFk} = K_1(d) \cdot K_{2F} \cdot \gamma_F \cdot R_p \cdot 1/\sqrt{3}$ $K_1(d) = 0{,}89$
$K_{2F} = 1{,}2$
$\gamma_F = 1{,}0$

$$\tau_{tFk} = 0{,}89 \cdot 1{,}2 \cdot 1 \cdot 335 \cdot 1/\sqrt{3} = \underline{206{,}6\,\text{N}/\text{mm}^2}$$

vorhandene Sicherheit

$$\frac{1}{S_{vorh\,II\text{-}II}} = \sqrt{\left(\frac{\sigma_b}{\sigma_{bFk}}\right)^2 + \left(\frac{\tau_t}{\tau_{tFk}}\right)^2} = \sqrt{\left(\frac{56{,}9}{393{,}6}\right)^2 + \left(\frac{49{,}5}{206{,}6}\right)^2} = 0{,}28$$

$$S_{vorh\,II\text{-}II} = \underline{3{,}57}$$

Lösungsteil B: Nachweis der Sicherheit gegen Überschreiten der Dauerfestigkeit

• Querschnitt I-I

Nennspannungsamplitude
(nur Torsionsspannung und un-
gestörter Querschnitt!)

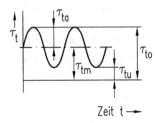

Zeit t —▸

$$\tau_{ta} = \frac{(\tau_{to} - \tau_{tu})}{2}$$

$$\tau_{tu} = R_{\tau t} \cdot \tau_{to}$$

$$\tau_{tm} = \tau_{to} - \tau_{ta}$$

$$\tau_{to} = \frac{16 \cdot M_t}{\pi \cdot d_1^3} = 85{,}6\,\text{N/mm}^2 \qquad \text{(nach Lösungsteil A)}$$

$$\tau_{tu} = 0{,}6 \cdot 85{,}6 = 51{,}4\,\text{N/mm}^2$$

$$\tau_{ta} = \frac{85{,}6 - 51{,}4}{2} = \underline{17{,}1\,\text{N/mm}^2}$$

$$\tau_{tm} = 85{,}6 - 17{,}1 = 68{,}5\,\text{N/mm}^2$$

• Querschnitt II-II

Nennspannungsamplituden (Biege- und Torsionsbeanspruchung)

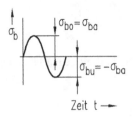

Zeit t —▸

$$\sigma_{bo} = |\sigma_{bu}| = \sigma_{ba}$$

$$\sigma_{bm} = 0$$

$$\sigma_{ba} = \underline{56,9\,\text{N/mm}^2} \qquad \text{(nach Lösungsteil A)}$$

$$\tau_{to} = \frac{16 \cdot M_t}{\pi \cdot d_2^3} = 49,5\,\text{N/mm}^2$$

$$\tau_u = 0,6 \cdot \tau_{to} = 0,6 \cdot 49,5 = 29,7\,\text{N/mm}^2$$

$$\tau_{ta} = \frac{\tau_{to} - \tau_{tu}}{2} = \frac{49,5 - 29,7}{2} = \underline{9,9\,\text{N/mm}^2}$$

$$\tau_{tm} = 39,6\,\text{N/mm}^2$$

Vergleichsspannungen: <u>Kontrolle:</u>

$$\sigma_{mv} = \sqrt{\sigma_{bm}^2 + 3 \cdot \tau_{tm}^2} \qquad\qquad \tau_{tm} = \frac{\sigma_{mv}}{\sqrt{3}}$$

$$= \sqrt{0 + 3 \cdot 39,6^2} \qquad\qquad\quad = \frac{68,6}{\sqrt{3}}$$

$$= 68,6\,\text{N/mm}^2 \qquad\qquad\qquad = 39,6\,\text{N/mm}^2$$

Ertragbare Spannungen/vorhandene Sicherheiten

- Querschnitt I-I

Bauteilausschlagfestigkeit

$$\tau_{tADk} = \tau_{tWk} - \psi_{\tau k} \cdot \tau_{tm}$$

– Wechselfestigkeit des gekerbten Wellenabschnittes

$$\tau_{tWk} = \frac{\tau_{tW} \cdot K_1(d)}{K_\tau} \quad \text{Torsionswechselfestigkeit} \qquad \tau_{tW} = 180\,\text{N/mm}^2$$

$$\qquad\qquad\qquad\qquad\qquad\qquad\qquad\qquad\qquad K_1(d) = 1$$

$$K_\tau = \left(\frac{\beta_\tau}{K_2(d)} + \frac{1}{K_{F\tau}} - 1 \right) \cdot \frac{1}{K_V} \quad \text{Kerbwirkungszahl} \qquad \beta_\tau = 1,5$$

                         geometrischer $K_2(d) = 0,87$
                         Größeneinflussfaktor   bei $d = 50\,\text{mm}$

                         Einflussfaktor $K_{F\tau} = 1$
                         der Oberflächenrauheit

                         Einflussfaktor $K_V = 1$
                         der Oberflächenverfestigung

$$K_\tau = 1,72$$

$$\tau_{\text{tWk}} = \frac{180 \cdot 1,0}{1,72} = 104,7\,\text{N/mm}^2$$

– Einflussfaktor der Mittelspannungsempfindlichkeit

$$\psi_{\tau k} = \frac{\tau_{\text{tWk}}}{2 \cdot K_1(d) \cdot R_\text{m} - \tau_{\text{tWk}}} \qquad \text{Zugfestigkeit} \quad R_\text{m} = 590\,\text{N/mm}^2$$

$$= \frac{104,7}{2 \cdot 1 \cdot 590 - 104,7}$$

$$= 0,0974$$

$$\tau_{\text{tADk}} = 104,7 - 0,0974 \cdot 68,5 = 98\,\text{N/mm}^2$$

vorhandene Sicherheit

$$S_{\text{vorhI-I}} = \frac{\tau_{\text{tADk}}}{\tau_{\text{ta}}} = \frac{98}{17,1} = 5,7$$

• Querschnitt II-II

Bauteilausschlagfestigkeit σ_{bADk}

$$\sigma_{\text{bADk}} = \sigma_{\text{bWk}} - \psi_{\text{b}\sigma k} \cdot \sigma_{\text{mv}}$$

– Wechselfestigkeit des gekerbten Wellenabschnittes

$$\sigma_{\text{bWk}} = \frac{\sigma_{\text{bW}} \cdot K_1(d)}{K_\sigma} \qquad \text{Biegewechselfestigkeit} \qquad \sigma_{\text{bW}} = 290\,\text{N/mm}^2$$

$$\qquad\qquad\qquad\qquad\qquad\qquad\qquad\qquad\qquad K_1(d = 80) = 1$$

$$K_\sigma = \left(\frac{\beta_\sigma}{K_2(d)} + \frac{1}{K_{F\sigma}} - 1\right) \cdot \frac{1}{K_\text{V}} \quad \text{Kerbwirkungszahl} \quad \beta_\sigma = 2,1$$

geometrischer $\qquad\qquad K_2(d = 60) = 0,86$
Größeneinflussfaktor

Einflussfaktor $\qquad\qquad K_{F\sigma} = 0,87$
der Oberflächenrauheit

Einflussfaktor der $\qquad\qquad K_\text{V} = 1$
Oberflächenverfestigung

$$K_\sigma = 2,59$$

$$\sigma_{\text{bWk}} = \frac{290 \cdot 1}{2,59} = 112\,\text{N/mm}^2$$

– Einflussfaktor der Mittelspannungsempfindlichkeit

$$\psi_{bak} = \frac{\sigma_{bWk}}{2 \cdot K_1(d) \cdot R_m - \sigma_{bWk}}$$

$$= \frac{112}{2 \cdot 1 \cdot 590 - 112}$$

$$= 0,105$$

$$\sigma_{bADk} = 112 - 0,105 \cdot 68,6 = \underline{104,8 \, \text{N/mm}^2}$$

Bauteilausschlagfestigkeit τ_{tADk}

$$\tau_{tADk} = \tau_{tWk} - \psi_{\tau k} \cdot \tau_{mv}$$

– Wechselfestigkeit des gekerbten Wellenabschnittes

$$\tau_{tWk} = \frac{\tau_{tW} \cdot K_1(d)}{K_\tau} \qquad\qquad \tau_{tW} = 180 \, \text{N/mm}^2$$

$$K_1(d = 80) = 1$$

$$K_\tau = \left(\frac{\beta_\tau}{K_2(d)} + \frac{1}{K_{Ft}} - 1 \right) \cdot \frac{1}{K_V} \qquad \beta_\tau = 1,6$$

$$K_2(d) = 0,86$$

$$K_{F\tau} = 0,93$$

$$K_\tau = 1,94$$

$$K_v = 1,0$$

$$\tau_{tWk} = \frac{180 \cdot 1}{1,94} = 92,8 \, \text{N/mm}^2$$

– Einflussfaktor der Mittelspannungsempfindlichkeit

$$\psi_{\tau k} = \frac{\tau_{tWk}}{2 \cdot K_1(d) \cdot R_m - \tau_{tWk}}$$

$$= \frac{92,8}{2 \cdot 1 \cdot 590 - 92,8}$$

$$= 0,0853$$

$$\tau_{tADk} = 92,8 - 0,0853 \cdot 39,6 = \underline{89,4 \, \text{N/mm}^2}$$

vorhandene Sicherheit

$$\frac{1}{S_{\text{vorh II-II}}} = \sqrt{\left(\frac{\sigma_{ba}}{\sigma_{bADk}} \right)^2 + \left(\frac{\tau_{ta}}{\tau_{tADk}} \right)^2}$$

$$= \sqrt{\left(\frac{56,9}{104,8} \right)^2 + \left(\frac{9,9}{89,4} \right)^2}$$

$$= 0,554$$

$$S_{\text{vorh II-II}} = \underline{1,8}$$

8 Fügeverfahren

Zum Fügen mehrerer Bauteile kommen verschiedenste Verfahren in Frage. Die Auswahl eines geeigneten Fügeverfahrens basiert auf den Anforderungen an die Fügestelle, die Verbindung und den Werkstoff. Darüber hinaus bestehen fertigungstechnische Anforderungen. Einige dieser Kriterien zur Wahl des Fügeverfahrens sind in Abb. 8.1 dargestellt. Im Folgenden werden Übungsaufgaben zum Schweißen, Kleben und Nieten behandelt. Weitere Informationen zu den Fügeverfahren finden Sie im Lehrbuch Steinhilper/Sauer in Kapitel 8.

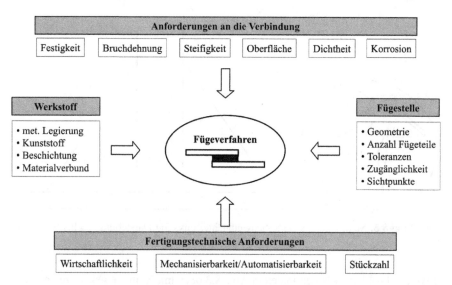

Abbildung 8.1. Auswahl eines geeigneten Fügeverfahrens

8.1 Schweißen

a) Benennen Sie die folgende Stoßform und geben Sie eine geeignete Nahtform an. Die beiden Bleche sollen einseitig mit Hilfe des Lichtbogenhandschweißverfahrens gefügt werden. Zeichnen Sie die dazu notwendige Nahtvorbereitung ein.

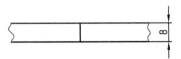

Abbildung 8.2. Stumpfstoß ohne eingezeichnete Schweißnaht

b) Der unten abgebildete Sonnenschirmständer soll geschweißt werden. Hierzu sollen ausschließlich Kehlnähte verwendet werden. Schweißnähte sollen an allen möglichen Stellen vorgesehen werden. Tragen Sie in die untenstehende Ansicht des Schirmständers alle möglichen Schweißnähte ein. Nahtquerschnitte müssen nicht angegeben werden. Verwenden Sie keine symbolische Darstellung.

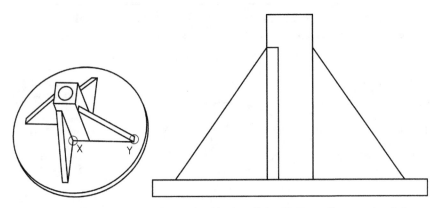

Abbildung 8.3. Schirmständer ohne Schweißnähte, links 3D Darstellung, rechts Seitenansicht

c) Welche Probleme können in den in Abb. 8.3 oben mit X und Y gekennzeichneten Bereichen der 3D-Ansicht auftreten?

Lösung

a) Es handelt sich um einen Stumpfstoß, als Naht kommt z. B. eine V-Naht in Frage. Für die Nahtvorbereitung wird pro Blech eine Kante angefast (siehe Abb. 8.4). Die Maße der Nahtvorbereitung (siehe Tab. 8.1) wurden DIN EN ISO 9692-1 entnommen.

b) In Abb. 8.5 ist die Schweißnahtanordnung dargestellt.

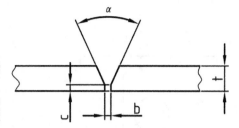

Abbildung 8.4. Nahtvorbereitung für die in Abb. 8.2 gezeigte Naht

Tabelle 8.1. Maße für die Schweißnahtvorbereitung nach DIN EN ISO 9692-1

Werkstückdicke t [mm]	Art der Schweiß-nahtvorbereitung	Winkel α, β	Spalt b [mm]	Steghöhe c [mm]
$3 < t \leq 10$	V-Fuge	$40° \leq \alpha \leq 60°$	≤ 4	≤ 2

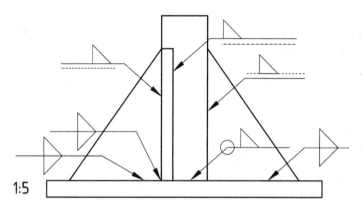

Abbildung 8.5. Schirmständer mit Schweißnahtangaben

c) An der gekennzeichneten Stelle X kann es zu Nahtanhäufungen kommen, die vermieden werden sollten. Bei der Stelle Y kann Kantenabbrand stattfinden.

Aufgabenstellung

An einem Gestell ist eine Lasche aus S 355 JO für die Befestigung eines Tragseiles an eine vertikale Stütze aus S 355 JO angeschweißt. Die Schweißnaht ist als umlaufende Kehlnaht ausgeführt. Die angreifende Seilkraft setzt sich aus der konstanten Kraft F_m und einer Wechselkraft mit der Amplitude F_a zusammen. Die Kraft wirkt um den Winkel α gegenüber der Horizontalen geneigt. Für die Schweißverbindung ist ein Sicherheitsnachweis zu führen. Als Grundlage soll DIN 15081 aus dem Kranbau verwendet werden.

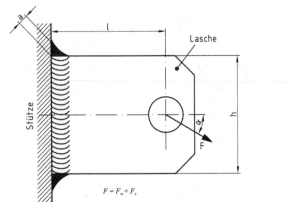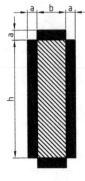

Abbildung 8.6. Angeschweißte Blechlasche

gegebene Daten:

Mittlere Kraft	$F_m = 12.000\,\text{N}$
Wechselkraftamplitude	$F_a = 0{,}25 \cdot F_m$
Kraftangriffswinkel	$\alpha = 60°$
Abstand Kraftangriff – Stütze	$l = 60\,\text{mm}$
Laschenquerschnittsmaße	$b = 15\,\text{mm}, h = 60\,\text{mm}$
Schweißnahtquerschnitt	$a = 5\,\text{mm}$
Betriebsfestigkeitsnachweis nach	DIN 15018
Schweißnahtgüte	K4
Beanspruchungsgruppe DIN 15018	B5

$(2 \cdot 10^5$ bis $6 \cdot 10^5$ Lastspiele, schweres Lastkollektiv)

Lösung

Kräfte und Momente am Befestigungsquerschnitt:

		Mittelwerte $(F_i = F_m)$	Maximalwerte $(F_i = F_m + F_a)$
Zugkraft	$F_x = F \cdot \cos\alpha =$	6000 N	7500 N
Querkraft	$F_y = F \cdot \sin\alpha =$	10.392 N	12.990 N
Biegemoment	$M_b = F \cdot l =$	624 Nm	779 Nm

Schweißnahtflächen und Flächenträgheitsmomente:

Zugkraftfläche $\quad A_w = 2a \cdot (b+h) = 2\,\text{mm} \cdot 5\,\text{mm} \cdot (15\,\text{mm} + 60\,\text{mm}) = 750\,\text{mm}^2$

Scherfläche $\quad A_{ws} = A_w = 750\,\text{mm}^2$

Flächenträgheits-moment $\quad I_{Z\text{-}Z} = 2 \cdot \left(\dfrac{b \cdot a^3}{12} + b \cdot a \cdot \left(\dfrac{h+a}{2} \right)^2 + \dfrac{a \cdot h^3}{12} \right) = 338{,}750\,\text{mm}^4$

Vorhandene Spannungen im Querschnitt:

		Mittelwerte	Maximalwerte
Zug-spannungen	$\sigma_{wxi,z} = \frac{F_x}{A_w}$	$\sigma_{wxm,z} = 8{,}00\,\frac{N}{mm^2}$	$\sigma_{wxmax,z} = 10{,}00\,\frac{N}{mm^2}$
Schub-spannungen	$\tau_{wi} = \frac{F_y}{A_{ws}}$	$\tau_{wm} = 13{,}86\,\frac{N}{mm^2}$	$\tau_{wmax} = 17{,}32\,\frac{N}{mm^2}$
Max. Biege-spannung	$\sigma_{wxi,b} = \frac{M_b}{I_{z\text{-}z}} \cdot \left(\frac{h}{2} + a\right)$	$\sigma_{wxm,b} = 64{,}42\,\frac{N}{mm^2}$	$\sigma_{wxmax,b} = 80{,}53\,\frac{N}{mm^2}$

Vorhandene Spannungen:

Mittelspannungen:

Normalspannung

$$\sigma_{wxm} = \sigma_{wxm,b} + \sigma_{wxm,z} = 72{,}42\,\frac{N}{mm^2}$$

Tangentialspannungen

$$\tau_{wm} = 13{,}86\,\frac{N}{mm^2}$$

Maximalspannungen:

Normalspannung

$$\sigma_{wxmax} = \sigma_{wxmax,b} + \sigma_{wxmax,z} = 90{,}53\,\frac{N}{mm^2}$$

Tangentialspannungen

$$\tau_{wmax} = 17{,}32\,\frac{N}{mm^2}$$

Ausschlagsspannungen:

Normalspannung

$$\sigma_{wxa} = \sigma_{wxmax} - \sigma_{wxm} = 18{,}11\,\frac{N}{mm^2}$$

Tangentialspannungen

$$\tau_{\mathrm{wa}} = \tau_{\mathrm{wmax}} - \tau_{\mathrm{wm}} = 3{,}46\,\frac{\mathrm{N}}{\mathrm{mm}^2}$$

Minimalspannungen:

Normalspannung

$$\sigma_{\mathrm{wxmin}} = \sigma_{\mathrm{wxm}} - \sigma_{\mathrm{wxa}} = 54{,}31\,\frac{\mathrm{N}}{\mathrm{mm}^2}$$

Tangentialspannungen

$$\tau_{\mathrm{wmin}} = \tau_{\mathrm{wm}} - \tau_{\mathrm{wmin}} = 10{,}40\,\frac{\mathrm{N}}{\mathrm{mm}^2}$$

Spannungsverhältnis:

$$\kappa = \frac{\sigma_{\mathrm{wxmin}}}{\sigma_{\mathrm{wxmax}}} = 0{,}6$$

Zulässige Spannungen (Oberspannungen) aus DIN 15018:

a) Normalspannung

- Kerbfall K4 (besonders starke Kerbwirkung) für Kehlnaht
- Beanspruchungsgruppe B5
- zulässige Spannung für reine Wechselbeanspruchung (Spannungsverhältnis $\kappa = -1$) und K4:

$$\sigma_{\mathrm{wD,\,zul}(\kappa=-1)} = 38{,}2\,\frac{\mathrm{N}}{\mathrm{mm}^2}$$

- zulässige Oberspannung bei $\kappa = 0{,}6$:

$$\sigma_{\mathrm{wD,\,zul}(\kappa),z} = \frac{\sigma_{\mathrm{wD,\,zul}(\kappa=0),z}}{1 - \left(1 - \frac{\sigma_{\mathrm{wD,\,zul}(\kappa=0),z}}{0{,}75 \cdot R_{\mathrm{m}}}\right) \cdot \kappa}$$

mit:

$$\sigma_{\mathrm{wD,\,zul}(\kappa=0),z} = \frac{5}{3} \cdot \sigma_{\mathrm{wD,\,zul}(\kappa=-1)}$$

wird:

$$\sigma_{\mathrm{wD,\,zul}(\kappa=0,6),z} = \frac{\frac{5}{3} \cdot 38{,}2}{1 - \left(1 - \frac{\frac{5}{3} \cdot 38{,}2}{0{,}75 \cdot 520}\right) \cdot 0{,}6}\,\frac{\mathrm{N}}{\mathrm{mm}^2} = 109{,}46\,\frac{\mathrm{N}}{\mathrm{mm}^2}$$

b) Tangentialspannung (Schubspannung)

- Zulässige Schweißnahtoberspannung für Schubbeanspruchung bei $\kappa = 0,6$ wird aus der zulässigen Zugspannung berechnet.

$$\tau_{wD,\,zul(\kappa)} = \frac{\sigma_{wD,\,zul(\kappa),\,z}}{\sqrt{2}}$$

für Kerbfall K4 und Beanspruchungsgruppe B5 ergibt sich:

$$\tau_{wD,\,zul(0,6)} = \frac{\sigma_{wD,\,zul(0,6),\,z}}{\sqrt{2}} = \frac{109,46}{\sqrt{2}}\frac{N}{mm^2} = 77,40\frac{N}{mm^2}$$

- Betriebsfestigkeitsnachweis für dynamische Belastung:
  für Normalspannung:

$$\left(\frac{\sigma_{wxmax}}{\sigma_{wD,\,zul}}\right)^2 = \left(\frac{\sigma_{wxmax}}{\sigma_{wD,\,zul(\kappa=0,6),\,z}}\right)^2 = \left(\frac{90,53}{109,46}\right)^2 = 0,68 < 1,0$$

für Tangentialspannung:

$$\left(\frac{\tau_{wmax}}{\tau_{wD,\,zul}}\right)^2 = \left(\frac{\tau_{wmax}}{\tau_{wD,\,zul(\kappa=0,6)}}\right)^2 = \left(\frac{17,32}{77,40}\right)^2 = 0,05 < 1,0$$

für den resultierenden Vergleichsspannungszustand

$$\left(\frac{\sigma_{wxmax}}{\sigma_{wD,\,zul}}\right)^2 + \left(\frac{\tau_{wmax}}{\tau_{wD,\,zul}}\right)^2 = 0,73 \leq 1,1$$

Ergebnisdiskussion:

Die Berechnung nach DIN 15018 ergibt für den Vergleichspannungszustand bei dynamischer Belastung ein Bestehen. Eine vergleichende Berechnung nach den Regeln des Stahlbaus (DIN 18800) ergibt (je nach Wahl der Sicherheitsbeiwerte) ein ähnliches Ergebnis. Bei Berechnungsergebnissen, die dicht an Grenzen liegen, sollten die Eingangsvoraussetzungen gründlich überprüft werden, um die Tragfähigkeit der Konstruktion sicherzustellen.

Aufgabenstellung

Zur Verlegung langer Schlauchleitungen existieren bei der Feuerwehr Fahrzeuge, auf deren Ladefläche bereits aneinander gekuppelte Schläuche so lagern, dass durch einfaches Herausziehen während der Fahrt schnell lange Schlauchleitungen verlegt werden können. An den hinteren Ecken der Ladefläche existieren Plattformen von denen Feuerwehrleute das Auslegen der Schläuche während der Fahrt überwachen können (siehe Abb. 8.7).

Abbildung 8.7. Rückansicht eines Schlauchwagens,
[http://www.flickr.com/photos/gnikna/1301052817/sizes/o/]

Die Plattform ist über ein Hohlprofil und ein Flanschblech mit dem Leiterrahmen des Fahrzeugs verbunden. Das Hohlprofil (S 235) ist dabei mit dem Flanschblech verschweißt (siehe Abb. 8.8, der Leiterrahmen ist nicht dargestellt).

Die Schweißnaht und das Hohlprofil sind für die beim Verlegen der Schläuche auftretenden Belastungen dimensioniert. Messungen haben jedoch gezeigt, dass die 15 kg schwere Plattform (Masse einschließlich Hohlprofil) bei zügiger Geländefahrt (ohne Person auf der Plattform) Beschleunigungen von $+/-5$ g in vertikaler Richtung ausgesetzt ist. Ihre Aufgabe besteht darin, die Dauerfestigkeit der Schweißnaht auch für diesen Lastfall zu überprüfen.

a) Berechnen Sie die auf die Schweißnaht maximal wirkenden Kräfte und Momente.
b) Zeichnen Sie den Schnitt A-A und skizzieren Sie den qualitativen Verlauf der Spannungen in der Schweißnaht. Markieren Sie die Stelle, an der die höchste Spannung zu erwarten ist!
c) Berechnen Sie die Spannungen im kritischen Bereich der Naht.
d) Bilden Sie die dort anliegende Vergleichsspannung! Versagt die Naht?

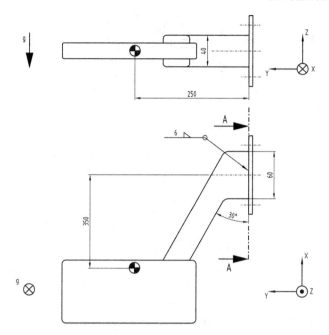

Abbildung 8.8. Skizze der Plattform

Lösung

a) Die Beschleunigung von $+/-5\,g$ wird der Gewichtskraft der Plattform überlagert. Die Plattform wird also mit $a = 6\,g$ nach unten (in negative z-Richtung) beschleunigt.

$$\sum F_{i,x} = 0 = F_{q,x} \Rightarrow F_{q,x} = 0$$

$$\sum F_{i,y} = 0 = -F_d \Rightarrow F_d = 0$$

$$\sum F_{i,z} = 0 = -m \cdot a + F_{q,z}$$

$$\Rightarrow F_{q,z} = m \cdot a = 15\,\mathrm{kg} \cdot 6 \cdot 9{,}81\,\frac{\mathrm{m}}{\mathrm{s}^2} = 882{,}9\,\mathrm{N}$$

$$\sum M_{i,x} = 0 = -m \cdot a \cdot 250\,\mathrm{mm} + M_{b,x}$$

$$\Rightarrow M_{b,x} = 15\,\mathrm{kg} \cdot 6 \cdot 9{,}81\,\frac{\mathrm{m}}{\mathrm{s}^2} \cdot 0{,}25\,\mathrm{m} = 220{,}73\,\mathrm{Nm}$$

$$\sum M_{i,y} = 0 = -m \cdot a \cdot 350\,\mathrm{mm} + M_{t,y}$$

$$\Rightarrow M_{t,y} = 15\,\mathrm{kg} \cdot 6 \cdot 9{,}81\,\frac{\mathrm{m}}{\mathrm{s}^2} \cdot 0{,}35\,\mathrm{m} = 309{,}02\,\mathrm{Nm}$$

$$\sum M_{i,z} = 0 = M_{b,z} \Rightarrow M_{b,z} = 0$$

b) Der Querschnitt der Anschlussfläche mit den zugehörigen Bezeichnungen ist in Abbildung 8.10 dargestellt.

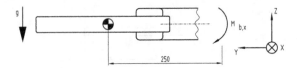

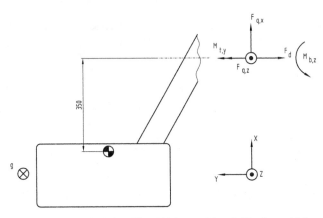

Abbildung 8.9. Auf die Schweißverbindung wirkende Kräfte und Momente

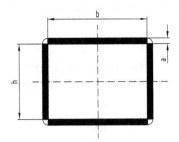

Abbildung 8.10. Querschnitt der Anschlussfläche

Bezüglich der Schubspannungen (aus Querkraft) werden häufig vereinfachte Berechnungen durchgeführt, mit der Annahme einer über dem Querschnitt konstanten gleichmäßigen Verteilung der Schubspannung. Die Querkraftschubspannungen beeinflussen aber die resultierenden Vergleichspannungen nur gering und daher ist ein gewisser Fehler bei der Berechnung der Schubspannungen zugunsten einer einfachen schnellen Berechnung in Kauf zu nehmen.

Folgend werden die Spannungsverläufe (unter Berücksichtigung von Vereinfachungen) gezeigt.

c) Bestimmung der einzelnen Nennspannungen:

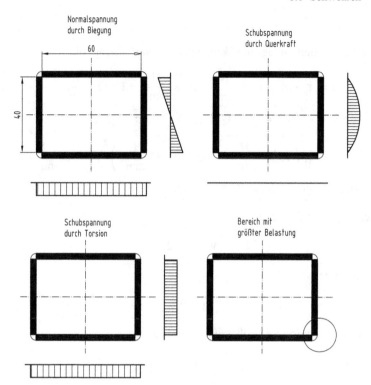

Abbildung 8.11. Qualitative Darstellung der auftretenden Spannungen

$$\sigma_{b,\,max} = \frac{M_b}{I_{\text{äq},\,x}} \cdot e_{max}$$

$$I_{\text{äq},\,x} = 2 \cdot \left[\frac{b \cdot a^3}{12} + b \cdot a \cdot \left(\frac{h+a}{2} \right)^2 \right]$$

$$I_{\text{äq},\,x} = 2 \cdot \left[\frac{60 \cdot 6^3\,\text{mm}^4}{12} + \frac{3 \cdot 40^3\,\text{mm}^4}{12} + 60 \cdot 6 \cdot \left(\frac{40+6}{2} \right)^2\,\text{mm}^4 \right] = 415.040\,\text{mm}^4$$

$$e_{max} = \frac{h}{2} + a = \frac{40\,\text{mm}}{2} + 6\,\text{mm} = 26\,\text{mm}$$

$$\sigma_{b,\,max} = \frac{M_b}{I_{\text{äq},\,x}} \cdot e_{max} = \frac{220.730\,\text{N}\,\text{mm}}{415.040\,\text{mm}^4} \cdot 26\,\text{mm} = 13{,}83\,\frac{\text{N}}{\text{mm}^2}$$

$$\tau_q = \frac{F_{q,\,z}}{A_W} = \frac{F_{q,\,z}}{2 \cdot a \cdot h} = \frac{882{,}9\,\text{N}}{2 \cdot 6\,\text{mm} \cdot 40\,\text{mm}} = 1{,}84\,\frac{\text{N}}{\text{mm}^2}$$

$$\tau_{t,\,max} = \frac{M_t}{2 \cdot A_m \cdot a} = \frac{M_t}{2 \cdot (h+a) \cdot (b+a) \cdot a}$$

$$\tau_{t,\,max} = \frac{309.020\,\text{N} \cdot \text{mm}}{2 \cdot (40\,\text{mm}+6\,\text{mm}) \cdot (60\,\text{mm}+6\,\text{mm}) \cdot 6\,\text{mm}} = 8{,}48\,\frac{\text{N}}{\text{mm}^2}$$

d) Bilden Sie die dort anliegende Vergleichspannung! Versagt die Naht?

$$\tau = \tau_q + \tau_t = 1{,}84 \ \frac{N}{mm^2} + 8{,}48 \ \frac{N}{mm^2} = 10{,}32 \ \frac{N}{mm^2}$$

$$\sigma_v = \sqrt{\left(\sigma + \sigma_\|\right)^2 + 3 \cdot \left(\tau + \tau_\|\right)^2} = \sqrt{\sigma^2 + 3 \cdot \tau^2}$$

$$= \sqrt{\left(13{,}83 \ \frac{N}{mm^2}\right)^2 + 3 \cdot \left(10{,}32 \ \frac{N}{mm^2}\right)^2} = 22{,}60 \ \frac{N}{mm^2}$$

$$\sigma_{v,\,zul} = v_1 \cdot v_2 \cdot K_{d,\,p} \cdot R_{p0,2}$$

Für einen T-Stoß und Flachnaht ist:

$$v_1 = 0{,}22$$

Bei Sichtprüfung ist:

$$v_2 = 0{,}8$$

Für Schweißnähte wird der Größenfaktor $K_{d,\,p}$ zu 1:

$$K_{d,\,p} = 1$$

Streckgrenze von S 235:

$$R_{p0,2} = 235 \ \frac{N}{mm^2}$$

Zulässige Vergleichspannung in der Schweißnaht:

$$\sigma_{v,zul} = 0{,}22 \cdot 0{,}8 \cdot 1 \cdot 235 \ \frac{N}{mm^2} = 41{,}36 \ \frac{N}{mm^2}$$

Berechnete Sicherheit:

$$S = \frac{\sigma_{v,\,zul}}{\sigma_v} = \frac{41{,}36 \ \frac{N}{mm^2}}{22{,}60 \ \frac{N}{mm^2}} = 1{,}83 > S_{min} = 1{,}5$$

Es besteht eine ausreichende Sicherheit gegen Dauerbruch!

Hinweis: Für einen vollständigen Festigkeitsnachweis muss auch der unmittelbar an die Schweißnaht angrenzende Rohrquerschnitt betrachtet werden!

8.2 Kleben

Abbildung 8.12 zeigt einen zweiteiligen Deckenhaken. Der eigentliche Haken besteht aus Stahldraht mit einem Durchmesser von 10 mm, der in den Sockel eingeklebt wird. Die Länge der Kontaktfläche zwischen Sockel und Haken beträgt 30 mm. Die Schubfestigkeit τ des Klebstoffs beträgt nach der Herstellerangabe 4 N/mm².

Wie hoch ist die maximale Kraft, mit der der Haken belastet werden kann, wenn der Sicherheitsfaktor mit $S_b = 2$ angenommen wird.

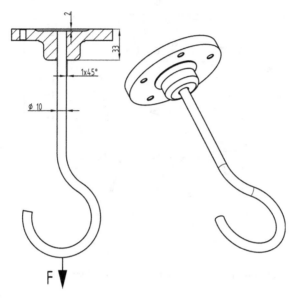

Abbildung 8.12. Eingeklebter Deckenhaken

Lösung

Zunächst wird die maximal zulässige Schubspannung berechnet:

$$\tau_{a,\,zul} = \frac{\tau}{S_b} = \frac{4\,\frac{N}{mm^2}}{2} = 2\,\frac{N}{mm^2}$$

Ausgehend von der zulässigen Schubspannung kann die maximal zulässige Kraft ermittelt werden (vgl. Kapitel 8.3.6 des Lehrbuches).

$$\begin{aligned}
F_{max} &= \tau_{a,\,zul} \cdot U \cdot l \\
&= \tau_{a,\,zul} \cdot \pi \cdot d \cdot l \\
&= 2\,MPa \cdot \pi \cdot 10\,mm \cdot 30\,mm \\
&= 1885\,N
\end{aligned}$$

Das bedeutet, an den Haken kann eine Masse von bis zu ca. 190 kg gehängt werden.

8.3 Nieten

Abbildung 8.13 zeigt einen Fachwerkknotenpunkt, wie er z. B. im Kranbau zu finden ist. Sowohl an der einschnittigen (in der Abb. rechts) als auch an der zweischnittigen (in der Abb. links) Nietverbindung greift jeweils eine Zugkraft von $F = 30\,\text{kN}$ an.

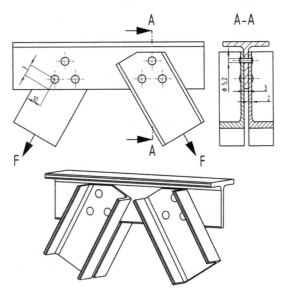

Abbildung 8.13. Genieteter Fachwerkknotenpunkt

a) Für beide Verbindungsstellen sollen die Festigkeitsnachweise für Lochlaibungsfestigkeit durchgeführt werden.

b) Für beide Verbindungsstellen sollen die Festigkeitsnachweise für Scherfestigkeit durchgeführt werden.

Die Profile bestehen aus unlegiertem Baustahl S 235, dessen Kennwerte in folgender Tabelle gegeben werden. Die Niete sind ebenfalls aus Stahl gefertigt und besitzen einen Schaftnenndurchmesser von 5 mm. Der entsprechende Bohrungsdurchmesser beträgt 5,2 mm (vgl. Abb. 8.13).

Lösung

a) Bestimmung der Flächenpressung an der Bohrungsmantelfläche bzw. am Nietschaft:

Tabelle 8.2. Werkstoffdaten für S 235

Elastizitätsmodul E [N/mm^2]	Schubmodul G [N/mm^2]	Zugfestigkeit R_m [N/mm^2]	Obere Streckgrenze R_{eH} [N/mm^2]
210.000	81.000	370	235

$$p = \sigma_1 = \frac{F}{n \cdot d_1 \cdot s} \leq \sigma_{1,\text{zul}}$$

Einschnittige Verbindung:

$$p_{\text{einschn}} = \frac{30.000\,\text{N}}{3 \cdot 5{,}2\,\text{mm} \cdot 4\,\text{mm}} = 480{,}8\,\frac{\text{N}}{\text{mm}^2}$$

Zweischnittige Verbindung:

$$p_{\text{zweischn}} = \frac{30.000\,\text{N}}{3 \cdot 5{,}2\,\text{mm} \cdot 6\,\text{mm}} = 320{,}5\,\frac{\text{N}}{\text{mm}^2}$$

Die Ermittlung der zulässigen Lochlaibungsfestigkeit kann mithilfe Tabelle 8.3 erfolgen. Das Verhältnis des Nietlochabstands in Kraftrichtung zum Bohrungsdurchmesser beträgt:

$$e/d = 15\,\text{mm}/5{,}2\,\text{mm} = 2{,}88$$

Damit ergeben sich für den vorliegenden Werkstoff folgende Grenzwerte für die Lochlaibungsfestigkeit:

$$\sigma_{LB} = 2{,}00 \cdot R_m$$
$$= 740\,\frac{\text{N}}{\text{mm}^2}$$

$$\sigma_{LF} = 1{,}65 \cdot R_{p0{,}2}$$
$$= 388\,\frac{\text{N}}{\text{mm}^2}$$

Die Auslegung erfolgt gegen Fließen, d. h. gegen σ_{LF}. Für die einschnittige Verbindung gilt damit:

$$p_{\text{einschn}} = 480{,}8\,\frac{\text{N}}{\text{mm}^2} > 388\,\frac{\text{N}}{\text{mm}^2} = \sigma_{LF}$$

Für die zweischnittige Verbindung folgt dagegen:

Tabelle 8.3. Zulässige Lochlaibungsfestigkeit verschiedener Werkstoffe

Werkstoff	gültig für R_m [Mpa]	Lochleibungsfestigkeit $e/d = 1{,}5$	Lochleibungsfestigkeit $e/d = 2{,}0$
Unlegierte Stähle	≤ 2000	$\sigma_{LB} = 1{,}35 \cdot R_m$ $\sigma_{LF} = 1{,}30 \cdot R_{p0{,}2}$	$\sigma_{LB} = 1{,}65 \cdot R_m$ $\sigma_{LF} = 1{,}50 \cdot R_{p0{,}2}$
	≤ 1400	$\sigma_{LB} = 1{,}50 \cdot R_m$ $\sigma_{LF} = 1{,}40 \cdot R_{p0{,}2}$	$\sigma_{LB} = 2{,}00 \cdot R_m$ $\sigma_{LF} = 1{,}65 \cdot R_{p0{,}2}$
Legierte Stähle	> 1400	$\sigma_{LB} = 2100$ $+0{,}56 \cdot (R_m - 1400)$ $\sigma_{LF} = 1960$ $+0{,}80 \cdot (R_{p0{,}2} - 1400)$	$\sigma_{LB} = 2800$ $+0{,}80 \cdot (R_m - 1400)$ $\sigma_{LF} = 2310$ $+0{,}60 \cdot (R_{p0{,}2} - 1400)$
Titan-Legierungen	≤ 1200	$\sigma_{LB} = 1{,}40 \cdot R_m$ $\sigma_{LF} = 1{,}35 \cdot R_{p0{,}2}$	$\sigma_{LB} = 1{,}70 \cdot R_m$ $\sigma_{LF} = 1{,}50 \cdot R_{p0{,}2}$

$$p_{\text{zweischn}} = 320{,}5 \, \frac{N}{mm^2} < 388 \, \frac{N}{mm^2} = \sigma_{LF}$$

b) Die Bestimmung der Scherfestigkeit erfolgt mit der Beziehung:

$$\tau_a = \frac{4F}{m \cdot n \cdot \pi \cdot d_1^2} \leq \tau_{a,\,zul}$$

Einschnittige Verbindung:

$$\tau_{a,\,einschn} = \frac{4 \cdot 30.000 \, N}{1 \cdot 3 \cdot \pi \cdot (5{,}2 \, mm)^2} = 470{,}8 \, \frac{N}{mm^2}$$

Zweischnittige Verbindung:

$$\tau_{a,\,zweischn} = \frac{4 \cdot 30.000 \, N}{2 \cdot 3 \cdot \pi \cdot (5{,}2 \, mm)^2} = 235{,}4 \, \frac{N}{mm^2}$$

Der Wert für die zulässige Scherfestigkeit $\tau_{a,\text{zul}}$ ergibt sich gemäß der Gestaltänderungsenergiehypothese aus der Zugfestigkeit R_m wie folgt:

$$\tau_{a,\text{zul}} = \frac{R_m}{\sqrt{3}} = 213{,}6\,\frac{\text{N}}{\text{mm}^2}$$

Damit gilt:

$$\tau_{a,\text{einschn}} = 470{,}8\,\frac{\text{N}}{\text{mm}^2} > 213{,}6\,\frac{\text{N}}{\text{mm}^2} = \tau_{a,\text{zul}}$$

und

$$\tau_{a,\text{zweischn}} = 235{,}4\,\frac{\text{N}}{\text{mm}^2} > 213{,}6\,\frac{\text{N}}{\text{mm}^2} = \tau_{a,\text{zul}}$$

Die einschnittige Verbindung versagt sowohl unter Lochlaibungsdruck als auch unter Scherung. Die zweischnittige Verbindung besteht den Festigkeitsnachweis gegen Lochlaibung, nicht jedoch den gegen Scherung. Beide Verbindungen müssen durch Erhöhung der Anzahl der Niete und/oder durch Verwendung von Nieten größeren Durchmessers entlastet werden.

Damit die zweischnittige Verbindung auch den Festigkeitsnachweis gegen Scherung besteht, wird ein weiterer Niet benötigt. Mit den dann vier Nieten (siehe Abb. 8.14) ist die berechnete Scherfestigkeit geringer als die zulässige.

$$\tau_{a,\text{zweischn}} = \frac{4 \cdot 30.000\,\text{N}}{2 \cdot 4 \cdot \pi \cdot (5{,}2\,\text{mm})^2} = 176{,}6\,\frac{\text{N}}{\text{mm}^2} < 213{,}6\,\frac{\text{N}}{\text{mm}^2} = \tau_{a,\text{zul}}$$

Abschließend soll noch erwähnt werden, dass diese einfachen Betrachtungen zur Auslegung einer Nietverbindung nur dann gültig sind, wenn die bekannten Gestaltungsregeln für solche Verbindungen eingehalten werden (vgl. Steinhilper/Sauer Lehrbuch Konstruktionselemente des Maschinenbaus 1 bzw. DIN 15018).

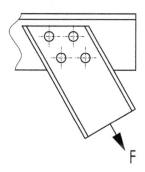

Abbildung 8.14. Fachwerkknotenpunkt mit 4 Nieten

9 Welle-Nabe-Verbindungen

Welle-Nabe-Verbindungen (WNV) sind maßgebende Funktionselemente in allen Antriebsaggregaten. Bei Leistungssteigerungen stehen sie oft im Fokus, da sie im Kraftfluss leistungsbegrenzend sind. Der Ausfall einer WNV ist nahezu immer mit einem Systemstillstand verbunden. Es ist daher von essentieller Bedeutung, dass in den Normen und Richtlinien die maßgebenden Einflussfaktoren gemäß ihrer physikalischen Wirkung erfasst werden.

Folgerichtig sind die Berechnungsvorschriften der praktisch wichtigsten WNV in Normen überführt worden. Diese sind

- DIN 7190 – Pressverbindungen

- DIN 6892 – Passfederverbindungen

- DIN 5480 – Zahnwellenverbindungen mit Evolventenflanken

- DIN 32711 – Polygonverbindung P3G.

Bei der Dimensionierung von WNV wird gelegentlich übersehen, dass neben der Sicherstellung der Kraftübertragung in den Wirkflächen die Welle dauerhaft den Beanspruchungen Stand halten muss. Jede WNV stellt auf der Welle eine Kerbe dar, so dass für die Welle stets ein entsprechender Dauerfestigkeitsnachweis gemäß DIN 743 (Kap. 3 und 7 des Lehrbuches) geführt werden muss. In den oben genannten Normen für die einschlägigen WNV stellt bei den formschlüssigen Verbindungen die zul. Flächenpressung das Grenzkriterium dar. Bei der reibschlüssigen Verbindung wird das erforderliche Übermaß berechnet, wobei meist ein Plastizieren der Verbindung auszuschließen ist. Maßgebend dafür ist immer das wirkende statische oder dynamische Torsionsmoment. Außer bei Kupplungen wird durch das Torsionsmoment auch ein Biegemoment induziert, was zumindest teilweise von der Verbindung ebenfalls übertragen werden muss. Die Überprüfung der Tragfähigkeit der Welle muss entsprechend DIN 743 erfolgen und ist nicht Gegenstand dieses Kapitels. Bei den hier behandelten Aufgaben wird ausschließlich auf das Torsionsmoment fokussiert und damit auf die tangentiale Kraftübertragung in den Wirkflächen. Alle Aufgaben sind allein mit den Angaben im Übungsbuch zu lösen. Es wird jedoch empfohlen, zur Vertiefung des Vorlesungsstoffes die genannten Normen vergleichend auszuwerten, zumal in diesen ebenfalls Übungsaufgaben enthalten sind.

Abschließend sei darauf hingewiesen, dass die bei WNV nahezu immer auftretende Tribokorrosion (Reibkorrosion) hier nicht behandelt wird. Unabhängig davon, dass hierzu und noch Forschungsbedarf besteht, wird ein Teil der schädigenden Wirkung durch die in DIN 743 enthaltenen Kerbwirkungszahlen berücksichtigt und geht damit in die dauerfeste Wellendimensionierung ein. Für den Praktiker stehen kommerzielle Berechnungsprogramme zur Verfügung, die in der Regel die jeweilige Berechnung nach der Norm abbilden. Neueste Forschungsergebnisse sind naturgemäß darin nicht enthalten, da der Änderungszyklus der Normen ca. fünf Jahre beträgt. Für die praktische Anwendung wird daher auch die Auswertung der aktuellen Literatur empfohlen.

9.1 Verständnisfragen zu WNV

1) Geben Sie die Normbezeichnung einer rundstirnigen Passfeder entsprechend DIN 6885 A mit der Breite b, der Höhe h und der Länge l an.

Lösung

Passfeder DIN 6885-A $b \times h \times l$

2) Skizzieren Sie eine Passfederverbindung

- im Achsschnitt

und zusätzlich für die Welle

- einen Stirnschnitt durch die Passfedernut.

Lösung

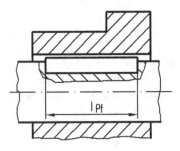

Abbildung 9.1. Passfeder im Achsschnitt

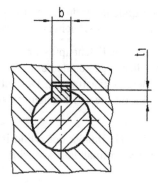

Abbildung 9.2. Welle im Stirnschnitt

3) Erläutern Sie die reale Lastverteilung in axialer Richtung bei einer torsionsbeanspruchten Passfederverbindung (Skizze und verbal). Welche axiale Lastverteilung wird bei der Berechnung der Passfederverbindung entsprechend Methode C nach DIN 6892 angenommen?

Lösung

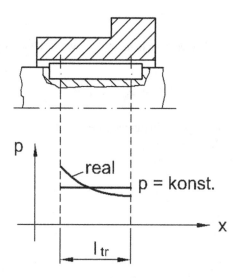

Abbildung 9.3. Skizze der Lastverteilung entlang der Passfeder, (l_{tr} tragende Passfederlänge)

Auf Grund der (bei gleichen Werkstoffen) unterschiedlichen Verdrehsteifigkeiten von Welle und Nabe bildet sich über der Passfederlänge keine konstante Flächenpressung aus. Am Beginn der Drehmomentübertragung übersteigt diese den Mittelwert und fällt am anderen Ende unter diesen ab (vergl. vorstehende Skizze). Die Fläche unter beiden Kurven muss aus Gleichgewichtsgründen gleich groß sein.

Die Methode C setzt eine konstante Flächenpressung voraus. Dies ist für die Vorauslegung völlig ausreichend. Allerdings könnte bei geringer Sicherheit gegen Fließen die Passfeder im vorderen Bereich plastizieren. Deshalb sollte der endgültigen Berechnung die Methode B, die den realen Flächenpressungsverlauf berücksichtigt, zugrunde gelegt werden.

4) Was verstehen Sie unter dem Haftmaß Z bei zylindrischen Pressverbänden? Welche Einflüsse existieren für das Haftmaß und wie wird es bestimmt?

Lösung

Das Haftmaß ist gerade so groß wie die elastische Durchmesseränderung nach dem Fügen. Dabei wird die Nabe in Radialrichtung vergrößert und die Welle verkleinert. Die Durchmesseränderungen sind vom Elastizitätsmodul E, der Nabenwandstärke und von der Querkontraktionszahl v abhängig.

Beim Fügen werden die Oberflächen durch plastisches Einebnen der Rauheitsspitzen geglättet. Deshalb kann das gemessene Übermaß U vor dem Fügen nicht voll in Verformungen der gefügten Teile umgesetzt werden. Das für die Fugenpressung maßgebende Haftmaß (Z) ist somit das um die Glättung G verminderte Übermaß.

$$Z = U - G$$

Die Glättung jeder der beiden Oberflächen beträgt jeweils 40% der gemittelten Rautiefe R_z

$$G = 2 \cdot (0{,}4 \cdot R_{zI} + 0{,}4 \cdot R_{zA})$$

5) Werden unter sonst gleichen Bedingungen zwei Passfedern statt einer eingesetzt, steigt das übertragbare Drehmoment …

A) nicht,

B) auf 105%,

C) auf 150%,

D) auf 200%,

E) auf 250%.

Lösung

C), weil der Traganteilsfaktor $\varphi = 0{,}75$ beträgt.

6) Bei Längspressverbindungen gilt für die Aufschiebekraft F_a und die in der Fuge wirkende Umfangskraft F_t folgende Beziehung:

A) $F_a = 0$

B) $F_a \approx 0{,}5 \cdot F_t$

C) $F_a \approx F_t$

D) $F_a \approx \mu \cdot F_t$

E) $F_a \approx 2\mu \cdot F_t$

Lösung

C) weil

$$F_R = p_F \cdot A_F \cdot \mu = p_F \cdot \pi \cdot D_F^2 \cdot l / D_F \cdot \mu = F_a = F_t$$

wobei für die Haftreibwerte $\mu_t \approx \mu_a$ vorausgesetzt wird.

7) Welcher Unterschied besteht zwischen den Reibungszahlen für Gleit- und Haftreibung (v_r bzw. v_H) und welche wird bei der Auslegung einer Pressverbindung eingesetzt?

Lösung

Weder die Gleit- noch die Haftreibung sind konstante Kennzahlen und bedürfen demnach einer Definition. Für die Haftreibung wird allgemein die höchst übertragbare Reibkraft angenommen. Nach Überschreiten dieses Maximums fällt die Reibkraft zunächst ab, um dann wieder leicht anzusteigen. Die Reibungszahl für die Gleitreibung sollte mit dem Minimum der Reibkraft berechnet werden. Obwohl beide Kennzahlen sich deutlich unterscheiden, sollte der Rutschmomentberechnung die Haftreibung zugrunde gelegt werden.

8) Erläutern Sie, warum bei der Auslegung von Querpressverbänden sowohl das Höchstübermaß als auch das Mindestübermaß berechnet werden müssen.

Lösung

Beim Höchstübermaß bildet sich im Pressverband der größte Fugendruck und damit auch der größte Gesamtspannungszustand aus. Bei wiedermontierbaren Verbindungen darf Plastizieren der Nabe nicht auftreten. Folglich muss mit dem Höchstübermaß ein ausreichender Abstand zur Streckgrenze sichergestellt werden.

Mit dem Mindestübermaß ist zu garantieren, dass die geforderte Rutschsicherheit nicht unterschritten wird. Dieser Grenze ist besondere Beachtung zu schenken, weil sonst die Funktionssicherheit der Pressverbindung nicht gegeben ist.

9.2 Berechnung einer Passfederverbindung

Gemäß der nachstehenden Konstruktionsskizze ist für die Übertragung des angegebenen Drehmomentes die Passfederverbindung zu dimensionieren.

Gegeben:

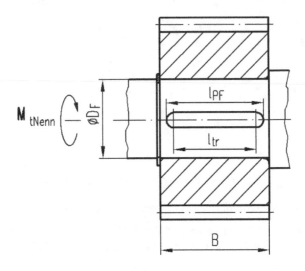

Abbildung 9.4. Passfederverbindung

- Nennmoment: $M_{tNenn} = 725\,\mathrm{N\,m}$

- Durchmesser: $D_F = 40\,\mathrm{mm}$

- Nabenbreite: $B = 60\,\mathrm{mm}$

- Werkstoffe
Passfeder:	C45E	$R_{emin\,PF} = 370\,\mathrm{N/mm^2}$
Welle:	E360 (St70-2)	$R_{emin\,W} = 355\,\mathrm{N/mm^2}$
Nabe:	16MnCr5	$R_{emin\,N} = 440\,\mathrm{N/mm^2}$

- Übergangspassung in der Fuge

- Passfederform A

Folgende Aufgaben sind zu lösen:

a) Dimensionierung der Passfederverbindung

b) Normbezeichnung der Passfeder?

c) Berechnung des max. übertragbaren Torsionsmomentes für die ausgewählte Passfeder

Lösung

Gemäß Lehrbuch Kap. 9.2 erfolgt in der Praxis die Dimensionierung einer Passfederverbindung auf Basis der DIN 6892. Je nach erforderlicher Genauigkeit bzw. dem jeweiligen Konstruktionsstand (Vordimensionierung) kann der Festigkeitsnachweis nach Methode B oder C geführt werden. Methode B berücksichtigt die aus den unterschiedlichen Verdrehsteifigkeiten der Welle und der Nabe resultierende ungleichförmige Flächenpressung an der belasteten Passfederflanke. Methode C liegt lediglich eine konstante Flächenpressung zugrunde. Für die Vordimensionierung ist aber diese Vereinfachung ohne Einschränkung zulässig. Der zugehörige Rechengang wird im Folgenden dargestellt.

a) Dimensionierung der Passfederverbindung

Gemäß DIN 6885 ist dem Wellendurchmesser $D_F = 40$ mm eine Passfeder mit den Querschnittsabmessungen $h = 8$ mm und $b = 12$ mm zugeordnet. Die Wellennuttiefe t_1 beträgt 5 mm.

Basierend auf diesen Daten kann mit Hilfe der Formel

$$M_t = \frac{D_F}{2} \cdot t_{tr} \cdot l_{tr} \cdot i \cdot \varphi \cdot p_{zul}$$

die erforderliche Passfederlänge berechnet werden.

Wegen *einer* Passfeder gilt $\varphi = 1$ und $p_{zul} = 0{,}9 \cdot R_{e\,min}$ (s. Lehrbuch Kap. 9.2). Für t_{tr} sind zwei Fälle zu unterscheiden:

Fall 1: Flächenpressung zwischen Welle und Passfeder

$$\rightarrow t_{tr} = t_1$$

Fall 2: Flächenpressung zwischen Nabe und Passfeder

$$\rightarrow t_{tr} = (h - t_1)$$

Die zulässigen Flächenpressungen lauten:

Welle: $\quad p_{zul\,W} = 0{,}9 \cdot 355 = 319{,}5\,\text{N/mm}^2$

Nabe: $\quad p_{zul\,N} = 0{,}9 \cdot 440 = 396\,\text{N/mm}^2$

Passfeder: $\quad p_{zul\,PF} = 0{,}9 \cdot 370 = 333\,\text{N/mm}^2$

Somit folgt für die Passfederlänge

$$l_{erf} = \frac{2 \cdot M_t}{p_{zul} \cdot t_{tr} \cdot D_F}$$

bzw.

Fall 1

$$l_{erf} = \frac{2 \cdot 725.000}{319{,}5 \cdot 5 \cdot 40} = 22{,}7\,\text{mm}$$

Fall 2

$$l_{\text{erf}} = \frac{2 \cdot 725.000}{333 \cdot (8-5) \cdot 40} = 36,3 \, \text{mm}$$

Hinweis: Es wird immer die kleinste zul. Flächenpressung der Wirkflächenpartner eingesetzt. Gemäß Definition ist zur Ermittlung der erforderlichen Passfederlänge die Rundung (Form A) zuzuschlagen. Deshalb ist:

$$l_{\text{PF}} \geq l_{\text{erf}} + b$$

Die längste Passfeder wird im Fall 2 benötigt; d.h. die kritische Flächenpressung tritt zwischen Nabe und Passfeder auf. Demnach folgt für die Passfederlänge:

$$l_{\text{PF}} \geq 36,3 + 12 = 48,3 \, \text{mm}$$

Weil genormte Passfedern billig zu beziehen sind, sollte grundsätzlich eine solche vorgesehen werden. Nach DIN 6885 ist die Länge 50 mm genormt, so dass hier eine Passfeder mit

$$l_{\text{PF}} = 50 \, \text{mm}$$

gewählt wird.

b) Normbezeichnung der Passfeder

Passfeder DIN 6885-A $12 \times 8 \times 50$

c) Maximal übertragbares Torsionsmoment

Gemäß obiger Formel gilt für Fall 2:

$$M_{t\,\text{max}} = p_{\text{zul PF}} \cdot (h - t_1) \cdot l_{\text{tr vorh}} \cdot \frac{D_{\text{F}}}{2}$$

$l_{\text{tr vorh}}$ muss aus der gewählten Passfederlänge neu berechnet werden.

$$l_{\text{tr vorh}} = l_{\text{PF}} - b = 50 - 12 = 38 \, \text{mm}$$

Damit folgt für das maximal übertragbare Torsionsmoment

$$M_{t\,\text{max}} = 333 \cdot (8-5) \cdot 38 \cdot \frac{40}{2}$$
$$M_{t\,\text{max}} = 759.240 \, \text{N mm} = 759,24 \, \text{N m}$$

Das zulässige Drehmoment ist demnach etwas größer als das Nennmoment ($M_{t\,max} >$ $M_{t\,Nenn}$), weswegen die Verbindung ausreichend dimensioniert ist.

In der Praxis werden aber Drehmomentstöße nicht zu vermeiden sein, so dass unter Einbeziehung der vereinfachten Berechnungsmethode die Passfeder eher etwas länger sein sollte. Die Passfedernut könnte z.B. über die Wellensicherungsringnut gezogen und auch über den Wellenabsatz bis hinein in das dickere Wellenteil gefräst werden (vergl. DIN 6892).

Es wird empfohlen, die Passfederverbindung nach der Methode B der DIN 6892 vergleichend nachzurechnen.

Weiterhin ist zu beachten, dass sowohl der Wellenabsatz wie auch die Passfederverbindung gegen Dauerbruch zu dimensionieren sind. Dazu wird die Vorgehensweise gemäß DIN 743 (vergl. auch Kap. 3 des Lehrbuchs) empfohlen.

9.3 Berechnung einer Pressverbindung

Das in Abb. 9.5 gezeigte Ritzel soll reibschlüssig mit der Welle verbunden werden. Die Pressverbindung ist so zu dimensionieren, dass die vorgegebene Rutschsicherheit nicht unterschritten wird und zugleich keine plastischen Verformungen im Bauteil auftreten.

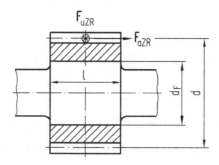

Abbildung 9.5. Schrägverzahntes Stirnrad mit Pressverbindung

Gegeben:

*   Nennleistung $P = 1200\,\mathrm{kW}$
*   Durchmesser

    Welle: $d_F = 80\,\mathrm{mm}$

    Rad: $d = 125\,\mathrm{mm}$

- Drehzahl $n = 5000 \, \text{min}^{-1}$

- Werkstoff

  Rad: 42CrMo4 $R_e = 600 \, \text{N/mm}^2$ (DIN 17200)

  Welle: E335 (St60-2) $R_e = 305 \, \text{N/mm}^2$ (DIN 17100)

- Elastizitätsmodul $E = 210.000 \, \text{N/mm}^2$

- Breite $l = 100 \, \text{mm}$

- Querkontraktionszahl $\nu = 0,3$

- Axialkraft am Zahnrad: $F_{aZR} = 0,15 \cdot F_{uZR}$, F_{uZR} Umfangskraft am Zahnrad

- gemittelte Rautiefe (Welle wie Nabe): $R_z = 5 \, \mu\text{m}$

- Passmaß Welle h6

- erforderliche Sicherheiten:

  gegen Rutschen $S_R = 2$

  gegen Fließen $S_F = 1,2$

- Haftreibwert $\mu = 0,2$

Im Einzelnen sind folgende Aufgaben zu lösen:

1. Berechnung der erforderlichen kleinsten Fugenpressung (Mindestfugenpressung)

2. Bestimmung der zulässigen größten Fugenpressung (Grenzfugenpressung)

3. Berechnung des erforderlichen Mindest-Haftmaßes und des maximal zulässigen Haftmaßes

4. Passungswahl

5. Überprüfen der Ist-Sicherheit gegen Rutschen für die gewählte Passung

6. Um wieviel Grad Celsius muss die Nabe für die Montage erwärmt werden?

Lösung

Die Nabe soll als Querpressverband ausgeführt werden; d. h. die Nabe wird im Ofen erwärmt und danach erfolgt der Fügevorgang. Bei dieser Verfahrensweise können die Fügefasen klein gehalten werden, weswegen im vorliegenden Beispiel Nabenlänge gleich Fugenlänge ($l_F = l$) gelten kann. Die Nabenwandstärke ist relativ klein ausgeführt. Dadurch ist wegen des partiellen Kraftangriffs eine gleichmäßige Übertragung des Drehmomentes über dem Fugenumfang nicht gewährleistet. Erst bei einem Nabenwandstärkenverhältnis $Q_A = d_F/d \leq 0,5$ ist dieser Einfluss zu vernachlässigen (hier: $Q_A = 0,64$). Unter dem Kraftangriff bildet sich in der Fuge verformungsbedingt eine größere Schubspannung aus als in den übrigen Bereichen. Im

Grenzfall würde also dort zuerst (partielles) Gleiten einsetzen, was zu einem Wandern der Nabe führen kann. Die relativ hoch gewählte Rutschsicherheit berücksichtigt dieses Phänomen, so dass die Dimensionierung mit den bekannten Gleichungen erfolgen kann.

Gemäß Lehrbuch Kap. 9.3 ist der höchstbeanspruchte Bereich bei einer Pressverbindung immer am Innendurchmesser des Hohlteils (Welle oder Nabe). Demnach wird am Innendurchmesser der Nabe gerechnet. Geringe plastische Verformungen stellen bei PV kein Problem dar, so dass durchaus mit einer Sicherheit $S_F = 1$ gerechnet werden könnte. Bei geforderter Demontage oder bei Zusatzbeanspruchungen durch äußere Kräfte ist, wie in unserem Beispiel, eine Sicherheit größer eins empfehlenswert.

Der Haftreibwert wurde mit $\mu = 0,2$ größer als der sonst übliche Wert $\mu = 0,15$ gewählt. Dies ist wegen der guten Säuberung der Fugeflächen statthaft. Außerdem wurden vorher mehrere Versuche durchgeführt. Ohne diese Erfahrungswerte müsste der in DIN 7190 angegebene Wert $\mu = 0,15$ gewählt werden.

Nachfolgend wird der erforderliche Rechenweg aufgezeigt, wobei die oben formulierten Teilaufgaben logisch aufeinander aufbauen.

a) Erforderliche Mindestfugenpressung

Zunächst ist aus der vorgegebenen Leistung das wirkende Drehmoment zu bestimmen.

$$M_t = \frac{P}{\omega} = \frac{1200\,\mathrm{kW}}{2 \cdot \pi \cdot n}$$

$$M_t = \frac{1200\,000\,\mathrm{W}}{2 \cdot \pi \cdot n} = \frac{1200\,000\,\mathrm{W} \cdot 60\,\mathrm{s}}{2 \cdot \pi \cdot 5000\,\mathrm{min}^{-1}} = 2293\,\mathrm{Nm}$$

Hinweis: Die an der Verzahnung ebenfalls wirkende Radialkraft wird hier nicht benötigt, da sie in der Fuge keine Schubspannungen hervorruft.

Ein Durchrutschen des Ritzels wird sicher dann vermieden, wenn die aus dem Drehmoment resultierende Umfangskraft in der Fuge F_u und die geometrisch überlagerte Axialkraft $F_a \equiv F_{aZR}$ nicht größer als die aus dem Fugendruck für den vorliegenden Haftbeiwert resultierende maximal zulässige Reibschubkraft F_{res} in der Fuge ist.

$$F_u = \frac{2 \cdot M_t}{d_F} = \frac{2 \cdot 2292}{0,080} = 57.300\,\mathrm{N}$$

$$F_{res} = \sqrt{F_u^2 + F_a^2} = \sqrt{57.300^2 + 5501^2} = 57.563\,\mathrm{N}$$

Die Mindestflächenpressung folgt unter Einbeziehung der Sicherheit gegen Rutschen aus

$$F_{\text{res}} = \mu \cdot p_{\text{F erf}} \cdot A_{\text{F}} \cdot \frac{1}{S_{\text{R}}}$$

und schließlich

$$p_{\text{F erf}} = \frac{F_{\text{res}} \cdot S_{\text{R}}}{A_{\text{F}} \cdot \mu} \quad \text{mit Fugenfläche} \quad A_{\text{F}} = d_{\text{F}} \cdot \pi \cdot l_{\text{F}}$$

$$p_{\text{F erf}} = \frac{F_{\text{res}} \cdot S_{\text{R}}}{d_{\text{F}} \cdot \pi \cdot l_{\text{F}} \cdot \mu} = \frac{57.563 \cdot 2}{80 \cdot \pi \cdot 100 \cdot 0{,}2} = 22{,}9\,\text{N/mm}^2$$

b) Größte zulässige Fugenpressung

Die in der Pressverbindung wirkenden Radial- und Tangentialspannungen (zugleich auch Hauptspannungen) sind in Kapitel 9.3 des Lehrbuchs dargestellt. Die Vollwelle kann praktisch demnach nicht plastizieren, da hier die Vergleichsspannung dem Fugendruck entspricht. In der Regel wird in der Nabe innen der zulässige Grenzwert früher erreicht, so auch hier.

Der im Lehrbuch eingeführten Festigkeitsbedingung liegt die modifizierte Schubspannungshypothese (MSH) nach Tresca zugrunde. Dies weicht zwar von der Vorgehensweise in DIN 743 (hier wird die GEH verwendet) ab, entspricht aber dem derzeitigen Stand der Technik gemäß der maßgebenden DIN 7190. Die Unterschiede sind praktisch nicht von Bedeutung.

Der größte zul. Fugendruck für die Nabe ergibt sich zu

$$p_{\text{F zul}} = \frac{1 - Q_{\text{A}}^2}{\sqrt{3}} \cdot \sigma_{\text{zul}}$$

mit

$$Q_{\text{A}} = \frac{d_{\text{F}}}{d} = \frac{80}{125} = 0{,}64$$

Für zähe Werkstoffe gilt:

$$\sigma_{\text{zul}} = \frac{R_{\text{e}}}{S_{\text{F}}}$$

bzw.

$$\sigma_{\text{zul}} = \frac{600}{1{,}2} = 500\,\text{N/mm}^2$$

Für den Grenzfugendruck folgt daraus

$$p_{\text{F zul}} = \frac{1 - 0{,}64^2}{\sqrt{3}} \cdot 500 = 170\,\text{N/mm}^2$$

c) Haftmaßbestimmung

Das Haftmaß ist gerade so groß wie die elastische Durchmesserveränderung nach dem Fügen. Dabei wird die Nabe gedehnt und die Welle gedrückt. Aus Kap. 9.3.1.2 des Lehrbuchs folgt für das Haftmaß allgemein

$$Z = p_F \cdot d_F \left[\frac{1}{E_I} \cdot \left(\frac{1+Q_I^2}{1-Q_I^2} - v_I \right) + \frac{1}{E_A} \left(\frac{1+Q_A^2}{1-Q_A^2} + v_A \right) \right]$$

Im vorliegenden Fall sind toleranzbedingt zwei Grenzen einzuhalten. Das Haftmaß (bzw. der daraus resultierende Fugendruck) muss so groß sein, dass das Drehmoment übertragen wird, es darf aber gleichzeitig die Nabe am Innendurchmesser nicht plastizieren, d.h.

$$Z_{erf} = f(p_{F\,erf})$$

und

$$Z_{zul} = f(p_{F\,zul})$$

Mit $E_I = E_A = E$ und $v_I = v_A = v$ ergibt sich

$$Z_{erf} = \frac{22,9 \cdot 80}{2,1 \cdot 10^5} \left[(1-0,3) + \left(\frac{1+0,64^2}{1-0,64^2} + 0,3 \right) \right] \qquad (p_{F\,erf} = 22,9\,\text{N/mm}^2)$$

$$Z_{erf} = 0,02955\,\text{mm} \rightarrow 30\,\mu\text{m}$$

Mit $p_{F\,zul} = p_{F\,zulA}$ ergibt sich

$$Z_{zul} = \frac{170 \cdot 80}{2,1 \cdot 10^5} \left[(1-0,3) + \left(\frac{1+0,64^2}{1-0,64^2} + 0,3 \right) \right] \qquad (p_{F\,zul} = 170\,\text{N/mm}^2)$$

$$Z_{zul} = 0,21938\,\text{mm} \rightarrow 219\,\mu\text{m}$$

d) Passungswahl

Beim Fügen werden Oberflächen durch plastisches Einebnen der Rauheitsspitzen geglättet. Deshalb kann das gemessene Übermaß vor dem Fügen nicht voll in Verformungen der gefügten Teile umgesetzt werden. An sich könnte bei Beachtung der Fügetechnologie das Glättungsmaß beim Querpressverband kleiner als beim Längspressverband angesetzt werden, da beim Aufpressen deutlich größere Glättungseffekte auftreten als beim Querschrumpfen. Da DIN 7190 (Ausgabe 2001) aber keine Fallunterscheidung vorsieht, soll dies auch hier unterbleiben. Demnach gilt für die Glättung:

$$G = 2 \cdot (0,4 \cdot R_{zI} + 0,4 \cdot R_{zA})$$

Bei der Berücksichtigung des Übermaßverlustes durch die Glättung ergibt sich für das mit der Passungswahl zu realisierende Übermaß:

$$U_{erf} = Z_{erf} + 0,8 \cdot (R_{zI} + R_{zA})$$
$$U_{erf} = 30\,\mu m + 0,8 \cdot (5\,\mu m + 5\,\mu m) = 38\,\mu m$$
$$U_{zul} = Z_{zul} + 0,8 \cdot (R_{zI} + R_{zA})$$
$$U_{zul} = 219 + 0,8 \cdot (5\,\mu m + 5\,\mu m) = 227\,\mu m$$

Für die Festlegung ist eine ISO-Passung vorzugeben, die folgende Bedingungen erfüllt:

$$|U_k| > |U_{erf}|\; U_k \quad \text{kleinstes Übermaß der zu wählenden Passung}$$
$$|U_g| < |U_{zul}|\; U_g \quad \text{größtes Übermaß der zu wählenden Passung}$$

Empfohlene Presspassungen bei Verwendung einer Einheitswelle h6 sind:

- S7/h6

- T7/h6

(Vergleiche Lehrbuch Kap. 2.2)

1. gewählt $\varnothing$ 80 S7/h6
   h6:   es $= 0$
         ei $= -19$
   S7:   ES $= -48$
         EI $= -78$

$$\rightarrow U_g = \text{EI} - \text{es} = -78 - 0 = -78\,\mu m$$
$$\rightarrow U_k = \text{ES} - \text{ei} = -48 - (-19) = -29\,\mu m$$

U_{erf} wird durch U_k nicht erreicht.

Bedeutung der Symbole:

E, e   Abstand (ecart)

S, s   oben (superieur)

I, i   unten (inferrieur)

Großbuchstaben: Bohrung

Kleinbuchstaben: Welle

2. gewählt: $\varnothing$ 80 T7/h6

   h6:   es $= 0$

           ei $= -19$

   T7: ES $= -64$

          EI $= -94$

$$\rightarrow U_g = \text{EI} - \text{es} = -94 - 0 = -94\,\mu\text{m}$$

$$\rightarrow U_k = \text{ES} - \text{ei} = -64 - (-19) = -45\,\mu\text{m}$$

$$|U_{\text{erf}}| = 38\,\mu\text{m} < |U_k| = 45\,\mu\text{m}$$

$$|U_{\text{zul}}| = 227\,\mu\text{m} > |U_g| = 94\,\mu\text{m}$$

e) Überprüfen der Rutschsicherheit

Entsprechend a) gilt:

$$p_{\text{F erf}} = \frac{F_{\text{res}} \cdot S_R}{d_F \cdot \pi \cdot l_F \cdot \mu}$$

bzw.

$$S_{\text{R vorh}} = \frac{p_{\text{F vorh}} \cdot d_F \cdot \pi \cdot l_F \cdot \mu}{F_{\text{res}}}$$

Das kleinste Übermaß der Presspassung $|U_k| = 45\,\mu\text{m}$ ergibt bei der Berücksichtigung des Übermaßverlustes durch Glätten beim Fügen von $0{,}8 \cdot (R_{zI} + R_{zA}) = 8\,\mu\text{m}$ ein kleinstes Haftmaß $Z_{\text{vorh}} = 37\,\mu\text{m}$. Somit lässt sich die zugehörige Fugenpressung entsprechend c) berechnen.

$$\frac{1}{p_{\text{F vorh}}} = \frac{d_F}{Z_{\text{vorh}} \cdot E}\left[(1-v) + \left(\frac{1+Q_A^2}{1-Q_A^2} + v\right)\right]$$

$$\frac{1}{p_{\text{F vorh}}} = \frac{80}{0{,}037 \cdot 2{,}1 \cdot 10^5}\left[(1-0{,}3) + \left(\frac{1+0{,}64^2}{1-0{,}64^2} + 0{,}3\right)\right] = 0{,}0349$$

$$p_{\text{F vorh}} = 28{,}65\,\text{N/mm}^2$$

Somit berechnet sich die vorhandene Sicherheit zu

$$S_{\text{R vorh}} = \frac{28{,}65 \cdot 80 \cdot \pi \cdot 100 \cdot 0{,}2}{57563} = 2{,}5$$

$$S_{\text{R vorh}} > S_{\text{R erf}}!$$

f) Erforderliche Erwärmung der Nabe

Zum zwanglosen Fügen muss das Übermaß durch Erwärmen des Außenteils beseitigt werden.

Zusätzlich ist ein Fügespiel $\Delta D = 0{,}001 \cdot d_F$ erforderlich.

Somit ergibt sich:

Fügetemperatur des Außenteiles

$$t_A = t_U + \frac{|U_g| + \Delta D}{\alpha_A \cdot d_F}$$

U_g [mm] max. Übermaß der gewählten Passung

α [1/grd] Längsdehnungszahl

Tabelle 9.1. Längsdehnungszahl α [1/grd]

Werkstoff	Erwärmung	Unterkühlung
Stahl	$11 \cdot 10^{-6}$	$-8{,}5 \cdot 10^{-6}$
GGL	$10 \cdot 10^{-6}$	$-8 \cdot 10^{-6}$
Al-Legierungen	$23 \cdot 10^{-6}$	$-18 \cdot 10^{-6}$

$$t_A = 20° + \frac{0{,}094 + 0{,}08}{11 \cdot 10^{-6} \cdot 80} = 218°C$$

$$t_U = 20\,\text{grd}$$

$$\Delta D = 0{,}08\,\text{mm}$$

Die Temperaturerhöhung ist beim hier gewählten Nabenwerkstoff 42CrMo4 noch zulässig. Bei Verwendung eines Einsatzstahles (z. B. 18CrNiMo7-6) sollten dagegen 180 °C nicht überschritten werden, da sich das einsatzgehärtete Gefüge durch Temperatureinfluss ändern und der Werkstoff nicht die gewünschte Härte behalten würde.

9.4 Vergleichende Berechnung verschiedener WNV

Folgend sollen vergleichend verschiedene Welle-Nabe-Verbindungen ausgelegt werden. Die dargestellte Klemmrollenkupplung (Abb. 9.6.) soll mit der Antriebswelle verbunden werden. Dafür bieten sich drei Möglichkeiten an:

- Passfederverbindung
- Keilwellenverbindung
- Querpressverbindung

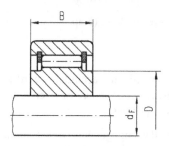

Abbildung 9.6. Klemmrollenkupplung

Dimensionieren Sie diese Verbindungen gemäß Lehrbuch Kap. 9 und führen Sie eine vergleichende Bewertung durch:

Gegeben sind:

- Nennmoment $M_{t\,Nenn} = 870\,N\,m$

- Durchmesser $d_F = 45\,H7\,mm$

- Außendurchmesser $D = 70\,mm$

- Breite $B = 50\,mm$

- gemittelte Rautiefe

                            Welle $R_{ZW} = 1{,}6\,\mu m$
                            Nabe $R_{ZN} = 4\,\mu m$

- Passfeder C45E $R_{e\,min\,PF} = 370\,N/mm^2$

- Welle E360 (St70-2) $R_{e\,min\,W} = 355\,N/mm^2$

- Nabe 16MnCr5 $R_{e\,min\,N} = 440\,N/mm^2$

Für alle Werkstoffe soll gelten: $E = 210.000\,N/mm^2$

Arbeitsweise der Antriebsmaschine: gleichmäßig

Arbeitsweise der getriebenen Maschine: gleichmäßig

Folgende Aufgaben sind zu lösen:

a) Passfederberechnung nach Methode C (Kap. 9.2 des Lehrbuchs)

b) Berechnung einer Keilwellenverbindung mit geraden Flanken gemäß DIN ISO 14 (mittlere Reihe), (Kap. 9.2 des Lehrbuchs)

c) Berechnung einer Pressverbindung (Kap. 9.3 des Lehrbuchs)

Lösung

Die Dimensionierung der jeweiligen Verbindung wird gemäß Lehrbuch durchgeführt. An einigen Stellen wird auf genauere bzw. erweiterte Berechnungsverfahren (z. B. nach der jew. Norm) hingewiesen.

Alle Verbindungen müssen das angegebene Drehmoment übertragen. Auf die Angabe einer Sicherheitszahl wird an dieser Stelle verzichtet.

a) Passfederverbindung

Hierzu wird auf eine weitere Übungsaufgabe in diesem Übungsbuch verwiesen. Einige Berechnungsschritte werden deshalb hier verkürzt dargestellt.

Aus DIN 6885 T1 resultieren für den angegebenen Wellendurchmesser von 45 mm die Passfederabmessungen

$b = 14\,\text{mm}$

$t_1 = 5,5\,\text{mm}$

$h = 9\,\text{mm}$

$t_2 = 3,8\,\text{mm}$

Weiterhin gilt: $i = 1$ und somit $\varphi = 1$

Gewählt wird eine rundstirnige Passfeder der Form A. Die erforderliche Passfederlänge berechnet sich mit

$$M_{\text{teq}} = K_A \cdot M_{t\,\text{Nenn}} = p_{\text{zul}} \cdot t_{\text{tr}} \cdot l_{\text{tr}} \cdot \frac{d_F}{2} \cdot i \cdot \varphi$$

und

$$p_{\text{zul}} = 0,9 \cdot R_{e\,\text{min}}$$

wie folgt

$$l_{\text{tr}} = \frac{2 \cdot K_A \cdot M_{t\,\text{Nenn}}}{p_{\text{zul}} \cdot t_{\text{tr}} \cdot d_F}$$

Der Anwendungsfaktor $K_A = 1$, siehe Tabelle 9.2.

Tabelle 9.2. Anwendungsfaktor K_A

| Arbeitsw. d. Antriebsmaschine | Arbeitsweise der getriebenen Maschine | | | |
	gleichmäßig	mäßige Stöße	mittlere Stöße	starke Stöße
gleichmäßig	1,00	1,25	1,50	1,75
mäßige Stöße	1,25	1,50	1,75	2,00
starke Stöße	1,50	1,75	2,00	$\geq 2,25$

Nur gültig für Getriebe, die nicht im Resonanzdrehzahlbereich arbeiten!
Für Getriebe mit Übersetzung ins Langsame.

Die Welle weist zwar die niedrigste Streckgrenze auf. Gleichzeitig ist die tragende Nuttiefe aber deutlich größer als in der Nabe. Durch eine einfache Überschlagsrechnung ist festzustellen, dass bezüglich der Flächenpressung die Passfeder das kritischste Bauteil darstellt. Deshalb genügt es, nur die Pressung zwischen Nabennut und Passfeder zu betrachten. Daraus resultiert die erforderliche tragende Passfederlänge.

$$l_{\text{erf}} = \frac{2 \cdot 1 \cdot 870.000}{333 \cdot (9 - 5,5) \cdot 45} = 33,2 \, \text{mm}$$

Da die genormte Passfederlänge die beiden Rundungen mit einschließt, sind diese noch zu addieren:

$$l = l_{\text{erf}} + b = 33,2 + 14 = 47,2 \, \text{mm}$$

Nach DIN 6885 T1 folgt daraus

$$l = 50 \, \text{mm}$$

An dieser Stelle ist es zweckmäßig, die relative Passfederlänge mit dem im Lehrbuch angegebenen Grenzwert zu vergleichen. Zu lange Passfedern führen zwar zu einer niedrigen Nennflächenpressung. Wegen der Verdrillung der Welle in der Nabenbohrung könnte trotzdem die Nabe unzulässige Verformungen erfahren (vergl. auch Abb. 9.3.). Als Faustregel gilt deshalb, dass die Passfeder nicht länger als $1,3 \times d_F$ sein sollte.

$$\frac{l_{\text{tr vorh}}}{d_F} = \frac{50 - 14}{45} = 0,8$$

$$\frac{l_{\text{tr vorh}}}{d_F} = 0,8 < 1,3$$

Die Passfederlänge ist demnach zulässig. Die genormte Passfederbezeichnung lautet:

Passfeder DIN 6885-A 14 × 9 × 50

Obwohl die Passfeder länger als erforderlich gewählt wurde, ist es bei der Dimensionierungsrechnung üblich, das tatsächlich übertragbare Drehmoment zu ermitteln.

$$l_{tr} = 50 - 14 = 36\,mm$$

$$M_{t\,zul} = p_{zul} \cdot (h - t_1) \cdot l_{tr} \cdot \frac{d_F}{2}$$

$$M_{t\,zul} = 333 \cdot 3,5 \cdot 36 \cdot \frac{45}{2}$$

$$M_{t\,zul} = 944.055\,N\,mm$$

$$M_{t\,zul} \approx 944\,N\,m > M_{t\,Nenn} = 870\,N\,m\,!$$

b) Keilwellenverbindung

Keilwellenverbindungen werden als feste oder längsbewegliche Verbindungen von Welle und Nabe zur Übertragung von Drehmomenten eingesetzt. Sie besitzen gerade Flanken und sind innenzentriert. Diese Norm legt die Maße für eine leichte und mittlere Reihe fest. Anwendung finden Keilwellenverbindungen z. B. bei Schieberädern in Schaltgetrieben.

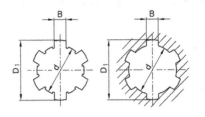

Toleranzklassen für Paßflächen d
(Auswahl)

Gleitsitz   H7/f7
Übergangssitz   H7/g7
Festsitz   H7/h7

Weitere Toleranzen siehe DIN ISO 14.

Nennmaße in mm (Auswahl)

Anzahl der Keile n		6							8						
d	11	13	16	18	21	23	26	28	32	36	42	46	52	56	62
leichte D$_1$						26	30	32	36	40	46	50	58	62	68
Reihe B						6	6	7	6	7	8	9	10	10	12
mittlere D$_1$	14	16	20	22	25	28	32	34	38	42	48	54	60	65	72
Reihe B	3	3,5	4	5	5	6	6	7	6	7	8	9	10	10	12

Abbildung 9.7. Toleranzen für Passflächen in Anlehnung an Hoischen

Empfehlung: Keilwellen- und Keilnaben-Profil mit 8 Keilen für $d = 42\,mm$ (Innenzentrierung, Gleitsitz H7/f7) mittlere Reihe auswählen und die erforderliche Nabenbreite ausrechnen.

Basierend auf den vorgegebenen geometrischen Abmessungen wird nachstehendes Profil ausgewählt:

Keilwellen – Profil DIN ISO 14 – 8 × 42 f7 × 48

    innerer Durchmesser $d = 42\text{f}7$

    äußerer Durchmesser $D_1 = 48\text{a}11$

    Keilbreite $B = 8\text{d}10$

Keilnabe – Profil DIN ISO 14 – 8 × 42H7 × 48

    innerer Durchmesser $d = 42\text{H}7$

    äußerer Durchmesser $D_1 = 48\text{H}10$

    Keilbreite $B = 8\text{H}11$

Mit der in Kap. 9.2 des Lehrbuchs angegebenen Gleichung

$$M_t = \frac{D_m}{2} \cdot h_{tr} \cdot l_{tr} \cdot z \cdot \varphi \cdot p_{zul}$$

kann die erforderliche tragende Länge der Keilverbindung berechnet werden. Das Kriterium für die Dimensionierung ist die Flächenpressung in den Wirkflächen der Flanken.

Es gilt:

$$\varphi = 0{,}75$$
$$M_t = M_{t\,nenn} ; \qquad \text{da } K_A = 1$$
$$h_{tr} = \left(\frac{D_1 - d}{2}\right) = \frac{48 - 42}{2}$$
$$h_{tr} = 3\,\text{mm}$$
$$\frac{D_m}{2} = r_m = \frac{d + D_1}{4} = \frac{42 + 48}{4} = 22{,}5\,\text{mm}$$

$z = 8$ (Anzahl der Mitnehmer, ist bereits oben in der Profilbeschreibung enthalten)

Der Werkstoff der Welle besitzt eine niedrigere Streckgrenze als der Werkstoff der Nabe. Deshalb gilt:

$$p_{zul} = p_{zul\,W} = 319\,\text{N/mm}^2$$

Sämtliche Größen in die auf l_{erf} umgestellte Gleichung

$$l_{erf} = \frac{M_t}{\varphi \cdot z \cdot r_m \cdot h_{tr} \cdot p_{zul}}$$

eingesetzt führt zu

$$l_{erf} = \frac{870.000}{0,75 \cdot 8 \cdot 22,5 \cdot 3 \cdot 319}$$

$$l_{erf} = 6,7\,mm \quad \text{bzw. aufgerundet}$$

$$l_{erf} = 7\,mm$$

Demnach ist für die Übertragung des angegebenen Drehmomentes eine Breite von $l = 7\,mm$ ausreichend. Da die Klemmrollenkupplung ein Kaufteil ist, sind die geometrischen Abmessungen vorgegeben. Es ist daher zweckmäßig, auch das für die Breite $B = 50\,mm$ max. übertragbare Drehmoment zu berechnen. Alle bekannten Größen in die obige Gleichung eingesetzt ergibt

$$M_{t,\,zul} = 22,5 \cdot 3 \cdot 50 \cdot 8 \cdot 0,75 \cdot 319$$

$$M_{t,\,zul} = 6460\,Nm$$

Die Keilwellenverbindung wäre demnach erheblich überdimensioniert.

c) Pressverbindung

Im Vergleich zu den unter a) und b) behandelten Verbindungen treten in einer Pressverbindung die geringsten Kerbwirkungen auf. Sie ist zudem ökonomisch am günstigsten. Einziger Nachteil ist der Fügeprozess, der nahezu immer mit Temperatur (Nabe erwärmen und/oder Welle kühlen) erfolgen muss.

Bei der hier betrachteten Verbindung werden keine plastischen Verformungen zugelassen. Um dies sicherzustellen, wird zunächst der erforderliche Fugendruck p_{erf} berechnet.

Es gilt immer wegen $K_A = 1$ und $M_t = M_{t\,nenn} = 870\,N\,m$. Weiterhin soll der Haftreibwert $\mu = 0,2$ und die Rutschsicherheit $S_R = 2$ betragen.

Aus der Gleichung für das so genannte Rutschmoment kann p_{erf} berechnet werden, (hier gilt $l = B$):

$$M_{tR} = p \cdot \frac{\pi}{2} \cdot d_F^3 \cdot (l/d_F) \cdot \mu/S_R$$

Hinweis: Die vorstehende Schreibweise ist zweckmäßig, da dadurch sofort deutlich wird, dass bei geometrischer Vergrößerung der Verbindung ($l/d_F = $ const) das übertragbare Drehmoment mit d_F^3 wächst.

$$p_{erf} = \frac{2 \cdot M_t \cdot S_R}{d_F^3 \cdot l/d_F \cdot \mu}$$

$$= \frac{2 \cdot 870.000 \cdot 2}{45^3 \cdot 50/45 \cdot 0,2}$$

$$p_{erf} = 54,7\,N/mm^2$$

Da ausschließlich elastische Verformungen zugelassen werden sollen, ist der Grenzfugendruck zu bestimmen, bis zu dem keine plastischen Verformungen auftreten.

Die Betrachtung der Welle ist dabei nicht notwendig, da bei einer Vollwelle Plastizität praktisch nie eintritt (vergl. Lehrbuch Kap. 9.3). Dies gilt auch hier. Für den maximal zulässigen Fugendruck gilt

$$p_{zul} = \frac{\sigma_{zul\,N} \cdot (1 - Q_A^2)}{\sqrt{3 + Q_A^4}}$$

mit

$$Q_A = \frac{d_F}{D} = \frac{45}{70}$$
$$Q_A = 0{,}64$$

und

$$\sigma_{zul\,N} = \frac{R_{eN}}{S_F} \quad S_F = 1{,}2 \text{ aus Lehrbuch Kap. 9.3}$$
$$\sigma_{zul\,N} = \frac{440}{1{,}2}$$
$$\sigma_{zul\,N} = 367\,\text{N}/\text{mm}^2$$
$$p_{zul} = \frac{367 \cdot (1 - 0{,}64^2)}{\sqrt{3 + 0{,}64^4}}$$
$$p_{zul} = 121{,}7\,\text{N}/\text{mm}^2$$

Es ist zunächst festzustellen, dass der zul. Fugendruck deutlich größer ist als der erforderliche ($p_{zul} > p_{erf}$). Allerdings sind Fertigungstoleranzen zu beachten, die einen Teil der Differenz aufzehren.

Um dies zu konkretisieren, ist im Folgenden das Haftmaß Z und die daraus resultierende Passung zu berechnen.

$$Z_{erf} = \frac{p_{erf} \cdot d_F}{E} \left[1 - v + \left(\frac{1 + Q_A^2}{1 - Q_A^2} + v \right) \right] \quad \text{(Vollwelle!)}$$
$$Z_{erf} = \frac{54{,}7 \cdot 45}{210.000} \left[1 + \frac{1 + 0{,}64^2}{1 - 0{,}64^2} \right]$$
$$Z_{erf} = 0{,}0397\,\text{mm} \rightarrow 40\,\mu\text{m}$$

Das zulässige Haftmaß resultiert ebenfalls aus der vorstehenden Gleichung, wenn anstatt p_{erf} dann p_{zul} eingesetzt wird. Dies führt zu

$$Z_{zul} = 0{,}091\,\text{mm} \rightarrow 91\,\mu\text{m}$$

Passungswahl

Bei der Passungsauswahl ist neben dem Haftmaß auch die Glättung der Oberfläche zu berücksichtigen.

Gemäß DIN 7190 gilt

$$U_{erf} = Z_{erf} + 0{,}8 \cdot (R_{ZW} + R_{ZN})$$
$$U_{erf} = 40\,\mu m + 0{,}8 \cdot (1{,}6\,\mu m + 4\,\mu m)$$
$$U_{erf} = 45\,\mu m$$

und analog

$$U_{zul} = 96\,\mu m$$

Die zu wählende ISO-Passung muss folgende Bedingungen erfüllen:

$U_k > U_{erf}$ U_k kleinstes Übermaß der zu wählenden Passung

$U_g < U_{zul}$ U_g größtes Übermaß der zu wählenden Passung

Basierend auf der nachstehend dargestellten Passungstabelle wird die Passung

$$\varnothing 45\,H7/u7$$

gewählt. Daraus resultieren

$$U_k = -45\,\mu m$$
$$U_g = -95\,\mu m$$

Nun ist noch zu prüfen, ob das minimale und maximale Übermaß nicht unter- bzw. überschritten wird.

$$|U_{erf}| = 45\mu m = |U_k| = 45\mu m \quad !$$
$$|U_{zul}| = 96\mu m > |U_g| = 95\mu m \quad !$$

Da (zufälligerweise) U_{erf} und U_k identisch sind, entspricht das übertragbare Drehmoment auch dem Nennmoment.

$$M_{t\,zul} = 870\,Nm = M_{t\,Nenn}$$

Montage

Abschließend sind noch die Einzelheiten für die Montage zu klären. Aus didaktischen Gründen werden zwei Fälle unterschieden

Tabelle 9.3. Passungen/Übermaße (Empfohlene Passungen)

Einheitsbohrung	$d = 45$
H7/u7	-45
	-95
H8/s7	-4
	-68
H7/t6	-29
	-70

Dehnsitz (Welle unterkühlen)

Dabei muss die Welle so weit abgekühlt werden, dass einerseits das größte Übermaß überbrückt wird und andererseits auch das so genannte Fügespiel $\Delta D = 0,001 \cdot d_F$, um frühzeitiges Festsetzen beim Fügen zu vermeiden.

$$t_w = t_u + \frac{|U_g| + \Delta D}{\alpha_w \cdot d_F}$$

Mit

$$t_u = 20\,\mathrm{C}$$

und

$$\alpha_W = -8,5 \cdot 10^{-6}\,\mathrm{grd}^{-1} \quad \text{(beim Abkühlen)}$$
$$\alpha_W = 11 \cdot 10^{-6}\,\mathrm{grd}^{-1} \quad \text{(beim Erwärmen)}$$

folgt

$$t_w = 20° + \frac{0,095 + 0,045}{-8,5 \cdot 10^{-6} \cdot 45} \qquad \Delta D = 0.001 \cdot 45 = 0,045\,\mathrm{mm}$$
$$t_w = -366\,\mathrm{C}$$

Diese Temperatur ist praktisch nicht realisierbar, da mit flüssigem Stickstoff nur eine Temperatur von $-196\,°\mathrm{C}$ erreichbar ist. Deshalb

Schrumpfsitz (Nabe erwärmen)

$$t_N = 20° + \frac{0,095 + 0,045}{11 \cdot 10^{-6} \cdot 45}$$
$$t_N = 303\,\mathrm{C}$$

An dieser Stelle ist unbedingt zu prüfen, ob die berechnete Temperatur auch zu keiner nachteiligen Gefügeumwandlung führt. Einsatzgehärtete Bauteile dürfen nur bis max. 180 °C erwärmt werden. Demnach ist die Erwärmungstemperatur auf diesen Wert zu begrenzen. Daher ist zusätzlich die Welle abzukühlen. Geschieht dies in Stickstoff, dann ist die Temperaturdifferenz zum Fügen ausreichend!

Bewerten

Die durchgeführten Berechnungen zeigen, dass prinzipiell alle drei Verbindungs-
arten für die Aufgabenstellung geeignet sind, Tabelle 9.4. Während die Passfederverbindung gut ausgenutzt wird, wäre die Keilwellenverbindung stark überdimensioniert. Sicher auch aus Kostengründen würde man deshalb diese eher nicht auswählen.

Die Pressverbindung ist aus funktioneller Sicht eindeutig die beste, da auch Wech-
selbelastungen spielfrei übertragbar sind. Nachteilig ist das Fügen, da sowohl erwärmt als auch abgekühlt werden muss. Demnach ist festzustellen, dass sowohl die
Passfederverbindung als auch die Pressverbindung für den Anwendungsfall geeignet sind.

Tabelle 9.4. Übertragbare Drehmomente bei $B = 50\,\text{mm}$; $M_{t\,\text{Nenn}} = 870\,\text{Nm}$

WNV	M_t
Passfederverbindung	944 N m
Keilwellenverbindung	6460 N m
Pressverbindung	870 N m

10 Reibung, Verschleiß und Schmierung

In vielen Konstruktionselementen sind Fragen bezüglich Reibung, Verschleiß und Schmierung sehr wichtig, wie z. B. in Gleitlagern, Wälzlagern und Führungen, Dichtungen, Zahnrad- und Kettengetrieben, Reibradgetriebe, Keil- und Flachriemengetriebe, Kupplungen, Bewegungsschrauben, Kolben/Zylinder-Paarungen usw. Um die eingebrachte Antriebsenergie bei gleichzeitig hoher Lebensdauer des Konstruktionselementes gering zu halten, sollten Reibung und Verschleiß möglichst klein sein. Die Forderungen nach möglichst geringer Reibung und niedrigem Verschleiß können häufig durch eine passende Schmierung realisiert werden.

Da Reibung und Verschleiß systemabhängig sind, d. h. von einer großen Anzahl von Parametern beeinflusst werden, lässt sich eine Lösung, die in einer Anwendung gut funktioniert, in der Regel nicht problemlos auf andere Anwendungen übertragen. Jede Anwendung erfordert ihre spezielle tribologische Lösung.

Um das Wissen über das tribologische Verhalten von Tribotechnischen Systemen zu verbessern, sind im Folgenden eine Reihe von Verständnisfragen zum Tribotechnischen System und zu Reibung, Verschleiß und Schmierung zusammengestellt.

10.1 Verständnisfragen

1) Aus welchen Elementen besteht ein Tribotechnisches System?

Lösung: Das Tribotechnische System besteht i. Allg. aus Grundkörper, Gegenkörper, Zwischenstoff und Umgebungsmedium. Die Elemente des Tribotechnischen Systemes sind die unmittelbar an Reibung und Verschleiß beteiligten Bauteile und Stoffe, welche durch eine Systemeinhüllende fiktiv von den übrigen Bauteilen abgetrennt sind.

2) Was sind die wichtigsten Eigenschaften der Elemente des Tribotechnischen Systems für dessen tribologisches Verhalten?

Lösung: Bei Grund- und Gegenkörper wird hauptsächlich zwischen Geometrie- und Werkstoffeigenschaften unterschieden, die durch weitere physikalische Größen ergänzt werden. Bei den Werkstoffeigenschaften von Grund- und Gegenkörper wird zwischen den Eigenschaften des Grundmaterials und des oberflächennahen Bereiches unterschieden.

Wichtige *geometrische Eigenschaften* sind die äußeren Abmessungen, Form und Lageabweichungen sowie Welligkeiten und Oberflächenrauheiten.

Bedeutende *Werkstoffeigenschaften des Grundmaterials* sind Festigkeit, Härte, Gefügestruktur, E-Modul, Eigenspannungen sowie chemische Zusammensetzung.

Wesentliche *Werkstoffeigenschaften des oberflächennahen Bereiches* stellen Härte, Gefügestruktur, chemische Zusammensetzung, E-Model, Eigenspannung sowie Dicke und Aufbau der Grenzschicht dar.

Weiterhin sind die *physikalischen Größen* Dichte, Wärmeleitfähigkeit, Wärmeausdehnungskoeffizient, Schmelzpunkt, spezifische Wärmekapazität und das hygroskopische Verhalten wichtig.

Zwischenstoff und Umgebungsmedium können in unterschiedlichen Aggregatzuständen auftreten. Beim *festen* Zwischenstoff sind neben dessen Härte vor allem die geometrischen, physikalischen und chemischen Eigenschaften des Zwischenstoffes maßgebend. Beim *flüssigen* Zwischenstoff spielen u. a. Viskosität, Konsistenz, Benetzungsfähigkeit, Menge, Dichte, spezifische Wärmekapazität, Wärmeleitfähigkeit und chemische Zusammensetzung eine wichtige Rolle. Für das tribologische Verhalten sind hinsichtlich des *Umgebungsmediums* u. a. dessen Wärmeleitfähigkeit, chemische Zusammensetzung, Feuchtigkeit und Umgebungsdruck wesentlich.

3) Aus welchen Größen besteht das Belastungskollektiv bzw. was sind die Eingangsgrößen für das Tribotechnische System?

Lösung: Das Belastungskollektiv wird gebildet aus folgenden Größen:

- Bewegungsart und zeitlicher Bewegungsablauf
- Belastung
- Geschwindigkeiten
- Temperaturen
- Belastungsdauer

4) Was ist der Unterschied zwischen einem geschlossenen und einem offenen Tribotechnischen System?

Lösung: *Offene Systeme* treten häufig bei Transport- und Bearbeitungsvorgängen auf. Dabei wird der Grundkörper ständig von neuen Stoffbereichen des Gegenkörpers beansprucht. Die Funktion eines offenen Systems hängt vor allem vom Verschleiß des Grundkörpers ab. Vom Gegenkörper wird die Beanspruchung erzeugt. Der Verschleiß an ihm interessiert in der Regel nicht.

Bei *geschlossenen Tribotechnischen Systemen* sind die beanspruchten Bereiche von Grund- und Gegenkörper wiederholt im Kontakt. Bei ihnen hängt die Funktionsfähigkeit vom Verschleiß beider Reibkörper ab.

5) Wie unterscheiden sich die Grundgefüge von Grund- und Gegenkörper und deren äußere Grenzschichten?

Lösung: In der Regel unterscheidet sich das ungestörte Grundgefüge wesentlich von der äußeren Grenzschicht, und zwar sowohl bezüglich des Gefüges, der auftretenden Eigenspannungen, der chemischen Zusammensetzung und der physikalischen Eigenschaften. Die Ursachen für die Unterschiede liegen in den während der Fertigung und des Betriebes auf die Oberfläche einwirkenden mechanischen und thermischen Belastungen sowie in den chemischen Reaktionen zwischen den Elementen des oberflächennahen Bereiches mit den Elementen der Zwischenstoffe und der Umgebungsmedien.

Schon während der Fertigung wirken auf Grund- und Gegenkörper hohe mechanische und thermische Belastungen ein und finden chemische Reaktionen mit dem Kühlschmiermittel sowie dem Umgebungsmedium statt. Dadurch verändern sich das Gefüge und der chemische Aufbau der oberflächennahen Schicht und auch deren Eigenschaften. Während des Einlaufens und des späteren Betriebes ändern sich die oberflächennahen Bereiche jeweils nochmal aufgrund der dann vorliegenden Belastungen, Zwischenstoffe und Umgebungsmedien.

6) Was ist der Unterschied zwischen einem konformen und einem kontraformen Kontakt?

Lösung: Beim *konformen Kontakt* schmiegen sich die berührenden Oberflächen aneinander an, so dass die Last auf einer relativ großen Fläche getragen wird. Die Krümmungsradien der sich berührenden Körper sind nahezu gleich groß oder gleich groß und die Mittelpunkte der Krümmungsradien im Kontaktbereich liegen auf der gleichen Seite in unmittelbarer Nähe zueinander.

Bei einem *kontraformen Kontakt* können die Krümmungsradien im Kontaktbereich annähernd gleich groß, aber auch stark unterschiedlich sein und die Mittelpunkte der Krümmungsradien im Kontaktbereich sind sowohl auf den unterschiedlichen Seiten als auch auf der gleichen Seite des Kontaktes anzutreffen (Abb. 10.1).

Bei *konformen Kontakten* ist die Berührungsfläche bei gleicher Belastung sehr viel größer. Es liegt Flächenberührung vor, was sich in einer deutlich geringeren Flächenpressung bemerkbar macht. Die lasttragende Kontaktfläche bleibt nahezu konstant, wenn die Last wächst.

Bei *kontraformen Kontakten* entstehen nur kleine Berührungsflächen. Die Kontaktfläche ist hier typischerweise wesentlich kleiner als beim konformen Kontakt

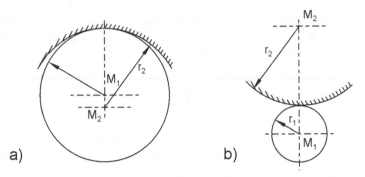

Abbildung 10.1. Kontaktverhältnisse. a) konformer Kontakt, b) kontraformer Kontakt

und vergrößert sich mit zunehmender Last deutlich. Es tritt Linien- oder Punktberührung auf, so dass hier eine wesentlich höhere Flächenpressung als bei den konformen Kontakten vorliegt. Kontraforme Kontakte werden häufig als Hertz'sche Kontakte bezeichnet.

Typisch für einen konformen Kontakt ist beispielsweise die Kontaktstelle zwischen Lagerschale und Welle bei einem Gleitlager. Kontraforme Kontakte finden wir z. B. zwischen dem Lagerinnenring und der Zylinderrolle bei einem Zylinderrollenlager oder zwischen den Zahnflanken von Ritzel und Rad bei einem Zahnradgetriebe.

7) Welche Art von Kontaktflächen werden unterschieden?

Lösung: Bei den Kontaktflächen wird in erster Linie zwischen den nominellen Kontaktflächen und den realen Kontaktflächen unterschieden. Die nominelle Kontaktfläche A_a entspricht der makroskopischen Kontaktfläche der sich berührenden Körper, z. B. der Berührfläche $a \cdot b$ eines Quaders auf einer Ebene oder der Hertz'schen Kontaktfläche zwischen einem Zylinder und einer Ebene.

Reale Kontaktflächen treten auf, wenn sich die Reibkörper innerhalb der nominellen Kontaktfläche an den Rauheiten berühren. Da die reale Kontaktfläche je nach Anwendungsfall, Belastung und Oberflächentopographien wesentlich kleiner ist als die nominelle Kontaktfläche (A_r ungefähr 10^{-1} bis $10^{-4} \cdot A_a$) sind auch die realen Flächenpressungen in den Rauheitskontakten der realen Kontaktfläche wesentlich höher als die nominelle Pressung der nominellen Kontaktfläche. Aufgrund der hohen Flächenpressungen in den realen Kontaktflächen finden hier sehr häufig plastische Verformungen statt. Reale Kontaktflächen spielen vor allem bei Festkörper-, Grenz- und Mischreibung für die auftretende Reibung und den entstehenden Verschleiß eine wichtige Rolle.

8) Was bedeuten die Schmierspalthöhe-Rauheits-Verhältnisse $\Lambda \geq 3$, $\Lambda < 3$ und $\Lambda < 1$?

Lösung: Das Schmierspalthöhe-Rauheits-Verhältnis kann bestimmt werden aus:

$$\Lambda = \frac{h_{\min}}{\left(Rq_1^2 + Rq_2^2\right)^{1/2}}$$

Wird angenommen, dass die Amplitudendichtekurven der Rauheiten von Grund- und Gegenkörper jeweils normal verteilt sind, was näherungsweise bei geschliffenen Oberflächen zutrifft, dann liegt bei $\Lambda \geq 3$ Flüssigkeitsschmierung vor. In diesem Fall werden die Oberflächen vollkommen von einem Schmierfilm getrennt. Rauheitskontakte finden nicht statt. Bei Teilschmierungsbedingungen bzw. Mischreibung weist das Schmierspalthöhe-Rauheits-Verhältnis einen Wert von $\Lambda < 3$ auf. Bei $\Lambda < 1$ treten Grenzreibungsbedingungen auf.

9) Welche Reibungszustände werden in der Stribeck-Kurve dargestellt?

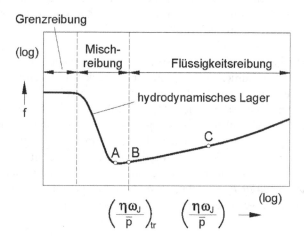

Abbildung 10.2. Stribeck-Kurve (schematisch). f Reibungszahl, η Schmierstoffviskosität, ω_J Winkelgeschwindigkeit der Welle, $\overline{p}$ spezifische Lagerbelastung, $\eta\omega/\overline{p}$ bezogener Reibungsdruck, $(\eta\omega_J/\overline{p})_{tr}$ bezogener Reibungsdruck beim Übergang von Misch- zur Flüssigkeitsreibung

Lösung: In der in Abb. 10.2 dargestellten Stribeck-Kurve, in der die Reibungszahl f in Abhängigkeit des bezogenen Reibungsdrucks $\eta \cdot \omega_J/\overline{p}$ doppelt logarithmisch aufgetragen ist, sind die Bereiche Grenz-, Misch- und Flüssigkeitsreibung aufgezeigt. Bei Grenzreibung sind die Oberflächen mit einem molekularen Schmierfilm bedeckt, so dass der adhäsive Reibungsanteil relativ gering ist. Die hydrodynamische Wirkung des Schmierstoffs ist jedoch vernachlässigbar, weil die Geschwindigkeit sehr klein ist. Bei Flüssigkeitsreibung sind die Oberflächen durch einen Schmierfilm vollständig voneinander getrennt. Rauheitskontakte treten nicht auf. Bei Mischreibung liegt eine Mischform der Reibungszustände Grenz- und Flüssigkeitsreibung vor.

10) Wie verändert sich bei Mischreibung die Reibungszahl, wenn bei konstanter Drehzahl und konstanter Belastung die Viskosität erhöht wird und was passiert unter den gleichen Bedingungen bei Flüssigkeitsreibung?

Lösung: Bei Mischreibung fällt die Reibungszahl mit wachsendem bezogenen Reibungsdruck $\eta \cdot \omega_{\mathrm{j}}/\overline{p}$ ab. Wenn die Viskosität η vergrößert wird, vergrößert sich auch der bezogene Reibungsdruck $\eta \cdot \omega_{\mathrm{j}}/\overline{p}$. Das bedeutet, dass bei Mischreibung die Reibungszahl mit zunehmender Viskosität abfällt.

Bei Flüssigkeitsreibung steigt die Reibungszahl mit zunehmendem bezogenem Reibungsdruck $\eta \cdot \omega_{\mathrm{j}}/\overline{p}$ an. Da mit steigender Viskosität der bezogene Reibungsdruck $\eta \cdot \omega_{\mathrm{j}}/\overline{p}$ zunimmt, wird die Reibungszahl mit steigender Viskosität im Flüssigkeitsbereich anwachsen.

11) Wie verändert sich die Reibungszahl bei Misch- und Flüssigkeitsreibung, wenn die spezifische Lagerbelastung bei konstanter Viskosität, konstanter Drehzahl und konstanter Geometrie vergrößert wird?

Lösung: Durch eine Vergrößerung der spezifischen Lagerbelastung verkleinert sich der bezogene Reibungsdruck $\eta \cdot \omega_{\mathrm{j}}/\overline{p}$. In der Stribeck-Kurve vergrößert sich deshalb im Mischreibungsgebiet die Reibungszahl f, während sie im Flüssigkeitsreibungsgebiet kleiner wird. Das bedeutet aber nicht zwangsläufig, dass im Flüssigkeitsreibungsgebiet bei sinkender Reibungszahl auch die Reibung geringer wird. Weil die Reibungszahl das Verhältnis aus Reibungskraft und Normalkraft darstellt bzw. die Reibungskraft aus $F_f = f \cdot F_{\mathrm{n}}$ bestimmt wird, kann es durchaus sein, dass die Reibungskraft F_f bei größer werdender spezifischer Lagerbelastung $\overline{p}$, d. h. bei wachsender Normalkraft F_{n}, ansteigt, obwohl die Reibungszahl f absinkt. Dies ist immer dann der Fall, wenn der Abfall der Reibungszahl geringer ist als der Anstieg der Normalkraft.

12) Bei welchen Bedingungen tritt Stick-Slip auf?

Lösung: Stick-Slip tritt dann auf, wenn

- einer der beiden Reibkörper oder beide Reibkörper in einem schwingungsfähigen System integriert sind

- die Systemdämpfung relativ gering ist

- die Abhängigkeit der Reibungskraft F_f von der Relativgeschwindigkeit Δv eine negative Steigung aufweist (Abb. 10.3)

13) Mit welchen Maßnahmen können Stick-Slip vermieden bzw. die Auswirkungen von auftretenden Stick-Slip-Schwingungen (Reibungsschwingungen) verringert werden?

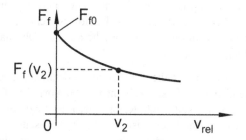

Abbildung 10.3. Reibungskennlinie mit negativer Steigung

Lösung: Durch folgende Maßnahmen können Stick-Slip unterbunden bzw. die auftretenden Reibungsschwingungen verkleinert werden:

- Reibungskennlinie (Reibungskraft in Abhängigkeit von der Relativgeschwindigkeit) mit waagerechtem Verlauf oder besser mit positiver Steigung (Abb. 10.4)
- Verbesserung der Schmierungsbedingungen, um bei vorhandener Mischreibung in die Flüssigkeitsreibung zu kommen
- Absenken des Reibungsniveaus
- Erhöhen der Systemdämpfung
- Erhöhen der Systemsteifigkeit

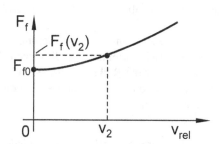

Abbildung 10.4. Reibungskennlinie mit positiver Steigung

14) Unter welchen Bedingungen tritt Verschleiß auf?

Lösung: Bei der Paarung von belasteten Reibkörpern ohne Zwischenstoff (Schmierstoff) führt Festkörperkontakt zu hohen Beanspruchungen in und unterhalb der realen Kontaktflächen und zum Aufbau von adhäsiven Bindungen. Bei Relativbewegung kann es bei Festkörperreibung aufgrund von Abrasion zu Stoffverlust in

Form von Verschleißteilchen kommen, die zusätzlich abrasiv wirken können. Außerdem können Stoffüberträge infolge von Adhäsion zwischen den Reibkörpern und Rissbildung und daraus resultierende Ausbrüche aus den Oberflächen infolge von Ermüdung Verschleiß verursachen.

Schon das Vorhandensein einer die Reibkörper bedeckenden, jedoch noch nicht vollkommen trennenden Schmierstoffschicht ist von Vorteil in Bezug auf die Reduzierung der Adhäsion zwischen den Reibkörpern. Es liegt dann der Zustand der Grenzreibung oder der Zustand der Mischreibung mit wesentlich geringerem Verschleiß vor. Selbst bei vollkommener Trennung der Reibkörper durch den Schmierstoff können Ermüdung und eventuell im Schmierspalt auftretende Kavitation in den belasteten Reibkörperbereichen zu Stoffverlust führen.

15) Welche Auswirkungen hat der Verschleiß auf die Nutzung von Maschinen, Fahrzeugen usw.?

Lösung: Tritt fortwährend Verschleiß in Form von Abtrag an den Reibelementen auf, wird nach einer bestimmten Zeit ein Grenzwert erreicht, und zwar die sogenannte Verschleiß-Lebensdauer, ab dem die Reibpaarung gegebenenfalls ersetzt werden muss. Bestimmend für die Lebensdauer ist der Verlauf der Abtragshöhe h_w über der Beanspruchungsdauer (Reibungszeit t), der jedoch beim Vergleich mehrerer gleicher und gleichbeanspruchter Reibelemente einer Streuung unterliegt (Abb. 10.5), und die zulässige Verschleißhöhe h_{wzul}. Mit der sogenannten γ-prozentualen Lebensdauer kann die Wahrscheinlichkeit des Ausfalls der Reibpaarung erfasst werden.

16) Welche wesentlichen Aufgaben haben Schmierstoffe zu erfüllen?

Lösung: Schmierstoffe dienen in erster Linie der Reduzierung von Reibung und Verschleiß in der Reibpaarung, was sich vorteilhaft auf die Lebensdauer auswirkt. Oft spielt auch die Fähigkeit zur Abfuhr der Reibungswärme eine Rolle. Der Schmierstoff kann ferner der Abdichtung und dem Korrosionsschutz dienen und zum Austrag von Verschleißteilchen beitragen.

17) Warum kommen eine relativ große Anzahl von verschiedenen Schmierstoffen zur Anwendung?

Lösung: Insbesondere die Art des Kontaktes der Reibpaarung (konformer oder kontraformer Kontakt), die im Kontakt auftretenden mechanischen, thermischen und chemischen Beanspruchungen, die Werkstoffe der Reibkörper sowie die Betriebs- und Umgebungsbedingungen erfordern das Anpassen des Schmierstoffes, der meistens als Schmieröl oder Schmierfett, aber auch als Festschmierstoff vorliegt und in Spezialanwendungen gasförmig sein kann.

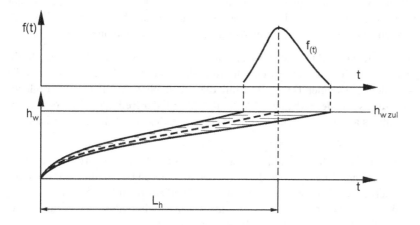

Abbildung 10.5. Verschleißhöhe h_w und Verteilungsdichte $f(t)$ mehrerer gleicher und gleichartig beanspruchter Reibelemente in Abhängigkeit von der Reibungszeit. h_{wzul} zulässige Verschleißhöhe, L_h mittlere Lebensdauer

18) Welche Einflussgrößen bestimmen die Tragfähigkeit einer geschmierten Reibpaarung bei hydrodynamischer Schmierung, gegebener Geometrie und vorliegenden Oberflächenrauigkeiten?

Lösung: Um eine geforderte Belastbarkeit bzw. Tragfähigkeit einer geschmierten Reibpaarung bei gegebener Geometrie und vorliegenden Oberflächenrauigkeiten garantieren zu können, sind die im Kontakt im Betrieb auftretende Schmierstoff-Viskosität und die mittlere Fördergeschwindigkeit des Schmierstoffs in den sich verengendem Schmierspalt so abzustimmen, dass eine minimale Schmierspalthöhe h_{min} noch ohne Festkörperkontakt an den Rauheiten vorliegt. Das Schmierspalt-Rauheits-Verhältnis

$$\Lambda = \frac{h_{min}}{\left(Rq_1^2 + Rq_2^2\right)^{1/2}}$$

sollte mindestens 3 betragen.

19) Welche Einflussgrößen bestimmen die Tragfähigkeit bei elasto- hydrodynamischer Schmierung (EHD) bei verschieden großer Verformbarkeit der Reibkörper?

Lösung: Eine „harte EHD" liegt vor, wenn die Reibkörper infolge ihrer hohen Härte und ihres hohen E-Moduls nur eine geringe elastische Formänderung aufweisen. Wegen der geringen elastischen Verformung ist die Kontaktfläche sehr klein und die entstehende Pressung sehr groß. Dadurch wird eine druckabhängige Viskositätssteigerung des Schmierstoffs bewirkt. Maßgebend sind die Schmierstoff-Viskosität mit dem Druck-Viskositäts-Koeffizienten, die mittlere Fördergeschwindigkeit und der reduzierte Elastizitäts-Modul der Reibkörper, um bei einer geforderten Tragkraft eine gewünschte minimale Schmierspalthöhe garantieren zu können.

Bei der „weichen EHD" sind die Härte und der E-Modul zumindest eines Reibkörpers gering. Demzufolge werden die Kontaktfläche beträchtlich größer und die Pressung deutlich kleiner. Dadurch entfällt die Druckabhängigkeit der Viskosität des Schmierstoffes und der reduzierte Elastizitäts-Modul der Reibkörper übt einen größeren Einfluss auf die Tragfähigkeit des Schmierspaltes aus als bei „harter EHD".

20) Wie verändert sich die minimale Schmierfilmdicke h_{min} bei hydrodynamischen, elasto-hydrodynamischen und hydrostatischen Schmierungsverhältnissen, wenn die Last halbiert wird und dabei die Geometrie, die Werkstoffe und der Schmierstoff sowie die hydrodynamisch wirksame Geschwindigkeit v und die Schmierstoffviskosität im Schmierfilm konstant sind?

Lösung

a) Hydrodynamik (HD)

Bei hydrodynamischen Schmierungsverhältnissen gilt:

$$h_{min} \sim F_n^{-0,5} \quad \text{bzw.} \quad \frac{h_{min2}}{h_{min1}} = \left(\frac{F_{n1}}{F_{n2}} \right)^{0,5}$$

Wenn $F_{n2} = 0,5 F_{n1}$ ist, folgt daraus: $h_{min2} = 1,41 h_{min1}$

b) Elasto-Hydrodynamik (EHD)

Bei einem elliptischen Kontakt gilt bei elasto-hydrodynamischen Schmierungsverhältnissen:

$$h_{min} \sim F_n^{-0,073} \quad \text{bzw.} \quad \frac{h_{min2}}{h_{min1}} = \left(\frac{F_{n1}}{F_{n2}} \right)^{0,073}$$

Wenn $F_{n2} = 0,5 F_{n1}$ ist, folgt daraus: $h_{min2} = 1,05 h_{min1}$

c) Hydrostatik (HS)

Bei hydrostatischen Schmierungsverhältnissen gilt:

$$h_{min} \sim (F_n)^{-0,33} \quad \text{bzw.} \quad \frac{h_{min2}}{h_{min1}} = \left(\frac{F_{n1}}{F_{n2}} \right)^{0,33}$$

Wenn $F_{n2} = 0,5 F_{n1}$ ist, folgt daraus: $h_{min2} = 1,26 h_{min1}$

Eine Halbierung der Belastung hat bei elasto-hydrodynamischer Schmierung nur einen sehr geringen Einfluss auf die Schmierfilmdicke. Wenn die absolute Änderung der minimalen Schmierfilmdicken betrachtet wird, fällt diese beim EHD-Kontakt kaum ins Gewicht, da bei EHD-Schmierung die minimalen Schmierfilmdicken in der Größe von 1 μm oder kleiner liegen. Bei hydrodynamischer Schmierung mit minimalen Schmierfilmdicken von > 5 μm sind die absoluten Schmierfilmänderungen infolge von Laständerungen wesentlich größer.

21) Wie verändern sich die Schmierfilmdicken zwischen den Wälzkörpern und den Lagerringen in einem Wälzlager, wenn zum einen der Innenring bei stehendem Außenring und zum anderen der Außenring bei stehendem Innenring jeweils mit der gleichen Drehzahl in der gleichen Richtung angetrieben wird?

Lösung: Die Schmierfilmdicke ist in Wälzlagern von der hydrodynamisch wirksamen Fördergeschwindigkeit $\bar{v}$ des Schmierstoffs in den engsten Schmierspalt abhängig. Für die hydrodynamisch wirksamen Geschwindigkeiten an den Kontaktstellen am Innenring und am Außenring gelten:

$$\bar{v}_I = \frac{1}{2}\left[R_I\left(\omega_I - \omega_K\right) + \frac{D_W}{2}\omega_W\right]$$

$$\bar{v}_A = \frac{1}{2}\left[R_A\left(\omega_K - \omega_A\right) + \frac{D_W}{2}\omega_W\right]$$

mit

$$\omega_K = \frac{1}{2}\left[\left(1 - \frac{D_W}{D_{pw}}\right)\omega_I + \left(1 + \frac{D_W}{D_{pw}}\right)\omega_A\right]$$

$$\omega_W = \left(\frac{D_{pw}}{D_W} - \frac{D_W}{D_{pw}}\right)\frac{\omega_A - \omega_I}{2}$$

Index I: Innenring, Index A: Außenring, Index K: Käfig, Index W: Wälzkörper, Index pw: Teilkreis

Fall 1: $\omega_I = \omega$ und $\omega_A = 0$

$$\bar{v}_{I1} = \frac{1}{2}\left[\frac{R_I}{2}\omega + \frac{R_I}{2}\frac{D_W}{D_{pw}}\omega - \frac{D_W}{4}\left(\frac{D_{pw}}{D_W} - \frac{D_W}{D_{pw}}\right)\omega\right]$$

$$\bar{v}_{A1} = \frac{1}{2}\left[\frac{R_A}{2}\omega - \frac{R_A}{2}\frac{D_W}{D_{pw}}\omega - \frac{D_W}{4}\left(\frac{D_{pw}}{D_W} - \frac{D_W}{D_{pw}}\right)\omega\right]$$

Fall 2: $\omega_I = 0$ und $\omega_A = \omega$

$$\bar{v}_{I2} = \frac{1}{2}\left[-\frac{R_I}{2}\omega - \frac{R_I}{2}\frac{D_W}{D_{pw}}\omega + \frac{D_W}{4}\left(\frac{D_{pw}}{D_W} - \frac{D_W}{D_{pw}}\right)\omega\right]$$

$$\bar{v}_{A2} = \frac{1}{2}\left[-\frac{R_A}{2}\omega + \frac{R_A}{2}\frac{D_W}{D_{pw}}\omega + \frac{D_W}{4}\left(\frac{D_{pw}}{D_W} - \frac{D_W}{D_{pw}}\right)\omega\right]$$

Beim Vergleich von

$$\bar{v}_{I1} \text{ und } \bar{v}_{I2} \text{ bzw. von } \bar{v}_{A1} \text{ und } \bar{v}_{A2} \text{ fällt auf, dass}$$
$$\bar{v}_{I1} = -\bar{v}_{I2} \text{ und } \bar{v}_{A1} = -\bar{v}_{A2} .$$

Außerdem sind die hydrodynamisch wirksamen Fördergeschwindigkeiten an den Kontaktflächen Innenring / Wälzkörper und Außenring / Wälzkörper immer gleich groß, da $R_I(\omega_I - \omega_K) = R_A(\omega_K - \omega_A) = D_W\omega_W/2$. Das bedeutet, dass $\bar{v}_I = \bar{v}_A = D_W\omega_W/2$.

Anders sehen die Verhältnisse in den beiden Fällen aus, wenn zum einen die Umfangsgeschwindigkeit v_I bei stillstehendem Außenring ($v_I = v$ und $v_A = 0$) und zum anderen die Umfangsgeschwindigkeit v_A bei stillstehendem Innenring ($v_I = 0$ und $v_A = v$) gleich groß sind. Im ersten Fall sind die hydrodynamisch wirksamen Fördergeschwindigkeiten größer als im zweiten Fall. Im zweiten Fall sind ω_A und damit ω_W kleiner als im ersten Fall.

22) Wie groß sind die hydrodynamisch wirksame Fördergeschwindigkeit $\bar{v}$ und die Relativgeschwindigkeit Δv im Wälzpunkt C einer Evolventenverzahnung?

Lösung

a) Die hydrodynamisch wirksame Geschwindigkeit $\bar{v}$, mit der der Schmierstoff in den engsten Spalt gefördert wird, beträgt im Wälzpunkt C:

$$\bar{v} = \frac{1}{2}\left[(r_{w1}\sin\alpha_w)\,\omega_1 + (r_{w2}\sin\alpha_w)\,\omega_2\right]$$

mit $r_{w1/2}$ Betriebswälzkreisradius von Ritzel bzw. Rad
    $\omega_{1/2}$ Winkelgeschwindigkeit von Ritzel bzw. Rad
    α_w Betriebseingriffswinkel

Wenn keine Profilverschiebung vorliegt, wird $\alpha_w = \alpha = 20°$ und $r_{w1} = r_1$ bzw. $r_{w2} = r_2$, so dass dann gilt:

$$\bar{v} = \frac{1}{2}\left[(r_1\sin 20°)\,\omega_1 + (r_2\sin 20°)\,\omega_2\right]$$

Bei $i = 1$ und keiner Profilverschiebung wird $r_1 = r_2$ und $\omega_1 = \omega_2$.

Daraus ergibt sich:

$$\bar{v} = r_1\omega_1\sin 20°$$

b) Die Relativgeschwindigkeit Δv beläuft sich im Wälzpunkt C auf:

$$\Delta v = 0$$

23) Wie wirkt sich Teilschmierung auf Reibung und Verschleiß aus?

Lösung: Bei Teilschmierung, d. h. bei unvollständiger Trennung der Reibflächen durch einen Schmierstoff, treten die Zustände der hydrodynamischen bzw. elasto-hydrodynamischen Schmierung und der Grenzschmierung gleichzeitig auf, was als Teilschmierung bezeichnet wird. Je nach Größe der Beanspruchung und der vorliegenden Oberflächenrauigkeiten kann sich die Grenzschmierung nur auf wenige Rauheitskontakte an den höchsten Rauheiten oder auf größere Bereiche im Schmierspalt erstrecken. Mit zunehmendem Anteil an Grenzschmierung steigen Reibung und Verschleiß an.

24) Was versteht man unter Trockenschmierung?

Lösung: Unter Trockenschmierung versteht man die Schmierung mit Festschmierstoffen (z. B. Graphit, MoS_2 oder PTFE), die Schmierung durch das Aufbringen von leicht verformbaren metallischen und nichtmetallischen Schichten sowie die Bildung von Reaktionsschichten auf den Reibkörperoberflächen. Dadurch werden Reibung und Verschleiß reduziert. Auch sogenannte Gleitlacke, die einen hohen Anteil von Festschmierstoffen enthalten, erfüllen diese Aufgabe (Abb. 10.6).

Abbildung 10.6. Trockenschmierung mittels Gleitlack a) Phosphatschicht (3 μm), b) Binder, c) Festschmierstoff, d) Grundmetall

25) Welche physikalischen Schmierstoffeigenschaften lassen sich quantitativ erfassen bzw. berechnen?

Lösung: Bei flüssigen und konsistenten Schmierstoffen ist das rheologische Verhalten durch entsprechende Messgeräte erfassbar. Leicht zugängig ist bei Newtonschen Flüssigkeiten die Viskosität η in Abhängigkeit von der im Schmierspalt vorliegenden Scherspannung τ und der Scherrate $D = \Delta v / h$, da die Viskosität hier den Proportionalitätsfaktor zwischen der Scherspannung und der Scherrate darstellt ($\tau = \eta D$). Bei den anderen Flüssigkeiten lässt sich die Abhängigkeit der Viskosität von der Scherrate in der Regel empirisch ermitteln und mittels einer Näherungsgleichung quantitativ beschreiben. Die Abhängigkeit der Viskosität, der Dichte und der spezifischen Wärme des Schmierstoffs von Druck und Temperatur lassen sich ebenfalls empirisch bestimmen und mit Hilfe von Näherungsgleichungen darstellen. Quantitativ bestimmbar sind ferner mittels Versuchen der Flammpunkt und der Fließpunkt des Schmierstoffs. Chemische oder tribologische Eigenschaften, wie z. B. Kälteverhalten, Alterungsstabilität, Korrosionsverhalten, Fress- und Verschleißverhalten usw., lassen sich zwar mittels Versuchen erfassen, jedoch in der Regel nicht mit Näherungsgleichungen abbilden.

26) In welcher Weise wirken sich Temperatur- und Druckerhöhungen auf die Viskosität aus?

Lösung: Die Viskosität nimmt näherungsweise exponentiell mit der Temperatur ab und näherungsweise exponentiell mit dem Druck zu.

27) Wie unterscheiden sich ein Newtonscher und ein pseudoplastischer Schmierstoff bei gleicher Scherrate im Parallelspalt hinsichtlich der Reibung?

Lösung: Der pseudoplastische Schmierstoff weist gegenüber dem Newtonschen bei gleicher Scherrate $D = \Delta v/h$ mit der Relativgeschwindigkeit Δv und der Schmierspalthöhe h eine geringere Schubspannung auf und führt demzufolge, entsprechend $F_R = \tau \cdot A$, zu einer niedrigeren Reibungskraft (A = nominelle Reibfläche).

28) Warum werden den meisten flüssigen Schmierstoffen noch Additive hinzugefügt?

Lösung: Schmierstoffe haben neben der wesentlichen Aufgabe, eine hohe Belastbarkeit der Schmierstelle bei niedriger Reibung zu gewährleisten, beispielsweise auch Forderungen hinsichtlich Viskositäts-Temperatur-Verhalten, Kälteverhalten, Alterungsstabilität, Verschleißverhalten und Korrosionsschutz zu erfüllen. Dieses lässt sich mit Additiven realisieren. Mit Additiven kann auch die Reinhaltung des Schmierfilms und das Unterdrücken einer Schaumbildung erreicht werden.

29) Welche Möglichkeiten des Umweltschutzes beim Gebrauch von geschmierten Maschinen und Geräten in der freien Natur gibt es?

Lösung: Sofern beim Betrieb technischer Einrichtungen – Fahrzeuge und Geräte der Land- und Forstwirtschaft und die im Kontakt mit Flüssen und Gewässern stehende Fahrzeuge – ein Schmierstoffverlust nicht vollkommen vermieden werden kann, sind heute sogenannte umweltverträgliche Schmierstoffe im Einsatz. Eine Anzahl nativer und synthetischer Öle haben die Fähigkeit der schnellen biologischen Abbaubarkeit, d. h. der molekularen Auflösung durch Bakterienbefall in der umgebenden Natur. Die aus Gründen der höheren Belastbarkeit additivierten Schmierstoffe erfüllen die Forderungen der Umweltverträglichkeit häufig nicht.

11 Lagerung, Gleitlager, Wälzlager

11.1 Aufgaben zu Lagerungen

1) Was wird unter einem „Festlager" verstanden?

Lösung: Der Begriff „Festlager" umschreibt ein Lager (Gleit- oder Wälzlager) an dem sowohl radiale als aus axiale Kräfte abgestützt werden. Es wird angestrebt möglichst statisch bestimmte Lageranordnungen aufzubauen. Dabei kommt in der einfachsten Anordnung ein Festlager und ein sog. Loslager zum Einsatz.

2) Was wird unter einem „Loslager" verstanden?

Lösung: Der Begriff „Loslager" beinhaltet ein Lager, das eine Welle radial stützt aber axial eine (mögliche) Verschiebung zulässt. Loslager werden benötigt um sicherzustellen, dass keine Zwangskräfte in axialer Richtung der Welle auftreten, wie sie z.B. durch unterschiedliche thermische Ausdehnungen der beteiligten Bauteile auftreten können.

3) Welche Eigenschaften sind mit einer angestellten Lagerung verbunden?

Lösung: Bei einer angestellten Lagerung trägt jeweils ein Lager die Axialkraft in einer Richtung, in der entgegen gesetzten Richtung nimmt das andere Lager die Kraft auf. Angestellte Lagerungen müssen eingestellt werden und können mit kleinem Spiel oder Vorspannung betrieben werden.

4) Welche Gründe gibt es eine Lagerung vorzuspannen?

Lösung: Mit der Vorspannung einer Lageranordnung wird Spielfreiheit erreicht, was für bestimmte Aufgabenstellungen unbedingt notwendig ist. Bei radial oder durch Kippmomente hoch belasteten Lagern kann dadurch die Belastung auf mehr Wälzkörper verteilt werden, wodurch die maximale Kontaktbelastung sinkt und die Ermüdungslebensdauer steigt. Außerdem ist es möglich, bei Lagern, die dauernd oder zeitweise nur geringen äußeren Kräften ausgesetzt sind, eine Mindetbelastung sicherzustellen. Die Vorspannung erhöht auch die Steifigkeit der Lagerung, da in den Wälzkörperkontakten ein nichtlinearer Kraft-Verformungszusammenhang gegeben ist. Für hochgenaue Wellenlagerungen ist die Vorspannung immer erforderlich.

5) Welche Lageranordnungen werden üblicher Weise eingesetzt?

Lösung: Eine statisch bestimmte Lageranordnung ergibt sich aus einem Fest- und einem Loslager zur Stützung einer Welle. Bei angestellten Lagerungen wird zwischen der sog. X- und O- Anordnung unterschieden. Die Bezeichnung leitet sich daraus ab, dass die Kontaktnormalen bei Betrachtung der Lagerung im Schnittbild eine Figur vergleichbar X bzw. O bilden. Eine weitere Lageranordnung ist die „schwimmende Lagerung", bei der in axialer Richtung ein Spiel vorgesehen wird und die Axialkraft je nach Richtung an dem einen Lager bzw. am gegenüber liegenden Lager abgestützt wird.

6) Wie sollten Lagerringe auf der Welle bzw. im Gehäuse axial festgelegt werden?

Lösung: Wälzlagerringe (vom Grundsatz auch Gleitlagerringe) sollten grundsätzlich formschlüssig befestigt werden. Eine Befestigung über einen Presssitz wird üblicher Weise nicht als ausreichend betrachtet. Ein Wandern des Ringes in axialer Richtung wäre dann nicht ausgeschlossen.

7) Wie groß ist der rechnerisch zu berücksichtigende Lagerabstand bei einer O- Anordnung?

Lösung: Bei einer O-Anordnung ergibt sich der in der Berechnung zu berücksichtigende Lagerabstand aus der Summe des geometrischen Mittenabstandes der Lager plus der Strecke aus dem Schnittpunkt der Kontaktnormalen eines Lagers zur Lagermitte. Im Falle der O- Anordnung wird demzufolge der zu berücksichtigende Lagerabstand größer als der Mittenabstand der beiden Lager. Bei der X- Anordnung wird aus diesem Grund der rechnerische Lagerabstand kleiner als der geometrische Mittenabstand der Lager.

8a) Skizzieren Sie eine fliegende und eine beidseitige Lagerung für eine Welle mit einer Riemenscheibe.

8b) Welche Lageranordnung - fliegend oder beidseitig - ist hinsichtlich der Lagerbelastung günstiger?

8c) Mit welcher Lageranordnung lässt sich eine außerhalb der beiden Lager angreifende Kraft am besten stützen?

Lösung: Siehe Abb. 11.1. Die beidseitige Lagerung ist hinsichtlich der Lagerbelastung günstiger, da sich hier die Reaktionskräfte des Riemenzuges gleichmäßiger auf die beiden Lagerstellen verteilen. Bei der fliegenden Lagerung ist die Kraft auf dem Lager, das der Riemenscheibe am nächsten liegt, wesentlich höher als die Resultierende aus dem Riemenzug.

Mit einer O- Anordnung können günstiger Momente abgestützt werden, da der rechnerische Lagerabstand bei gleicher geometrischer Anordnung der Lager größer ist als bei einer Fest-Los-Lagerung und viel größer als bei einer X- Anordnung .

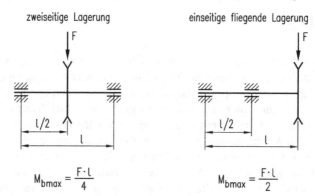

Abbildung 11.1. Zweiseitige Lagerung (links) und fliegende Lagerung (rechts)

11.2 Gleitlager

Gleitlager dienen neben den Wälzlagern zur Übertragung von Kräften von der bewegten oder stillstehenden Welle auf das stillstehende oder bewegte Gehäuse oder umgekehrt. Neben einer kompakten Bauweise spielen bei Gleitlagern auch geringe Reibung, niedrige Pumpenleistung und ein möglichst verschleißfreier Betrieb eine wesentliche Rolle. Um das zu erreichen, sind ein Verständnis über die in Gleitlagern auftretenden Mechanismen, Kenntnisse über die Zusammenhänge zwischen dem Einwirken von Beanspruchungsgrößen, wie z.B. Last, Drehzahl und Temperatur, und der daraus resultierenden Änderungen des Betriebsverhaltens und vor allem eine korrekte Auslegung der Gleitlager erforderlich. Erst eine einwandfreie Lagerauslegung gibt Auskunft darüber, ob Flüssigkeits- oder Mischreibung vorliegt, wieviel Sicherheitsreserven im Lager vorhanden sind, wie groß die sich einstellenden Temperaturen sind, wie hoch die Reibungsleistung und der erforderliche Schmierstoffdurchsatz sind usw.

11.2.1 Verständnisfragen

a) Welche Voraussetzungen müssen für die Druckentwicklung bei der hydrodynamischen, welche bei der hydrostatischen Schmierung von Gleitlagern gegeben sein?

Lösung: Um einen Druck im Schmierspalt zu erzeugen, werden ein Drosselquerschnitt (Strömungswiderstand), eine Schmierstoffförderung in Richtung des Drosselquerschnitts und ein viskoser Schmierstoff benötigt. Die Höhe des Druckes korreliert mit der Lagerbelastung, d. h. je höher die Belastung, desto höher ist der Druck.

Bei der hydrodynamischen Schmierung wird die Förderung des viskosen und an den Lagerelementen haftenden Schmierstoffs in Richtung des Drosselquerschnitts (engster Schmierspalt) durch die Lagerelemente (Welle und Schale bei Radialgleitlagern bzw. Spurscheibe bei Axialgleitlagern) realisiert. Beim Radialgleitlager wird der sich verengende Spalt durch die Exzentrizität der Welle in der Lagerschale verwirklicht. Beim Axialgleitlager sind konstruktiv durch Keilflächen oder kippbewegliche Gleitschuhe diese Voraussetzungen zu erfüllen.

Die hydrostatische Schmierung ist durch eine externe unter Druck stehende Schmierstoffzufuhr mittels einer Pumpe gekennzeichnet. Der Drosselquerschnitt wird durch die Stege und die Gegenlauffläche (Welle bei Radialgleitlagern und Spurscheibe bei Axialgleitlagern) gebildet.

b) Welche Eigenschaften sind für die Gleitlagerwerkstoffe erforderlich?

Lösung: Gleitlagerwerkstoffe sollten folgende allgemeinen Eigenschaften besitzen:

– ausreichende Festigkeit

– Widerstandsfähigkeit gegen Korrosion und Kavitation

- chemische Beständigkeit gegen Schmierstoffe, Additive und aggressive Stoffe aus der Umgebung

- hohe Wärmeleitfähigkeit

- geringe Wärmedehnung und Quellneigung

Darüber hinaus sind folgende Gleiteigenschaften wichtig:

- gute Benetzbarkeit und hohe Kapillarität

- Notlaufeigenschaften bei Versagen der Schmierstoffversorgung

- geringe Adhäsionsneigung

- gutes Einlaufverhalten

- Einbettungsfähigkeit

- hohe Verschleißfestigkeit

c) Warum ist die Paarung von Werkstoffen mit unterschiedlicher Härte von Vorteil?

Lösung: Bei Relativgeschwindigkeit – gleich Gleitgeschwindigkeit – zwischen den Elementen eines Gleitlagers treten für die Gleitpartner unterschiedliche Belastungsfälle auf, und zwar stillstehende oder wandernde Lastvektoren. Der Gleitpartner mit wanderndem Lastvektor – auch als Umfangslast bezeichnet – sollte entsprechend der dynamischen Beanspruchung die höhere Festigkeit, ausgedrückt als Härte-Elastizitätsmodul-Verhältnis aufweisen. Es betrifft dies meistens die Welle bzw. die Spurscheibe. Der Gleitpartner mit stillstehendem Lastvektor – auch als Punktlast bezeichnet – wird in der Regel den Gleitwerkstoff mit der im Vergleich geringeren Festigkeit aufweisen. Empfohlen wird:

$$(H/E)_{\text{Umfangslast}} = 1{,}5 \ldots 2 (H/E)_{\text{Punktlast}}$$

d) Wie kann für ein Radialgleitlager mit vorgegebenem D, B/D, $h_{\min}$ und ε eine Steigerung der Tragkraft erreicht werden?

Lösung: Aus der Gleichung $h_{\min} = D/2[\psi_{\text{eff}}(1 - \varepsilon)]$ werden ψ_{eff} und mit Abb. 11.2 die Sommerfeldzahl So erhalten. Durch Umstellen der Gleichung für die Sommerfeldzahl $So = \bar{p}\psi_{\text{eff}}^2/(\eta_{\text{eff}} \cdot \omega_{\text{eff}})$ nach $\bar{p}$ ergibt sich die spezifische Lagerbelastung $\bar{p}$ und damit die Tragkraft F_{n} aus $F_{\text{n}} = \bar{p} \cdot D \cdot B$. Die Tragkraft F_{n} lässt sich steigern, wenn das Produkt aus η_{eff} und ω_{eff} vergrößert wird. Wenn die effektive Winkelgeschwindigkeit ω_{eff} konstant bleibt, dann trägt nur eine Viskositätserhöhung zu einer größeren Tragkraft bei.

e) Welche Lage nimmt der Wellen-Mittelpunkt eines vollumschlossenen Radialgleitlagers ein, wenn bei großer Tragkraft F_{n} eine kleine Winkelgeschwindigkeit ω_{eff} oder bei kleiner Tragkraft eine hohe Winkelgeschwindigkeit auftritt?

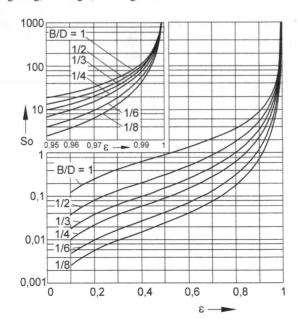

Abbildung 11.2. Sommerfeldzahl *So* für vollumschlossene Radialgleitlager in Abhängigkeit von B/D und ε

Lösung: Entsprechend der Sommerfeldzahl $So = \bar{p}\psi_{\text{eff}}^2(\eta_{\text{eff}} \cdot \psi_{\text{eff}})$ führt der erste Fall (F_n bzw. $\bar{p}$ groß und ω_{eff} klein), wenn ψ_{eff} und η_{eff} jeweils konstant bleiben, zu einem hohen Wert für die Sommerfeldzahl *So* und nach Abb. 11.2 zu einer großen Exzentrizität ε (evtl. $> 0,8$), so dass die Lage des Wellen-Mittelpunktes auf dem sogenannten „Gümbelschen Halbkreis" in Abb. 11.3 bei einem kleinen Verlagerungswinkel β (unter 30°) zu finden ist.

Der zweite Fall führt zu einer kleinen Sommerfeldzahl und zu einer kleinen Exzentrizität mit großem Verlagerungswinkel β. Der Wellen-Mittelpunkt nimmt eine Lage in Nähe des Mittelpunktes des Lagerschalendurchmessers ein.

f) Bei Lagern mit umlaufender Ringnut für die Schmierölversorgung entstehen je Lagerhälfte in axialer Richtung zwei unabhängige Druckberge. Die Berechnung des Lagers mit umlaufender Ringnut wird deshalb je Lagerhälfte mit der halben Belastung durchgeführt. Was ist bei der Bestimmung des Schmierstoffdurchsatzes und der Durchführung einer Wärmebilanz zu beachten?

Lösung: Bei Radialgleitlagern mit umlaufender Schmiernut werden die beiden seitlich der Ringnut angeordneten Lagerhälften wie 2 „einzelne" Lager behandelt.
Der erforderliche Schmierstoffdurchsatz des Gesamtlagers mit Ringnut setzt sich aus 2 Anteilen zusammen, und zwar aus dem Volumenstrom Q_3, der infolge der Druckentwicklung im Schmierfilm an beiden Seiten des Lagers aus dem Lager fließt und wieder ersetzt werden muss, und aus dem Volumenstrom Q_p, der dem Lager

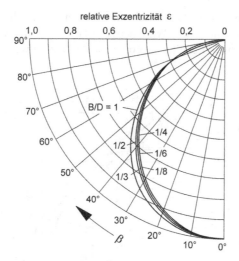

Abbildung 11.3. Verlagerungswinkel β für vollumschlossene Radialgleitlager in Abhängigkeit von B/D und ε in Anlehnung an DIN 31652

über die Ringnut zusätzlich mit dem Zuführdruck p_{en} für den Wärmetransport aus dem Lager zur Verfügung gestellt wird.

Der Volumenstrom Q_3 wird aus den pro Lagerhälfte berechneten Volumenströmen Q'_3 bestimmt, und zwar ist $Q_3 = 2Q'_3$, da 2 Lagerhälften vorliegen. Für den Volumenstrom Q'_3 darf nur der halbe Volumenstrom angesetzt werden, da der Volumemstrom, der in die Ringnut strömt, nicht aus dem Lager abfließt. Es gilt: $Q'_3 = D^3 \Psi_{eff} \omega_{eff} Q^*_3 / 2$.

g) Welche Einflussgrößen führen zur Begrenzung des zulässigen Betriebsbereiches bei wartungsfreien bzw. wartungsarmen Gleitlagern?

Lösung: Die wesentliche Begrenzung des Betriebsbereiches entspricht dem Produkt $\bar{p} \cdot U =$ konstant (Beachte die in Abb. 11.4 doppelt logarithmische Darstellung!). Entsprechend der infolge Reibung (Reibungsleistung: $P_R = F_n \cdot f \cdot v$ oder flächenspezifische Reibungsleistung: $q = (F_n / A) \cdot f \cdot v = \bar{p} \cdot f \cdot v$) entstehenden Wärmeentwicklung, die bei konstanter Reibungszahl proportional zum Produkt $\bar{p} \cdot v = \bar{p} \cdot U$ ist, und der Wärmeabgabe ist der experimentelle Verlauf $\bar{p}$ über U gegeben.

In dem Bereich, in dem das Produkt $\bar{p}U$ konstant ist, stellt die $\bar{p}U$-Kurve eine thermische Grenzkurve dar. Hier ist die Wärmeentwicklung durch Reibung gerade so groß wie die Wärmeabfuhr. Eine Leistungssteigerung ist hier durch eine bessere Kühlung möglich.

Bei kleinsten Gleitgeschwindigkeiten wird die $\bar{p}U$-Kurve durch die zulässige Belastbarkeit des Lagerwerkstoffs geprägt. Die zulässige spezifische Belastung $\bar{p}$ wird durch die Belastungsgrenze (Quetschgrenze) des Gleitlagerwerkstoffes gebildet.

Bei den größten zulässigen Gleitgeschwindigkeiten nimmt die Reibungsleistung überproportional gegenüber der Wärmeabgabe zu. Daher muss hier die Last mit steigender Gleitgeschwindigkeit überproportional reduziert werden.

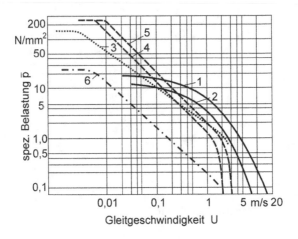

Abbildung 11.4. Zulässige Betriebsbereiche für verschiedene wartungsfreie bzw. wartungs- arme Gleitlager. 1 Gleitlager aus Sinterbronze, 2 Gleitlager aus Sintereisen, 3 metallkerami- sches Gleitlager, 4 Verbundgleitlager mit Acetalharz, 5 Verbundgleitlager mit PTFE-Schicht, 6 Vollkunststoff-Gleitlager (Polyamid). (Der zulässige Einsatzbereich liegt jeweils unterhalb der Kurve.)

11.2.2 Berechnungsbeispiele

Im Folgenden werden 4 Berechnungsbeispiele präsentiert. Die ersten 3 Beispiele beschäftigen sich mit unterschiedlichen Radialgleitlagern und das 4. Beispiel mit einem hydrodynamischen Axialgleitlager. Als Radialgleitlager werden ein hydrody- namisches Radialgleitlager mit einer Schmierstoff-Zuführbohrung, ein hydrodyna- misches Radialgleitlager mit einer Ringnut für die Schmierstoffversorgung und ein hydrostatisches Radialgleitlager mit 4 Schmierstaschen ohne Zwischennuten vorge- stellt.

Das hydrodynamische Radialgleitlager mit Ringnut und das hydrostatische Radi- algleitlager werden mit der gleichen Last und der gleichen Drehzahl beaufschlagt. Ferner sind die Lagerabmaße ähnlich. Die Ergebnisse beider Auslegungen werden miteinander verglichen.

11.2.2.1 Hydrodynamisches Radialgleitlager

Ein stationär belastetes vollumschließendes Radialgleitlager (Abb. 11.5) soll hinsichtlich seines Betriebsverhaltens und seiner Betriebssicherheit rechnerisch untersucht und überprüft werden.

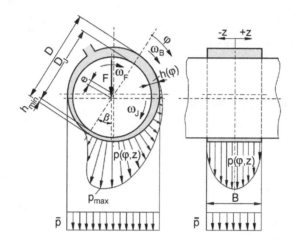

Abbildung 11.5. Hydrodynamisches Radialgleitlager

Folgende Angaben sind bekannt:

Betriebsdaten

– Lagerkraft	F	=	9200	N
– Drehzahlen				
• Welle	n_J	=	2960	1/min
• Lagerschale	n_B	=	0	1/min
– Temperaturen				
• Schmierstoffeintritt	T_{en}	=	60	°C
• Umgebung	T_{amb}	=	20	°C
– Schmierstoffzuführdruck	p_{en}	=	5	bar

Schmierstoffdaten

– Schmieröl	Mineralöl			
– Viskosität	ISO VG 68			
– Dichte bei 15 °C	ρ_{15}	=	900	kg/m³
– spezifische Wärmekapazität	c_p	=	2000	J/(kg K)

Lagerdaten

– Lagernenndurchmesser	D	$=$ 80	mm
– Lagerschaleninnendurchmesser (H7)			
• maximal	D_{max}	$=$ 80,030	mm
• minimal	D_{min}	$=$ 80,000	mm
– Wellendurchmesser (IT6)			
• maximal	D_{Jmax}	$=$ 79,945	mm
• minimal	D_{Jmin}	$=$ 79,926	mm
– Lagerbreite	B	$=$ 40	mm
– Durchmesser der Schmierbohrung	d_H	$=$ 5	mm
– Werkstoff			
• Welle	Stahl		
• Lagerschale (massiv)	Al-Legierung		
– linearer Wärmeausdehnungskoeffizient			
• Welle	$\alpha_{l,J}$	$=$ $1{,}11 \cdot 10^5$	1/K
• Lagerschale	$\alpha_{l,B}$	$=$ $2{,}30 \cdot 10^5$	1/K
– Elastizitätsmodul			
• Welle	E_J	$=$ $2{,}06 \cdot 10^5$	N/mm^2
• Lagerschale	E_B	$=$ $0{,}7 \cdot 10^5$	N/mm^2
– Querkontraktionszahl			
• Welle	ν_J	$=$ 0,3	
• Lagerschale	ν_B	$=$ 0,35	
– quadratischer Rauheits-Mittelwert			
• Welle	$R_{q,J}$	$=$ 0,5	μ m
• Lagerschale	$R_{q,B}$	$=$ 1,5	μ m

Aufgaben

1. Bestimmen Sie für das oben beschriebene Radialgleitlager die sich im Betrieb einstellende minimale Schmierfilmdicke h_{min}, die Reibungsleistung P_f und den gesamten Schmierstoffdurchsatz Q zunächst unter der vereinfachten Annahme, dass die Schmierstofftemperatur vom Lagereintritt zum Lageraustritt konstant bleibt! Die Schmierstoffzufuhr soll dabei über eine im Bereich des weitesten Schmierspaltes angeordnete Bohrung in der Lagerschale erfolgen.

2. Ist für den unter 1. betrachteten Betriebspunkt eine ausreichende Betriebssicherheit hinsichtlich des Übergangs in die Mischreibung gewährleistet, auch unter dem Gesichtspunkt häufiger Start-Stopp-Vorgänge?

3. Wie groß ist für die vorgegebenen Betriebsdaten die reibungsbedingte Temperaturerhöhung des Schmierstoffs vom Lagereintritt zum Lageraustritt? Welchen Einfluss hat diese Temperaturerhöhung auf das Betriebsverhalten des Lagers und wie stellt sich der effektive Betriebspunkt im thermischen Gleichgewicht ein?

Lösung

Minimale Schmierfilmdicke, Reibungsleistung und Schmierstoffdurchsatz

Effektive Schmierstofftemperatur

Zu Beginn der Berechnung ist zunächst eine effektive Schmierstofftemperatur festzulegen. Da die Austrittstemperatur des Schmierstoffs vor der Berechnung nicht bekannt ist, muss dafür zunächst eine Annahme getroffen werden. Entsprechend der Vorgabe in der Aufgabenstellung wird hier davon ausgegangen, dass die Schmierstofftemperatur vom Lagereintritt bis zum Lageraustritt konstant bleibt. Die Austrittstemperatur des Schmierstoffs zu Beginn der Berechnung $T_{ex,0}$ entspricht somit der vorgegebenen Eintrittstemperatur T_{en}:

$$T_{ex,0} = T_{en} = 60\,^\circ\text{C}$$

Die effektive Schmierstofftemperatur T_{eff} ergibt sich aus dem Mittelwert der Eintritts- und Austrittstemperatur zu:

$$T_{eff} = \frac{1}{2}\left(T_{en} + T_{ex}\right) = 60\,^\circ\text{C}$$

Sommerfeldzahl

Die Tragfähigkeit des Radialgleitlagers wird mit Hilfe der dimensionslosen Sommerfeldzahl $So = \bar{p}\,\psi_{eff}^2 \big/ (\eta_{eff}\,\omega_{eff})$ beschrieben. Die Berechnung der Sommerfeldzahl bildet die Grundlage zur Bestimmung der weiteren Betriebskennwerte.

Der Bezug der Lagerbelastung F auf die durch die Lagerbreite B und den Lagernenndurchmesser D gebildete projizierte Fläche des Radialgleitlagers führt zur spezifischen Lagerbelastung:

$$\bar{p} = \frac{F}{BD} = 2{,}875\,\frac{N}{\text{mm}^2}$$

Das relative Betriebslagerspiel ψ_{eff} setzt sich aus dem mittleren relativen Einbaulagerspiel $\bar{\psi}$ und der thermischen Änderung des relativen Lagerspiels $\Delta\psi_{th}$ zusammen. Das mittlere relative Einbaulagerspiel ergibt sich aus dem Mittelwert des maximalen relativen Einbaulagerspiels

$$\psi_{max} = \frac{D_{max} - D_{J\,min}}{D} = 0{,}0013 = 1{,}3\,\text{‰}$$

und des minimalen relativen Einbaulagerspiels

$$\psi_{min} = \frac{D_{min} - D_{J\,max}}{D} = 0{,}0007 = 0{,}7\,\text{‰}$$

zu:

$$\bar{\psi} = \frac{1}{2} \left(\psi_{max} + \psi_{min} \right) = 0,001 = 1,0\%_o$$

Die thermische Änderung des relativen Lagerspiels berechnet sich mit den linearen Wärmeausdehnungskoeffizienten der Welle und der Lagerschale $\alpha_{l,J}$ und $\alpha_{l,B}$ wie folgt:

$$\Delta\psi_{th} = \left(\alpha_{l,B} - \alpha_{l,J} \right) \left(T_{eff} - T_{amb} \right) = 0,00048 = 0,48\%_o$$

Der Berechnung der thermischen Änderung des relativen Lagerspiels liegt die Annahme zugrunde, dass sich die Welle und die Lagerschale bei einer Temperaturerhöhung gegenüber der Umgebungstemperatur frei nach außen ausdehnen können. Die Summe aus $\bar{\psi}$ und $\Delta\psi_{th}$ führt zum relativen Betriebslagerspiel:

$$\psi_{eff} = \bar{\psi} + \Delta\psi_{th} = 0,00148 = 1,48\%_o$$

Die effektive dynamische Viskosität des Schmierstoffs η_{eff} wird bei der effektiven Schmierstofftemperatur $T_{eff} = 60\,°C$ mit der dynamischen Viskosität des gegebenen Mineralöls ISO VG 68 bei $40\,°C$

$$\eta_{40} = 0,98375 \cdot 10^6 \, \rho_{15} \, VG = 0,06021 \, Pa\,s$$

und den Koeffizienten

$$b = 159,55787 \ln \left(\frac{\eta_{40}}{0,00018} \right) = 927,44\,°C$$

$$a = \eta_{40} \exp \left(\frac{-b}{135\,°C} \right) = 0,0625 \cdot 10^{-3} \, Pa\,s$$

mit der Beziehung von Vogel berechnet:

$$\eta_{eff} = a \exp \left(\frac{b}{T_{eff} + 95\,°C} \right) = 0,02481 \, Pa\,s = 24,81 \, mPa\,s$$

Die effektive Winkelgeschwindigkeit ω_{eff} ergibt sich bei stationären Radialgleitlagern aus der Summe der Winkelgeschwindigkeiten der Welle $\omega_J = 2\pi n_J$ und der Lagerschale $\omega_B = 2\pi n_B$ zu:

$$\omega_{eff} = \omega_J + \omega_B = 2\pi \left(n_J + n_B \right) = 309,97 \, 1/s$$

Aus den berechneten Größen kann die Sommerfeldzahl folgendermaßen ermittelt werden:

$$So = \frac{\bar{p}\psi_{eff}^2}{\eta_{eff}\omega_{eff}} = 0,82$$

Überprüfung der Strömungsverhältnisse

Vor der weiteren Fortsetzung des Berechnungsgangs muss zunächst überprüft werden, ob im Schmierspalt laminare Strömung vorliegt und somit die Anwendung der zugrunde liegenden Berechnungsmodelle zulässig ist. Dazu wird mit der Annahme $\rho \approx \rho_{15} = 900 \, \mathrm{kg/m^3}$ die für den Schmierspalt gültige Reynoldszahl bestimmt:

$$Re = \frac{\rho \, \omega_{\mathrm{eff}} \psi_{\mathrm{eff}} D^2}{4 \eta_{\mathrm{eff}}} = 26{,}63$$

Der Vergleich mit der kritischen Reynoldszahl

$$Re_{\mathrm{cr}} = \frac{41{,}3}{\sqrt{\psi_{\mathrm{eff}}}} = 1074$$

zeigt, dass laminare Strömung im Schmierspalt vorliegt, da:

$$Re = 26{,}63 < Re_{\mathrm{cr}} = 1074$$

Minimale Schmierfilmdicke

Zur Bestimmung der minimalen Schmierfilmdicke ist die relative Exzentrizität ε nach Abb. 11.2 zu ermitteln. Mit der Sommerfeldzahl $So = 0{,}82$ und der relativen Lagerbreite $B/D = 1/2$ ergibt sich die relative Exzentrizität zu:

$$\varepsilon = 0{,}685$$

Die minimale Schmierfilmdicke berechnet sich damit zu:

$$h_{\mathrm{min}} = \frac{1}{2} D \psi_{\mathrm{eff}} (1 - \varepsilon) = 18{,}65 \cdot 10^{-6} \, \mathrm{m} = 18{,}65 \, \mathrm{\mu m}$$

Die kleinstzulässige Schmierfilmdicke h_{lim} beträgt nach Tabelle 11.1 für den vorliegenden Anwendungsfall $h_{\mathrm{lim}} = 5 \, \mathrm{\mu m}$. Ein Vergleich zeigt:

$$h_{\mathrm{min}} = 18{,}65 \, \mathrm{\mu m} > h_{\mathrm{lim}} = 5 \, \mathrm{\mu m}$$

Reibungsleistung

Mit der Bestimmung des Verlagerungswinkels β nach Abbildung 11.3 zu

$$\beta = 41{,}89\,^{\circ}$$

kann die bezogene Reibungszahl f/ψ_{eff} im Schmierspalt wie folgt berechnet werden:

Tabelle 11.1. Erfahrungsrichtwerte für kleinstzulässige minimale Schmierfilmdicke h_{lim} im Betrieb in µm

Wellendurchmesser D_j in mm	Gleitgeschwindigkeit der Welle U_j in m/s				
	< 1	1–3	3–10	10–30	> 30
24 bis 63	3	4	5	7	10
63 bis 160	4	5	7	9	12
160 bis 400	6	7	9	11	14
400 bis 1000	8	9	11	13	16
1000 bis 2500	10	12	14	16	18

$$\frac{f}{\psi_{\text{eff}}} = \frac{\pi}{So\sqrt{1-\varepsilon^2}} + \frac{\varepsilon}{2}\sin\beta = 5,49$$

Mit der daraus ableitbaren absoluten Reibungszahl

$$f = \left(\frac{f}{\psi_{\text{eff}}}\right)\psi_{\text{eff}} = 0,00813$$

ergeben sich das Reibungsdrehmoment T_f zu

$$T_f = fFD/2 = 2,992\,\text{Nm}$$

und die Reibungsleistung P_f zu:

$$P_f = T_f(\omega_J - \omega_B) = T_f 2\pi(n_J - n_B) = 927,43\,\text{W}$$

Schmierstoffdurchsatz

Der gesamte Schmierstoffdurchsatz Q durch den Schmierspalt des Radialgleitlagers setzt sich aus dem Schmierstoffdurchsatz infolge Eigendruckentwicklung Q_3 und dem Schmierstoffdurchsatz infolge des Zuführdrucks Q_p zusammen. Der Schmierstoffdurchsatz infolge Eigendruckentwicklung ergibt sich mit der aus Abb. 11.6 abzulesenden Schmierstoffdurchsatz-Kennzahl

$$Q_3^* = 0,0809$$

zu:

$$Q_3 = D^3\psi_{\text{eff}}\omega_{\text{eff}}Q_3^* = 1,9\cdot 10^{-5}\frac{\text{m}^3}{\text{s}} = 1,14\frac{l}{\text{min}}$$

Die Berechnung des Schmierstoffdurchsatzes infolge des Zuführdrucks erfordert zunächst die Bestimmung der Schmierstoffdurchsatzkennzahl Q_p^* nach Tabelle 11.3.

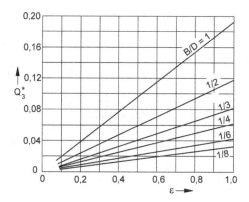

Abbildung 11.6. Schmierstoffdurchsatzkennzahl infolge hydrodynamischer Druckentwicklung für vollumschlossene Radialgleitlager in Anlehnung an DIN 31652

Für die Schmierstoffzufuhr über eine im Bereich des weitesten Schmierspaltes angeordnete Bohrung in der Lagerschale mit dem Durchmesser $d_H = 5$ mm berechnet sich die Schmierstoffdurchsatzkennzahl Q_p^* mit der Lösung des Polynoms

$$q_H = 1{,}204 + 0{,}386 \left(\frac{d_H}{B}\right) - 1{,}046 \left(\frac{d_H}{B}\right)^2 + 1{,}942 \left(\frac{d_H}{B}\right)^3 = 1{,}237$$

zu:

$$Q_p^* = \frac{\pi}{48} \frac{(1+\varepsilon)^3}{\ln\left(\frac{B}{d_H}\right) q_H} = 0{,}122$$

Der Schmierstoffdurchsatz infolge des Zuführdrucks wird mit dem Zuführungsdruck $p_{en} = 5$ bar wie folgt ermittelt:

$$Q_p = \frac{D^3 \psi_{eff}^3 p_{en}}{\eta_{eff}} Q_p^* = 4{,}08 \cdot 10^{-6} \frac{m^3}{s} = 0{,}245 \frac{l}{min}$$

Die Summe aus Q_3 und Q_p führt zum gesamten Schmierstoffdurchsatz:

$$Q = Q_3 + Q_p = 2{,}308 \cdot 10^{-5} \frac{m^3}{s} = 1{,}385 \frac{l}{min}$$

Die Pumpenleistung beträgt $P_p = p_{en} \cdot Q = 11{,}5$ W. Die Pumpe muss den gesamten Schmierstoffdurchsatz Q zur Verfügung stellen.

Betriebssicherheit hinsichtlich des Übergangs in die Mischreibung

Mindestzulässige Übergangsschmierspalthöhe

Tabelle 11.2. Schmierstoffdurchsatz-Kennzahl infolge Zuführdruck Q_P^* in Anlehnung an DIN 31652

Schmierloch,

entgegengesetzt zur
Lastrichtung angeordnet

$$Q_P^* = \frac{\pi}{48} \frac{(1+\varepsilon)^3}{\ln(B/d_H) \cdot q_H}$$

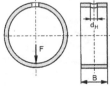

$$q_H = 1{,}204 + 0{,}368 \left(\frac{d_H}{B}\right) - 1{,}046 \left(\frac{d_H}{B}\right)^2 + 1{,}942 \left(\frac{d_H}{B}\right)^3$$

Schmiertasche,

entgegengesetzt zur
Lastrichtung angeordnet

$$Q_P^* = \frac{\pi}{48} \frac{(1+\varepsilon)^3}{\ln(B/b_P) \cdot q_P}$$

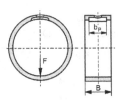

$$q_P = 1{,}188 + 1{,}582 \left(\frac{b_P}{B}\right) - 2{,}585 \left(\frac{b_P}{B}\right)^2 + 5{,}563 \left(\frac{b_P}{B}\right)^3$$

$$\text{für } 0{,}05 \le \left(\frac{b_P}{B}\right) \le 0{,}7$$

Schmiernut,

umlaufend in Lagermitte
angeordnet (Ringnut)

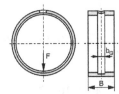

$$Q_P^* = \frac{\pi}{24} \frac{1+1{,}5\varepsilon^2}{(B/D)} \cdot \frac{B}{B-b_G}$$

Werden nur die Rauheiten der Oberflächen von Welle und Lagerschale betrachtet (Vernachlässigung von Welligkeiten, Verkantungen und Durchbiegungen), so ergibt sich die mindestzulässige Übergangsschmierspalthöhe $h_{\lim,\mathrm{tr}}$ mit den quadratischen Rauheitsmittelwerten $R_{q,J} = 0{,}5\,\mu\mathrm{m}$ und $R_{q,B} = 1{,}5\,\mu\mathrm{m}$ zu:

$$h_{\lim,\mathrm{tr}} = 3\sqrt{R_{q,J}^2 + R_{q,B}^2} = 4{,}74\,\mu\mathrm{m}$$

Gleitgeschwindigkeit für den Übergang in die Mischreibung

Unter der Berücksichtigung tragfähigkeitssteigernder elastischer Verformungen von Welle und Lagerschale kann mit dem resultierenden Elastizitätsmodul

$$E_{\text{rsl}} = \frac{2E_{\text{J}}E_{\text{B}}}{E_{\text{B}}\left(1 - v_{\text{J}}^2\right) + E_{\text{J}}\left(1 - v_{\text{B}}^2\right)} = 117972\frac{\text{N}}{\text{mm}^2}$$

die Gleitgeschwindigkeit für den Übergang in die Mischreibung U_{tr} wie folgt berechnet werden:

$$U_{\text{tr}} = \frac{\bar{p}\psi_{\text{eff}}h_{\text{lim,tr}}}{\eta_{\text{eff}}\sqrt{\frac{3}{2}}\left[1 + \frac{\sqrt{2}\bar{p}D}{E_{\text{rsl}}h_{\text{lim,tr}}}\right]^{2/3}} = 0{,}49\frac{\text{m}}{\text{s}}$$

Mit der Berechnung der vorhandenen Gleitgeschwindigkeit

$$U = \frac{1}{2}D\omega_{\text{eff}} = 12{,}4\frac{\text{m}}{\text{s}}$$

zeigt sich, dass eine ausreichende Sicherheit hinsichtlich des Übergangs in die Mischreibung gewährleistet ist, da für $U > 3\,\text{m/s}$ gilt:

$$U_{\text{tr}} = 0{,}49\frac{\text{m}}{\text{s}} < U_{\text{tr,lim}} = 1\frac{\text{m}}{\text{s}}$$

Ferner sollte gelten:

$$0{,}5\,\text{m/s} < U_{\text{tr}} < 1\,\text{m/s} : (\bar{p}U_{\text{tr}}) < (\bar{p}U_{\text{tr}})_{\text{lim}} = 2{,}5\frac{\text{N}}{\text{mm}^2}\frac{\text{m}}{\text{s}}$$

$$U_{\text{tr}} < 0{,}5\,\text{m/s} : \bar{p}_{\text{lim}} \leq 5\,\text{N/mm}^2$$

Mit $\bar{p} = 2{,}875\,\text{N/mm}^2$ und $U_{\text{tr}} = 0{,}49\,\text{m/s}$ ergibt sich hier:

$$\bar{p} = 2{,}875\,\text{N/mm}^2 < \bar{p}_{\text{lim}} = 5\,\text{N/mm}^2$$

Damit ist auch diese Bedingung erfüllt.

Temperaturerhöhung und thermisches Gleichgewicht

Temperaturerhöhung

Unter der Annahme, dass die im Schmierspalt durch Reibung erzeugte Wärme nur durch den umlaufenden Schmierstoff abgeführt wird, berechnet sich die Temperaturerhöhung des Schmierstoffs vom Lagereintritt zum Lageraustritt zu:

$$\Delta T = \frac{P_{\text{f}}}{c_{\text{p}}\rho Q} = 22{,}32\,\text{K}$$

Die berechnete Temperaturerhöhung $\Delta T = 22{,}32\,\mathrm{K}$ führt zu einer Temperatur des Schmierstoffs am Lageraustritt von:

$$T_{\mathrm{ex},1} = T_{\mathrm{en}} + \Delta T = 82{,}32\,^{\circ}\mathrm{C}$$

Thermisches Gleichgewicht

Die berechnete Austrittstemperatur des Schmierstoffs $T_{\mathrm{ex},1}$ ist größer als die für die Berechnung angenommene Austrittstemperatur $T_{\mathrm{ex},0}$:

$$T_{\mathrm{ex},1} = 82{,}32\,^{\circ}\mathrm{C} > T_{\mathrm{ex},0} = 60\,^{\circ}\mathrm{C}$$

Da das thermische Gleichgewicht somit noch nicht erfüllt ist, muss die tatsächliche Austrittstemperatur des Schmierstoffs iterativ ermittelt werden. Dazu wird zunächst eine neue verbesserte Austrittstemperatur vorgegeben. Sie wird bestimmt aus:

$$T_{\mathrm{ex},0,\mathrm{neu}} = \frac{1}{2}\left(T_{\mathrm{ex},1} + T_{\mathrm{ex},0}\right) = 71{,}16\,^{\circ}\mathrm{C}$$

Daraus wird die neue effektive Schmierstofftemperatur folgendermaßen berechnet:

$$T_{\mathrm{eff}} = \frac{1}{2}\left(T_{\mathrm{en}} + T_{\mathrm{ex},0,\mathrm{neu}}\right) = 65{,}58\,^{\circ}\mathrm{C}$$

Damit wird der Berechnungsgang nochmals durchgeführt. Diese Vorgehensweise wird solange wiederholt, bis die Differenz zwischen vorgegebener und berechneter Austrittstemperatur des Schmierstoffs eine definierte Toleranzgrenze unterschreitet, sodass dann gilt:

$$|T_{\mathrm{ex},1} - T_{\mathrm{ex},0}| < \Delta T_{\mathrm{Toleranz}}$$

In Tabelle 11.3 sind die Ergebnisse der für das vorliegende Beispiel erforderlichen Berechnungsgänge bis zur Unterschreitung einer Toleranzgrenze von $\Delta T_{\mathrm{Toleranz}} = 1\,\mathrm{K}$ zusammengefasst dargestellt.

11.2.2.2 Hydrodynamisches Radialgleitlager mit Ringnut

Abbildung 11.7 zeigt das Außenlager auf der Hochdruckseite einer Dampfturbine im Längsschnitt[1]. Die Turbine weist bei der Drehzahl $n = 3000\,\mathrm{min}^{-1}$ die Leistung $P = 7000\,\mathrm{kW}$ auf. Zwecks Erzielung eines Drucköldurchsatzes ist die Lauffläche des Lagers durch eine Ringnut unterteilt.

---

[1] Vogelpohl, G.: Betriebssichere Gleitlager. Springer Verlag 1958.

Tabelle 11.3. Berechnungsiterationen

Berechnungsgang		1	2	3	**4**
$T_{ex,0}$	[°C]	60	71,16	73,57	**74,28**
T_{eff}	[°C]	60	65,58	66,79	**67,14**
ψ_{eff}	[‰]	1,48	1,54	1,55	**1,56**
η_{eff}	[mPas]	24,81	20,15	19,3	**19,06**
So	[–]	0,82	1,09	1,15	**1,18**
ε	[–]	0,685	0,73	0,74	**0,745**
h_{min}	[μm]	18,65	16,63	16,12	**15,91**
β	[°]	41,89	38,44	37,66	**37,26**
f	[–]	0,00813	0,00684	0,00665	**0,00658**
P_f	[W]	927,43	780,19	758,5	**750,44**
Q	[l/min]	1,385	1,627	1,687	**1,723**
ΔT	[K]	22,32	15,98	14,99	**14,52**
$T_{ex,1}$	[°C]	82,32	75,98	74,99	**74,52**
$|T_{ex,1} - T_{ex,0}|$	[K]	22,32	4,82	1,42	**0,24**
		> 1 K	> 1 K	> 1 K	< 1 K

Die Belastung des Lagers durch das Läufergewicht beträgt $F_N = 4150$ N. Als Schmierstoff kommt das Öl ISO VG22 zum Einsatz. Die Schmierstoffdichte bei 15 °C beläuft sich auf $\rho_{15} = 900$ kg/m^3. Die Temperatur des Schmierstoffs im Schmierspalt soll $T_{eff} = 70$ °C bei der Umgebungstemperatur $T_{amb} = 20$ °C betragen. Zu ermitteln sind die sich im Betrieb einstellende minimale Schmierfilmdicke h_{min}, die Reibungsleistung P_f und der erforderliche Schmierstoffdurchsatz Q. Zu überprüfen ist, ob laminare Strömung und ausreichende Betriebssicherheit hinsichtlich des Übergangs in die Mischreibung vorliegen.

Als Werkstoffdaten sind bekannt:

– Welle aus Stahl

– Elastizitätsmodul der Welle $E_J = 206\,000$ N/mm^2

– Querkontraktionszahl der Welle $v_J = 0,3$

– linearer Wärmeausdehnungskoeffizient der Welle $\alpha_{l,J} = 1,11 \cdot 10^{-5}$ K^{-1}

– Lagerausguss aus Sn Sb 12 Cu 6 Pb

– Elastizitätsmodul des Lagerwerkstoffs $E_B = 53000$ N/mm^2

– Querkontraktionszahl des Lagerwerkstoffs $v_B = 0,35$

– linearer Wärmeausdehnungskoeffizient des Lagerwerkstoffs $\alpha_{l,B} = 2,1 \cdot 10^{-5}$ K^{-1}

Lagerdaten:

– Lagerdurchmesser $D = 120$ mm

– Gleitlagerpassung nach DIN 31698: Welle IT6, Lagerschale H7

Rauheitskennwerte:

– quadratischer Rauheits-Mittelwert der Welle $Rq_J = 0,5\,\mu$m;
– quadratischer Rauheits-Mittelwert der Lagerschale $Rq_B = 1,5\,\mu$m.

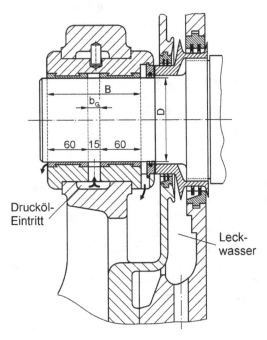

Abbildung 11.7. Hochdruckseitiges Lager einer Dampfturbine

Lösung

Bestimmung des effektiven Lagerspiels ψ_{eff}

Empfohlene effektive Lagerspiele:

• nach Vogelpohl:

$$\psi_{eff,\,rec} = 0,8\sqrt[4]{U_J}$$

Mit $U_J = \frac{D}{2}\omega = \frac{D\pi n}{60} = 18,85\,$m/s ergibt sich:

$$\psi_{eff,\,rec} \approx 1,65\,‰$$

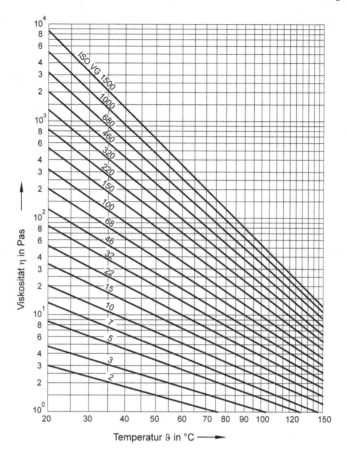

Abbildung 11.8. Dynamische Viskosität η in Abhängigkeit von der Temperatur ϑ bei der Dichte $\rho = 900\,\text{kg/m}^3$ nach ISO

• nach Spiegel:

$$\psi_{\text{eff,rec}} = K_{\psi} \sqrt{\frac{\eta_{\text{eff}} \omega_{\text{eff}}}{c_{\text{p}} \rho \, (T_{\text{ex}} - T_{\text{en}})}}$$

Mit $\eta_{\text{eff, 70°C}} \approx 7\,\text{m Pas}$ nach Abb. 11.8 und $K_{\psi} = 5$; $\omega_{\text{eff}} = 314\,\text{s}^{-1}$; $c_{\text{p}} \rho \approx 1,8 \cdot 10^6\,\text{Nm/(m}^3\text{K)}$ und $\Delta T = (T_{\text{ex}} - T_{\text{en}}) = 15\,\text{K}$ wird erhalten:

$$\psi_{\text{eff,rec}} \approx 1,43\,‰$$

gewählt: $\psi_{\text{gewählt}} \approx 1,5\,‰$ (entspricht in etwa dem Erfahrungsrichtwert $\psi_{\text{eff, rec}}$ nach Tabelle 11.4), realisiert:

$$\psi_{\text{eff}} = \bar{\psi} + \Delta\psi_{\text{th}}$$

Tabelle 11.4. Erfahrungsrichtwerte $\psi_{\text{eff,rec}}$ für das effektive relative Lagerspiel in ‰

| Wellendurchmesser D_j in mm | Gleitgeschwindigkeit der Welle U_j in m/s | | | |
	< 3	3–10	10–25	25–50
< 100	1,3	1,6	1,9	2,2
100 bis 250	1,1	1,3	1,6	1,9
250 bis 500	1,1	1,1	1,3	1,6
> 500	0,8	1,1	1,3	1,3

mit $\bar{\psi} = 0{,}5(\psi_{\text{max}} + \psi_{\text{min}})$ sowie $\psi_{\text{max}} = (D_{\text{max}} - D_{\text{J,min}})/D$ und $\psi_{\text{min}} = (D_{\text{min}} - D_{\text{J,max}})/D$

Nach der Bestimmung der Wellen- und Schalentoleranzen (Welle IT6, Schale H7) für $D = 120$ mm zu $D_{\text{max}} = 120{,}035$ mm, $D_{\text{min}} = 120{,}000$ mm, $D_{\text{J,max}} = 119{,}908$ mm und $D_{\text{J,min}} = 119{,}886$ mm ergibt sich:

$$\bar{\psi} = 0{,}5(1{,}242 + 0{,}767) \cdot 10^{-3} = 1{,}0 \cdot 10^{-3} = 1‰$$

Bei freier Ausdehnung von Welle und Schale bei Erwärmung gilt für die thermische Änderung des relativen Lagerspiels:

$$\Delta\psi_{\text{th}} = \alpha_{1,\text{B}}(T_{\text{eff}} - T_{\text{amb}}) - \alpha_{1,\text{J}}(T_{\text{eff}} - T_{\text{amb}})$$
$$= 2{,}11 \cdot 10^{-5}\,\text{K}^{-1} \cdot 50\,\text{K} - 1{,}11 \cdot 10^{-5}\,\text{K}^{-1} \cdot 50\,\text{K} = 0{,}000495 \approx 0{,}5‰$$
$$\psi_{\text{eff}} = 1‰ + 0{,}5‰ = 1{,}5‰ \widehat{=} \psi_{\text{gewählt}}$$

Bestimmung der effektiven dynamischen Viskosität η_{eff}

Mit $\eta_{40} = 0{,}98375 \cdot 10^{-6} \cdot \rho_{15} \cdot VG = 0{,}98375 \cdot 10^{-6} \cdot 900 \cdot 22 = 0{,}0195\,\text{Pas}$, $b = 159{,}55787 \ln \frac{\eta_{40}}{0{,}00018} = 159{,}55787 \ln(0{,}0195/0{,}00018) = 747{,}56$ und $a = \eta_{40} \exp(-b/135) = 0{,}0195 \cdot \exp(-747{,}56/135) = 7{,}676 \cdot 10^{-5}$ lässt sich die effektive dynamische Viskosität η_{eff} aus nachfolgender Gleichung berechnen:

$$\eta_{\text{eff}} = a \cdot \exp[b/(T_{\text{eff}} + 95)] = 7{,}676 \cdot 10^{-5} \exp[747{,}56/(70 + 95)] = 7{,}125 \cdot 10^{-3}\,\text{Pas}$$
$$= 7{,}125\,\text{mPas}$$

Überprüfung, ob laminare Strömung vorliegt

Die Strömung ist laminar, wenn $Re < 41{,}3/\sqrt{\psi_{\text{eff}}}$ ist. Für die Reynold-Zahl Re gilt:

$$Re = \rho \cdot \omega_{\text{eff}} D_J (D - D_J)/(4\eta_{\text{eff}})$$

Mit $\rho \approx \rho_{15} = 900\,\text{kg/m}^3$; $\omega_{\text{eff}} = \frac{\pi n}{30} = 314\,\text{s}^{-1}$, $D_\text{J} = 0,5(D_{\text{J}\max} + D_{\text{J}\min}) = 0,5$ $(119,908\,\text{mm} + 119,886\,\text{mm}) = 119,897\,\text{mm}$ ergibt sich

$$Re = \rho\,\omega_{\text{eff}}D_\text{J}(D - D_\text{J})/(4\eta_{\text{eff}}) = 900\,\text{kg/m}^3 \cdot 314\,\text{s}^{-1} \cdot 119,897\,\text{mm}$$
$$\cdot (120\,\text{mm} - 119,897\,\text{mm})/(1000^2 \cdot 4 \cdot 0,007125\,\text{Pas}) = 122,45$$

Die Bedingung $Re = 122,45 < 41,3/\sqrt{\psi_{\text{eff}}} = 1066,4$ ist erfüllt. Es liegen somit laminare Strömungsverhältnisse vor.

Bestimmung der minimalen Schmierfilmdicke $h_{\min}$

Bei Radialgleitlagern mit umlaufender mittiger Schmiernut wird das Lager in 2 einzelne Lager mit jeweils einer Breite $B' = B/2 - b_\text{G}/2$ aufgeteilt, wenn die spezifische Lagerbelastung $\bar{p}$, die relative Exzentrizität ε und die minimale Schmierfilmdicke $h_{\min}$ ermittelt werden. Für die Berechnung der spezifischen Lagerbelastung gilt dann die Beziehung $\bar{p} = F'_\text{N}/(B'D)$ mit $F'_\text{N} = F_\text{N}/2$.

Mit der spezifischen Lagerbelastung

$$\bar{p} = F'_\text{N}/(B'D) = 2075\,\text{N}/(60\,\text{mm} \cdot 120\,\text{mm}) = 0,288\,\text{N/mm}^2$$

wird zunächst die Sommerfeldzahl So berechnet:

$$So = \bar{p}\,\psi_{\text{eff}}^2/(\eta_{\text{eff}} \cdot \omega_{\text{eff}})$$
$$= 0,288 \cdot 1000^2\,\text{N/m}^2 \cdot 0,0015^2/(0,007125\,\text{Ns/m}^2 \cdot 314\,\text{s}^{-1}) = 0,29$$

Aus Abb. 11.2 erhält man unter Beachtung der Verhältnisse bei umlaufender Schmiernut – siehe Abb. 11.9 – für $B'/D = 0,5$ und $So = 0,29$ eine relative Exzentrizität von $\varepsilon = 0,46$. Die minimale Schmierfilmdicke $h_{\min}$ kann dann ermittelt werden aus:

$$h_{\min} = \frac{D}{2}\,\psi_{\text{eff}}(1 - \varepsilon) = (120\,\text{mm}/2)0,0015(1 - 0,46) = 0,0486\,\text{mm} = 48,6\,\mu\text{m}$$

Im Betrieb sollte die auftretende minimale Schmierfilmdicke $h_{\min}$ größer als die zulässige minimale Schmierfilmdicke $h_{\lim}$ sein.

Der Tabelle 11.1 ist $h_{\lim} = 9\,\mu\text{m}$ zu entnehmen, so dass $h_{\min} = 48,6\,\mu\text{m} > h_{\lim} = 9\,\mu\text{m}$ vorliegt.

Bestimmung der Reibleistung P_f

Der Verlagerungswinkel ergibt sich in Abhängigkeit von ε und $B'/D = 0,5$ aus Abb. 11.3 zu $\beta \approx 58°$. Mit nachfolgender Gleichung wird die bezogene Reibungszahl f/ψ_{eff} bestimmt zu

$$f/\psi_{\text{eff}} = \left[\pi/(So\sqrt{1-\varepsilon^2})\right] + (\varepsilon/2)\sin\beta$$
$$= \left[\pi/(0,29\sqrt{1-0,46^2})\right] + (\frac{0,46}{2})sin58° = 12,396$$

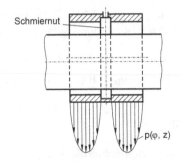

Abbildung 11.9. Radialgleitlager (schematisch) mit Druckverteilung in Breitenrichtung bei Schmierstoffzufuhr durch eine umlaufende Schmiernut

Mit $f = (f/\psi_{\text{eff}})\,\psi_{\text{eff}} = 12{,}396 \cdot 1{,}5 \cdot 10^{-3} = 0{,}0186$ lässt sich die Reibungsleistung folgendermaßen berechnen:

$$P_{\text{f}} = f F_{\text{N}} U_{\text{j}} = 0{,}0186 \cdot 4150\,\text{N} \cdot 18{,}85\,\text{m/s} = 1455\,\text{Nm/s}$$

Bestimmung des erforderlichen Schmierstoffdurchsatzes Q

Der Schmierstoffdurchsatz setzt sich aus zwei Anteilen zusammen.

Ein Anteil ist der Volumenstrom Q_3, der infolge der Druckentwicklung im Schmierfilm an beiden Seiten des Lagers aus dem Lager fließt und wieder ersetzt werden muss.

Der zweite Anteil ist der Volumenstrom Q_{p}, der zusätzlich mit dem Zuführdruck p_{en} dem Lager zur Verfügung gestellt wird, um einen zusätzlichen Wärmeabtransport zu gewährleisten.

Bei Lagern mit umlaufender Ringnut braucht von den Volumenströmen Q_3 der beiden axial nebeneinander angeordneten Lagerhälften nur der halbe Volumenstrom erneuert zu werden, da der Volumenstrom, der in die Ringnut strömt, nicht aus dem Lager abfließt.

Mit der Schmierstoffdurchsatz-Kennzahl $Q_3^* = 0{,}055$ nach Abb. 11.6 und mit $\varepsilon = 0{,}46$ und $B'/D = 0{,}5$ wird der Schmierstoffdurchsatz infolge Druckentwicklung durch Drehung je Lagerhälfte ermittelt aus:

$$Q_3' = D^3 \psi_{\text{eff}} \omega_{\text{eff}} Q_3^* / 2$$

$$= 0{,}12^3\,\text{m}^3 \cdot 1{,}5 \cdot 10^{-3} \cdot 314\,\text{s}^{-1} \cdot 0{,}055/2 = 2{,}238 \cdot 10^{-5}\frac{\text{m}^3}{\text{s}} = 1{,}428\,\text{l/min}$$

Insgesamt entsteht beiderseits des Lagers dieser Seitenfluss, so dass ein Durchsatz vorliegt von:

$$Q_3 = 2Q_3' = 2{,}856\,\text{l/min}$$

Um die effektive Schmierstoff-Temperatur $T_{\text{eff}} = 70\,°\text{C}$ garantieren zu können, ist auch eine Druckschmierung über die Ringnut notwendig. Dieser Anteil Q_p des Schmierstoffdurchsatzes infolge des Zuführdrucks p_{en} wird bestimmt aus:

$$Q_p = \frac{D^3 \psi_{\text{eff}}^3 p_{\text{en}} Q_p^*}{\eta_{\text{eff}}}$$

mit

$$Q_p^* = \frac{\pi}{24} \frac{1 + 1{,}5\varepsilon^2}{(B/D)} \cdot \frac{B}{B - b_G}$$

nach Tabelle 11.2 für eine umlaufende Schmiernut. Mit den Werten $B = 2 \cdot 60\,\text{mm} + 15\,\text{mm} = 135\,\text{mm}$ und $b_G = 15\,\text{mm}$ wird erhalten:

$$Q_p^* = \frac{\pi}{24} \frac{1 + 1{,}5 \cdot 0{,}46^2}{135/120} \cdot \frac{135}{120} = 0{,}1724$$

Der erforderliche Zuführdruck p_{en} ist so einzustellen, dass sich mit Hilfe des Schmierstoffdurchsatzes $Q = Q_3 + Q_p$ die effektive Schmierstofftemperatur $T_{\text{eff}} = 70\,°\text{C}$ ergibt.

Bei reiner Konvektionskühlung wird die Lagertemperatur folgendermaßen ermittelt:

$$T_B = \frac{P_f}{K_A \cdot A} + T_{\text{amb}}$$

Mit der Umgebungstemperatur $T_{\text{amb}} = 20\,°\text{C}$ wird erhalten:

$$T_B = \frac{1455\,\text{W}}{17{,}5\,\text{W/(m}^2\text{K)} \cdot 0{,}127\,\text{m}^2} + 20\,°\text{C} = 655\,°\text{C} = 675\,°\text{C}$$

Dabei wird die wärmeabgebende Oberfläche A abgeschätzt aus:

$$A \approx (\pi/2)\left(D_H^2 - D^2\right) + \pi D_H B_H$$

Mit dem Gehäusedurchmesser $D_H = 0{,}24\,\text{m}$ und der axialen Gehäusebreite $B_H = 0{,}1\,\text{m}$ ergibt sich daraus:

$$A \approx \frac{\pi\left(0{,}24^2\,\text{m}^2 - 0{,}12^2\,\text{m}^2\right)}{2} + \pi\,0{,}24\,\text{m} \cdot 0{,}1\,\text{m}$$
$$= 0{,}052\,\text{m}^2 + 0{,}075\,\text{m}^2 = 0{,}127\,\text{m}^2$$

Da die errechnete Lagertemperatur $T_B = 675\,°\text{C}$ nicht realisiert werden kann, ist eine Druck-Umlaufschmierung notwendig.

Der erforderliche gesamte Schmierstoffdurchsatz Q wird durch Umstellen der Gleichung für die Reibungswärmeabgabe durch Umlaufschmierung $P_f = c_p \rho Q (T_{\text{ex}} - $

T_{en}) nach Q und unter Berücksichtigung von $c_p \cdot \rho = 1,8 \cdot 10^6\,\mathrm{Nm}/(\mathrm{m}^3\mathrm{K})$ für Mineralöl und von $(T_{ex} - T_{en}) = 15\,\mathrm{K}$ wie folgt bestimmt:

$$Q = \frac{P_f}{c_p\rho\,(T_{ex} - T_{en})} = \frac{1455\,\mathrm{Nms}^{-1}}{1,8 \cdot 10^6\,\mathrm{Nm}/(\mathrm{m}^3\mathrm{K}) \cdot 15\,\mathrm{K}} = 53,89 \cdot 10^{-6}\,\mathrm{m}^3/\mathrm{s} = 3,23\,\mathrm{l/min}$$

Die Schmierstofftemperatur T_{en} beim Eintritt ins Lager beträgt:

$$T_{en} = T_{eff} - \Delta T/2 = 70\,^\circ\mathrm{C} - 7,5\,^\circ\mathrm{C} = 62,5\,^\circ\mathrm{C}$$

Die Schmierstofftemperatur T_{ex} beim Austritt aus dem Lager beläuft sich auf:

$$T_{ex} = T_{eff} + \Delta T/2 = 70\,^\circ\mathrm{C} + 7,5\,^\circ\mathrm{C} = 77,5\,^\circ\mathrm{C}$$

Mit

$$\begin{aligned}Q_p &= Q - Q_3 \\ &= 53,89 \cdot 10^{-6}\,\mathrm{m}^3/\mathrm{s} - 2 \cdot 22,38 \cdot 10^{-6}\,\mathrm{m}^3/\mathrm{s} = 9,13 \cdot 10^{-6}\,\mathrm{m}^s/\mathrm{s} = 0,55\,\mathrm{l/min}\end{aligned}$$

berechnet sich der erforderliche Zuführdruck p_{en} aus:

$$\begin{aligned}p_{en} &= \frac{Q_p\eta_{eff}}{D^3\psi_{eff}^3 Q_p^*} = \frac{9,13 \cdot 10^{-6}\,\mathrm{m}^3\mathrm{s}^{-1} \cdot 7,125 \cdot 10^{-3}\,\mathrm{Nsm}^{-2}}{0,12^3\,\mathrm{m}^3 \cdot 0,0015^3 \cdot 0,1724} \\ &= 0,65 \cdot 10^5\,\mathrm{N/m}^2 = 0,65\,\mathrm{bar}\end{aligned}$$

Die Pumpenleistung für den Drucköldurchsatz ergibt sich zu:

$$P_p = Q_p \cdot p_{en} = 9,13 \cdot 10^{-6}\,\mathrm{m}^3/\mathrm{s} \cdot 0,65 \cdot 10^5\,\mathrm{N/m}^2 = 5,9 \cdot 10^{-1}\,\mathrm{Nm/s} = 0,59\,\mathrm{W}$$

Der Volumenstrom Q_3 könnte theoretisch drucklos zur Verfügung gestellt werden. In diesem Fall soll der Volumenstrom Q_3 jedoch ebenfalls über die Ringnut mittels der Druckölpumpe zugeführt werden. Die sich daraus ergebene Pumpenleistung beträgt dann:

$$P_P = Q \cdot p_{en} = 53,89 \cdot 10^{-6}\,\mathrm{m}^3/\mathrm{s} \cdot 0,65 \cdot 10^5\,\mathrm{N/m}^2 = 3,5\,\mathrm{Nm/s} = 3,5\,\mathrm{W}$$

Mit der zuvor ermittelten Reibungsleistung $P_f = 1455\,\mathrm{W}$ wird $P_{tot} = 1458,5\,\mathrm{W}$ erhalten.

Überprüfung der Betriebssicherheit hinsichtlich des Übergangs in die Mischreibung

Wenn Welligkeiten, Durchbiegung und Verkantung vernachlässigt werden können, wird mit den Mittelwerten der quadratischen Rauheitsmittelwerte von Welle und Lagerschale die mindestzulässige Übergangsspaltweite folgendermaßen bestimmt:

$$h_{lim,tr} = 3\sqrt{Rq_j^2 + Rq_B^2} = 3\sqrt{0,5^2\,\mu\mathrm{m}^2 + 1,5^2\,\mu\mathrm{m}^2} = 4,74\,\mu\mathrm{m}$$

Mit dem reduzierten Elastizitätsmodul aus Welle und Lagerschale

$$E_{rsl} = 2E_J E_B / \left[E_B \left(1 - v_J^2 \right) + E_J \left(1 - v_B^2 \right) \right]$$
$$= 2.206000\,\text{Nmm}^{-2} \cdot 53000\,\text{Nmm}^{-2} / \left[53000\,\text{Nmm}^{-2} \left(1 - 0,3^2 \right) \right.$$
$$\left. + 206000\,\text{Nmm}^{-2} \left(1 - 0,35^2 \right) \right]$$
$$= 95570\,\text{N/mm}^2$$

ergibt sich dann die Gleitgeschwindigkeit für den Übergang in die Mischreibung:

$$U_{tr} = \bar{p}\psi_{eff}h_{lim,tr} / \left\{ \sqrt{3/2}\eta_{eff} \left[1 + \sqrt{2}\bar{p}D / \left(E_{rel}h_{lim,tr} \right) \right]^{2/3} \right\}$$

$$= \frac{0,288 \cdot 10^6\,\text{Nm}^{-2} \cdot 0,0015 \cdot 4,74 \cdot 10^{-6}\,\text{m}}{\sqrt{3/2} \cdot 0,007125\,\text{Nsm}^{-2} \left[1 + \frac{\sqrt{2} \cdot 0,288\,\text{Nm}^{-2} \cdot 120\,\text{mm}}{95570\,\text{Nm}^{-2} \cdot 4,74 \cdot 10^{-3}} \right]^{2/3}}$$

$$= 0,219\,\text{m/s}$$

Es gelten folgende Kriterien für die Betriebssicherheit:

$$U_{tr} < U_{tr,lim} \text{ mit } U_{tr,lim} = 1\,\text{m/s für } U > 3\,\text{m/s und } \bar{p}_{lim} \leq 5\,\text{N/mm}^2,$$
wenn $U_{tr} < 0,5\,\text{m/s}$

Für den vorliegenden Anwendungsfall ergibt sich:

$$U_{tr} = 0,219\,\text{m/s} < U_{lim,tr} = 1\,\text{m/s für } U_J = 18,85\,\text{m/s} > 3\,\text{m/s}$$
$$\bar{p} = 0,288\,\text{N/mm}^2 < \bar{p}_{lim} \leq 5\,\text{N/mm}^2$$

Das ausgelegte Lager hat somit eine ausreichende Betriebssicherheit hinsichtlich des Übergangs in die Mischreibung.

11.2.2.3 Hydrostatisches Radialgleitlager

Vergleichsvariante zum Dampfturbinenlager aus Abschnitt 11.2.2.2

Die Abb. 11.10 zeigt ein hydrostatisches Radialgleitlager ohne Zwischennuten. Vor jeder Schmiertasche ist eine Kapillare installiert. Die Schmierstoffversorgung erfolgt über eine externe Pumpe.

Für die gleichen Betriebsbedingungen wie im Abschnitt 11.2.2.2 d. h. Wellendrehzahl $n_J = 3000\,\text{min}^{-1}$ und Belastung $F = 4150\,\text{N}$, und die Lagerabmaße $D = 120\,\text{mm}$ und $B = 120\,\text{mm}$ sowie die gleiche Werkstoffpaarung sollen für das Radialgleitlager mit 4 Schmiertaschen und dem Stellwinkel $\alpha = 0$ der Schmierstoffdurchsatz Q, die Reibungsleistung P_f, die Pumpenleistung P_p, die aufzubringende Gesamtleistung P_{tot}, die Steifigkeit des Lagers c und die minimale Schmierspalthöhe

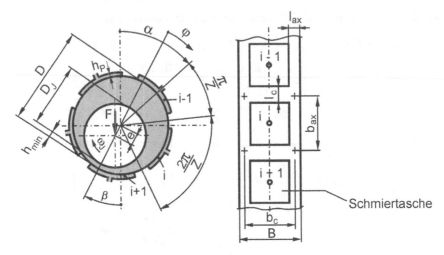

Abbildung 11.10. Hydrostatisches Radialgleitlager ohne Zwischennuten (schematisch), F Lagerkraft, ω_J Winkelgeschwindigkeit der Welle, e Exzentrizität, β Verlagerungswinkel, Z Anzahl der Schmiertaschen, α Stellwinkel der 1. Tasche bezogen auf Taschenmitte, B Lagerbreite, D Lagerdurchmesser, D_J Wellendurchmesser, h_{min} kleinste Spalthöhe, h_P Schmiertaschentiefe, l_{ax} axiale Steglänge, l_c Umfangssteglänge, $b_{ax} = \pi D/Z$ Abströmbreite in axialer Richtung, $b_c = B - l_{ax}$ Abströmbreite in Umfangsrichtung.

h_{min} ermittelt werden. Als Schmierstoff wird hier jedoch das Mineralöl ISO VG 100 gewählt, um den Trägheitsanteil am Strömungswiderstand der Kapillaren gering zu halten und um laminare Strömungen in den Kapillaren und den Tragtaschen zu garantieren. Die Vor- bzw. Nachteile der beiden Radialgleitlager-Bauarten sind zu benennen.

Für das Lager mit $Z = 4$, $B/D = 1$ und $\alpha = 0$ sind folgende Geometriedaten vorgesehen:

$$l_{ax}/B = 0{,}15 \quad \text{und } l_c/B = 0{,}25$$

Weiterhin werden festgelegt:

- Verhältnis aus Schmiertaschentiefe h_P zum radialen Lagerspiel C_R: $h_P/C_R = 20$
- Trägheitsanteil des Strömungswiderstandes der Kapillare: $a_{cp} \leq 0{,}1$
- Drosselverhältnis: $\xi = 1$
- relatives Lagerspiel: $\psi = 1{,}2\,‰$
- Zuführdruck (Pumpendruck): $p_{en} = 50\,\text{bar}$
- Leistungsverhältnis: $P^* = 2$

Das relative Lagerspiel von $\psi = 1{,}2\,‰$ wird hier gewählt, damit zum einen der Trägheitsanteil am Strömungswiderstand der Kapillaren möglichst gering ist und

Lagerdaten

- Lagernenndurchmesser $D = 120\,\text{mm}$
- Lagerbreite $B = 120\,\text{mm}$
- Anzahl der Schmiertaschen $Z = 4$
  ohne Zwischennuten
- Durchmesser der Kapillaren $d_{cp} > 0{,}6\,\text{mm}$
- Werkstoffe
    • Welle   Stahl
    • Lagerkörper   SnSb12Cu6Pb

- Betriebsdaten
    •Normalkraft $F = 4150\,\text{N}$
    •Drehzahlen
        * Welle $n_J = 3000\,\text{min}^{-1}$
        * Lagerkörper $n_B = 0\,\text{min}^{-1}$
    • Temperaturen
        * im Lager $T_B = 70\,^\circ\text{C}$
        * Umgebung $T_{amb} = 20\,^\circ\text{C}$
    • Schmierstoffdaten
        * Mineralöl   ISO VG 100
        * Dichte $\rho_{15} = 900\,\text{kg/m}^3$
        * spezifische Wärmekapazität $c_p = 2000\,\text{J/(kg K)}$

zum anderen die Strömungen in den Kapillaren und den Schmiertaschen laminar sind.

Das Leistungsverhältnis P^* als Verhältnis von Reibungs- zu Pumpenleistung ($P^* = P_f/P_p$) sollte ungefähr $P^* = 1$ bis 3 betragen, um die Gesamtleistung zu minimieren. Hier wird $P^* = 2$ gewählt.

Gesucht werden:

- relative Exzentrizität ε

- radiales Lagerspiel $C_R = (D - D_J)/2$

- minimale Schmierfilmhöhe h_{min}

- Schmierstoffdurchsatz Q

- aufzubringende Gesamtleistung des Lagers P_{tot}

- Reibungsleistung des Lagers P_f

- Pumpenleistung des Lagers P_p

- Steifigkeit des Lagers c

Lösung

Abmessungen, Flächenpressung, Exzentrizität, Viskosität im Lager, Lagerspiel, Schmierspalthöhe

– Abmessungen

$B = D = 120\,\text{mm}$; $l_{\text{ax}} = 0,15\,B = 18\,\text{mm}$; $l_{\text{c}} = 0,25\,B = 30\,\text{mm}$; $b_{\text{ax}} = \pi D/Z = \pi \cdot 120/4 = 94,25\,\text{mm}$ $b_{\text{c}} = B - l_{\text{ax}} = 102\,\text{mm}$

– Flächenpressung

$$\bar{p} = \frac{F}{BD} = \frac{4150\,\text{N}}{120\,\text{mm} \cdot 120\,\text{mm}} = 0,2882\,\text{N/mm}^2$$

– Tragfähigkeitskennzahl

$$F^* = \frac{\bar{p}}{p_{\text{en}}} = \frac{0,2882\,\text{N/mm}^2}{5,0\,\text{N/mm}^2} = 0,0576$$

– effektive Tragfähigkeitskennzahl

$$F_{\text{eff}}^* = \frac{F}{(B - l_{\text{ax}})D p_{\text{en}}} = \frac{4150\,\text{N}}{102\,\text{mm} \cdot 120\,\text{mm}\ 5\,\text{N/mm}^2} = 0,0678$$

– relative Exzentrizität

Mit $\kappa = \frac{l_{\text{ax}} \cdot b_{\text{c}}}{l_{\text{c}} \cdot b_{\text{ax}}} = \frac{18\,\text{mm} \cdot 102\,\text{mm}}{30\,\text{mm} \cdot 94,25\,\text{mm}} = 0,65$ werden aus Abb. 11.11 $(F_{\text{eff},0}^*)_{\varepsilon=0,4} = 0,265$ und aus Abb. 11.12 $(F_{\text{eff}}^*/F_{\text{eff},0}^*)_{\varepsilon=0,4} = 1,48$ mit $K_{\text{rot}} = \kappa\xi\pi_{\text{f}}\frac{l_{\text{c}}}{D} = 0,65 \cdot 1 \cdot 1,016 \cdot \frac{30\,\text{mm}}{120\,\text{mm}} = 0,1651$ erhalten, wobei $\pi_{\text{f}} = \frac{\eta_{\text{B}}\omega_{\text{J}}}{p_{\text{en}}\psi^2} = \frac{0,0233\,\text{Ns} \cdot 314\,\text{m}^2}{\text{m}^2\text{s}5\,\text{N} \cdot 10^6 \cdot 1,44 \cdot 10^{-6}} = 1,016$ beträgt.

Damit ergibt sich für die relative Exzentrizität:

$$\varepsilon = \frac{0,4\,F_{\text{eff}}^*}{(F_{\text{eff}}^*/F_{\text{eff},0}^*)_{\varepsilon=0,4}(F_{\text{eff},0}^*)_{\varepsilon=0,4}} = \frac{0,4 \cdot 0,0678}{1,48 \cdot 0,265} = 0,0692 < 0,4$$

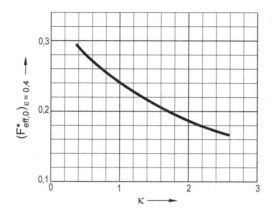

Abbildung 11.11. Effektive Tragkraftkennzahl $\left(F_{\mathrm{eff},0}^{*}\right)_{\varepsilon=0,4}$ in Abhängigkeit vom Widerstandsverhältnis κ für $Z=4$, $\alpha=0$, $\xi=1$ und $\omega_{\mathrm{J}}=0$ bei $\varepsilon=0,4$ in Anlehnung an DIN 31655

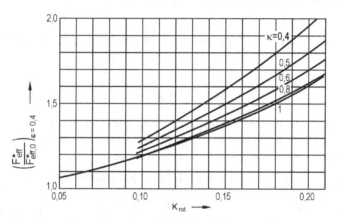

Abbildung 11.12. Verhältnis der Tragkraftkennzahlen $\left(F_{\mathrm{eff}}^{*}/F_{\mathrm{eff},0}^{*}\right)_{\varepsilon=0,4}$ in Abhängigkeit von der Dreheinflusskennzahl K_{rot} für verschiedene Widerstandsverhältnisse κ für $Z=4$, $\alpha=0$, $\xi=1$ bei $\varepsilon=0,4$ in Anlehnung an DIN 31655

– Schmierstoffviskosität

Mit

$$\eta_{40}=0,98375\cdot 10^{-6}\rho_{15}\cdot VG=0,98375\cdot 10^{-6}\cdot 900\cdot 100$$
$$=0,0885\,\mathrm{Pas}=88,5\,\mathrm{mPas}$$
$$b=159,55787\ln\frac{\eta_{40}}{0,00018}=988,91$$
$$a=\eta_{40}\exp\frac{-b}{135}=0,0885\,\mathrm{Pas}\exp\left(\frac{-988,91}{135}\right)=5,83\cdot 10^{-5}$$

wird für das Öl ISO VG 100 bei der Lagertemperatur $T_B = 70\,°C$ die Viskosität η_B folgendermaßen errechnet:

$$\eta_B = a\exp\left[\frac{b}{T_B+95}\right] = 5{,}83\cdot10^{-5}\exp\left[\frac{988{,}91}{70+95}\right] = 5{,}83\cdot10^{-5}\cdot399{,}4$$

$$= 0{,}0233\,\text{Pas} = 23{,}3\,\text{mPas}$$

– Lagerspiel

$$C_R = \psi D/2 = 1{,}2\cdot10^{-3}\cdot120\,\text{mm}/2 = 0{,}072\,\text{mm} = 72\,\mu\text{m}$$

– minimale Schmierspalthöhe

$$h_{\min} = C_R(1-\varepsilon) = 0{,}072\,\text{mm}(1-0{,}0692) = 0{,}067\,\text{mm} = 67\,\mu\text{m}$$

Temperaturen und Viskosität in der Kapillare

– Temperaturerhöhung des Schmierstoffs beim Durchströmen der Kapillaren bei $\varepsilon = 0$

$$\Delta T_{cp} = \frac{p_{en}}{c_p\rho}\frac{\xi}{1+\xi} = \frac{5\cdot10^6\,\text{Nm}^3\,\text{K}}{\text{m}^2\cdot1{,}8\cdot10^6\,\text{Nm}}\frac{1}{1+1} = 1{,}39\,\text{K}$$

Für das Drosselverhältnis ξ wird hier $\xi = R_{cp}/R_{p,0} = 1$ gewählt, d. h. der Strömungswiderstand der Kapillare R_{cp} ist genau so groß wie der Strömungswiderstand eines Tragfeldes $R_{p,0}$ bei mittiger Wellenlage ($\varepsilon = 0$).

– Temperaturerhöhung des Schmierstoffs beim Durchfließen des Lagers bei $\varepsilon = 0$

$$\Delta T_B = \frac{p_{en}}{c_p\rho}\left(\frac{1}{1+\xi}+P^*\right) = \frac{5\cdot10^6\,\text{Nm}^3\,\text{K}}{\text{m}^2\cdot1{,}8\cdot10^6\,\text{Nm}}\left(\frac{1}{1+1}+2\right) = 6{,}94\,\text{K}$$

– Eintrittstemperatur des Schmierstoffs

$$T_{en} = T_B - \Delta T_{cp} - \frac{1}{2}\Delta T_B = 70\,°C - 1{,}39\,\text{K} - 3{,}47\,\text{K} = 65{,}14\,°C$$

– mittlere Temperatur in den Kapillaren

$$T_{cp} = T_{en} + \frac{1}{2}\Delta T_{cp} = 65{,}14\,°C + 0{,}695\,\text{K} = 65{,}835\,°C$$

– wirksame Viskosität in den Kapillaren

$$\eta_{cp} = a\exp\left[b/(T_{cp}+95)\right] = 5{,}83\cdot10^{-5}\exp\left[\frac{988{,}91}{160{,}835}\right] = 5{,}83\cdot10^{-5}\cdot6{,}149$$

$$= 0{,}0273\,\text{Pas} = 27{,}3\,\text{mPas}$$

Verlustleistungen und Schmierstoffbedarf

Die gesamte Verlustleistung P_{tot} setzt sich aus der Pumpenleistung P_p und der Reibungsleistung P_f wie folgt zusammen:

$$P_{tot} = P_p + P_f = F\omega C_R \frac{Q^*}{4(B/D)F^*\pi_f}(1+P^*)$$

Mit $Q^* = \frac{1}{6(1+\xi)} \cdot \frac{\pi}{B/D} \cdot \frac{1}{l_{ax}/B} = \frac{1}{6(1+1)} \cdot \frac{\pi}{1} \cdot \frac{1}{18\,\text{mm}/120\,\text{mm}} = 1,745$ wird $P_{tot} = 4150\,\text{N} \cdot$
$314\,\text{s}^{-1} \cdot 0,072 \cdot 10^{-3}\,\text{m} \frac{1,745(1+2)}{4\cdot1\cdot0,0576\cdot1,016} = 2098,2\,\text{W}$.

– Schmierstoffdurchsatz

$$Q = Q^*C_R^3 \frac{p_{en}}{\eta_B} = 1,745 \cdot 0,072^3 \cdot 10^{-9}\,\text{m}^3 \frac{5 \cdot 10^6\,\text{Nm}^2}{\text{m}^2 \cdot 0,0233\,\text{Ns}}$$

$$= 1,398 \cdot 10^{-4} \frac{\text{m}^3}{\text{s}} = 0,1398\,\text{l/s} = 8,39\,\text{l/min}$$

– Pumpenleistung

$$P_p = Q \cdot p_{en} = 1,398 \cdot 10^{-4} \frac{\text{m}^3}{\text{s}} \cdot 5 \cdot 10^6 \frac{\text{N}}{\text{m}^2} = 699\,\text{W}$$

– Reibungsleistung

$$P_f = P_{tot} - P_p = 1399,2\,\text{W}$$

Strömungswiderstand und Abmessungen der Kapillare

Der Strömungswiderstand der Kapillare R_{cp} wird gemäß

$$R_{cp} = \frac{128\eta_{cp}l_{cp}}{\pi d_{cp}^4}(1+a_{cp})$$

erhalten, wobei die Länge l_{cp} und der Durchmesser d_{cp} noch unbekannt sind. Zunächst lässt sich mit $l_{ax} = 18\,\text{mm}$ und $b_{ax} = 94,25\,\text{mm}$ der Strömungswiderstand eines Tragfeldes bestimmen zu:

$$R_{p,0} = \frac{6\eta_B l_{ax}}{b_{ax} \cdot C_R^3} = \frac{6 \cdot 0,0233\,\text{Ns} \cdot 0,018\,\text{m}}{\text{m}^2\,0,09425\,\text{m} \cdot 0,072^3 \cdot 10^{-9}\,\text{m}^3} = 71,56 \cdot 10^9\,\text{Ns/m}^5$$

Mit der getroffenen Festlegung $\xi = R_{cp}/R_{p,0} = 1$ ergibt sich danach auch der Strömungswiderstand der Kapillare zu:

$$R_{cp} = 71,56 \cdot 10^9\,\text{Ns/m}^5$$

Mit der Wahl $a_{cp} = 0,1$ für den nichtlinearen Trägheitsanteil am Strömungswiderstand der Kapillare wird für die Länge der Kapillare Folgendes ermittelt:

$$l_{cp} = \frac{0,043 \cdot \rho \cdot Q}{\eta_{cp} \cdot a \cdot Z} = \frac{0,043 \cdot 900 \text{Ns}^2 \cdot 1,398 \cdot 10^{-4} \text{m}^3 \text{m}^2}{\text{m} \cdot \text{m}^3 \text{s} \cdot 0,0273 \text{Ns} \cdot 0,1 \cdot 4} = 0,495 \text{m} = 495 \text{mm}$$

und für den Durchmesser der Kapillare:

$$d_{cp}^4 = \frac{128 \eta_{cp} l_{cp}}{\pi R_{cp}} (1 + a_{cp}) = \frac{128 \cdot 0,0273 \text{Ns} \cdot 0,495 \text{m m}^5}{\text{m}^2 \cdot \pi \cdot 71,56 \cdot 10^9 \text{Ns}} (1 + 0,1)$$

$$d_{cp}^4 = 8,464 \cdot 10^{-12} \text{m}^4$$

$$d_{cp} = 1,7 \cdot 10^{-3} \text{m} = 1,7 \text{mm} > 0,6 \text{mm}$$

Überprüfung, ob laminare Strömung vorliegt

Für die Strömung in der Kapillare gilt:

$$Re_{cp} = \frac{4 \cdot \rho \cdot Q}{\pi \eta_{cp} d_{cp} Z} < 2300$$

$$Re_{cp} = \frac{4 \cdot 900 \text{Ns}^2 \cdot 1,398 \cdot 10^{-4} \text{m}^3 \text{m}^2}{\text{m m}^3 \text{s} \pi \cdot 0,0273 \text{Ns} \cdot 1,7 \cdot 10^{-3} \text{m} \cdot 4} = 863 < 2300$$

und für die Strömung in der Schmiertasche:

$$Re_p = \frac{U h_p \rho}{\eta_{cp}} < 1000$$

$$Re_p = \frac{18,85 \text{m} \cdot 1,44 \cdot 10^{-3} \text{m} \cdot 900 \text{Ns}^2 \text{m}^2}{\text{s m} \, 0,0273 \text{Ns m}^3} = 894,85 < 1000$$

Für die Schmiertaschentiefe ergibt sich bei $h_p/C_R = 20$:

$$h_p = 20 \cdot 0,072 \text{mm} = 1,44 \text{mm}$$

Steifigkeit

Die Steifigkeit des Lagers ergibt sich zu:

$$c = \frac{F}{\varepsilon \cdot C_R} = \frac{4150 \text{N}}{0,0692 \cdot 72 \, \mu\text{m}} = 832,9 \text{N}/\mu\text{m}$$

Vergleich der Eigenschaften der Lager aus den Abschnitten 11.2.2.2 und 11.2.2.3

Gleichgehalten wurden die Nennmaße der Lager (D und B), die Lagerbelastung F, die Wellendrehzahl n_J, die Lagertemperatur T_B und die Werkstoffpaarung. Kennzeichnung: HD$\widehat{=}$ Hydrodynamisches Radialgleitlager, HS$\widehat{=}$ Hydrostatisches Radialgleitlager.

Unterschiede treten beim relativen Lagerspiel auf: $\psi_{eff} = 1{,}5\,‰$(HD); $\psi_{eff} = 1{,}2\,‰$(HS). Dies gibt Unterschiede im Lagerspiel: $C_R = 0{,}09\,mm$ (HD); $C_R = 0{,}072\,mm$ (HS). Die verschiedenen relativen Exzentrizitäten $\varepsilon = 0{,}46$ (HD) und $\varepsilon = 0{,}0692$ (HS) führen auch zu anderen minimalen Schmierspalthöhen: $h_{min} = 48{,}6\,\mu m$ (HD); $h_{min} = 67\,\mu m$ (HS). Das hydrostatische Radialgleitlager läuft näher am Lagermittelpunkt.

Um eine laminare Strömung in der Kapillare und in der Schmiertasche des hydrostatischen Radialgleitlagers zu erhalten, ist eine wesentlich höhere Viskosität des Schmierstoffes ISO VG 100 (HS) gegenüber ISO VG 22 (HD) erforderlich, was sich zu Beginn der Dimensionierung häufig nicht sofort herausstellt. Auch die Dimensionierung der Kapillare wird von der vorliegenden Viskosität beeinflusst.

Der Öldurchsatz ist beim hydrostatischen Radialgleitlager um ein Mehrfaches höher als beim hydrodynamischen Radialgleitlager: $Q = 8{,}39\,l/min$ (HS); $Q = 2{,}425\,l/min$ (HD). Die Gesamtleistung liegt beim hydrostatischen Lager um gut 40 % oberhalb der des hydrodynamischen Lagers: Gesamtleistung $P_{tot} = 2098\,W$ (HS); Pumpenleistung $P_p = 699\,W$ (HS); Reibungsleistung $P_f = 1399\,W$ (HS) gegenüber $P_{tot} = 1458{,}5\,W$ (HD), $P_p = 3{,}5\,W$ (HD); $P_f = 1455\,W$ (HD). Trotz der wesentlich geringeren Viskosität bei Betriebstemperatur beim hydrodynamischen Radialgleitlager in Höhe von $7{,}125\,mPas$ (HD) gegenüber $23{,}3\,mPas$ (HS) beim hydrostatischen Radialgleitlager sind die Reibungsleistungen nahezu gleich groß. Kaum ins Gewicht fällt beim hydrodynamischen Radialgleitlager die Pumpenleistung, während diese beim hydrostatischen Radialgleitlager beträchtlich ist. Andererseits ist es beim hydrostatischen Radialgleitlager leicht möglich, die Belastung F z. B. auf das 5-fache zu erhöhen, wobei dann $\bar{p} = 1{,}44\,N/mm^2$; $F^* = 0{,}288$; $F_{eff}^* = 0{,}339$ und eine relative Exzentrizität $\varepsilon = 0{,}346 < 0{,}4$ erhalten werden. Die minimale Schmierfilmdicke beträgt dann $h_{min} = 0{,}049\,mm = 49\,\mu m$ wie beim hydrodynamischen Radialgleitlager.

Fazit: Dem hydrodynamisch geschmierten Radialgleitlager ist hier vom konstruktiven und energetischen Aufwand her der Vorrang einzuräumen. Sollte jedoch eine hohe Steifigkeit des Lagers erwünscht sein oder das Mischreibungsgebiet häufig durchlaufen werden, bietet das hydrostatische Radialgleitlager Vorteile.

11.2.2.4 Beispiel: Hydrodynamisches Axialgleitlager mit Kippsegmenten

Die Abb. 11.13 zeigt die Gestaltung eines Axialkippsegmentgleitlagers mit den wichtigsten geometrischen Größen.

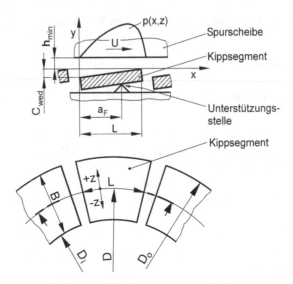

Abbildung 11.13. Axialkippsegmentgleitlager (schematisch) mit Druckverteilung. $p = (x,z)$ Druckverteilung im Schmierfilm, U Gleitgeschwindigkeit auf dem mittleren Gleitdurchmesser, D mittlerer Gleitdurchmesser, D_i Innendurchmesser der Gleitfläche, D_o Außendurchmesser der Gleitfläche, B Segmentbreite, L Segmentlänge in Umfangsrichtung, a_F Abstand der Unterstützungsstelle vom Spalteintritt in Umfangsrichtung, C_{wed} Keiltiefe, h_{min} kleinste Schmierspalthöhe, x,y und z Koordinaten.

Das Axialkippsegmentgleitlager soll in einem Gebläse mit der Drehzahl $n = 22\,000$ min^{-1} einen Axialschub von $F = 10\,000$ N aufnehmen. Als Schmierstoff steht ein Mineralöl ISO VG 100 ($\rho_{15} = 900\,\text{kg/m}^3$; $c_p = 2000\,\text{J/(kg K)}$) zur Verfügung. Als Werkstoff für die Gleitschicht der Segmente soll Weißmetall eingesetzt werden.

Es sind die Dimensionen des Axialgleitlagers festzulegen, was zur Größe der mittleren Gleitgeschwindigkeit führt. Ermittelt werden sollen die effektive Schmierstofftemperatur T_{eff}, die effektive dynamische Viskosität η_{eff}, die minimale Schmierspalthöhe h_{min}, die vorliegende Reynoldszahl Re, der minimal erforderliche Schmierstoffdurchsatz $Q_{hyd,\,min}$ und die erforderliche Kühlölmenge Q. Die Vermeidung des Zustandes der Mischreibung ist nachzuweisen.

Lösung

Dimensionierung des Axialgleitlagers

Für die Berechnung der Segmentlänge wird die Anzahl der Segmente benötigt. Bei den hier vorliegenden hohen Drehzahlen wird die Segmentanzahl mit $Z = 8$ festgelegt, um die Temperaturerhöhung des Schmierstoffes im Schmierspalt gering zu halten. Mit zunehmender Segmentanzahl wird die Segmentlänge und damit die Temperaturerhöhung reduziert.

Unter Berücksichtigung der zulässigen spezifischen Lagerbelastung von Weißmetall in Höhe von $\bar{p}_{lim} = 5\,\mathrm{N/mm^2}$ (Tab. 11.5) beträgt die Segmentlänge L:

$$L \geq \sqrt{\frac{F}{\bar{p} \cdot Z \cdot B/L}} = \sqrt{\frac{10\,000\,\mathrm{Nmm^2}}{5\,\mathrm{N} \cdot 8 \cdot 1}} = 15{,}81\,\mathrm{mm}$$

Gewählt wird: $L = 16\,\mathrm{mm}$

Tabelle 11.5. Erfahrungsrichtwerte für die höchstzulässige spezifische Lagerbelastung $\bar{p}_{lim}$ nach DIN 31652

Lagerwerkstoff-Gruppe	p_{lim} in N/mm^2 *
Pb- und Sn-Legierungen	5 (15)
Cu Pb-Legierungen	7 (20)
Cu Sn-Legierungen	7 (25)
Al Sn-Legierungen	7 (18)
Al Zn-Legierungen	7 (20)

* Klammerwerte nur ausnahmsweise aufgrund besonderer Betriebsbedingungen, z. B. bei sehr niedrigen Gleitgeschwindigkeiten, zulässig.

Mit $B/L = 1$ folgt daraus: $B = 16\,\mathrm{mm}$

Der mittlere Gleitdurchmesser D ergibt sich aus

$$D = \frac{ZL}{\pi\phi}$$

Der Ausnutzungsgrad der Gleitfläche ϕ gibt an, wie groß die tatsächliche Summe der Gleitflächen der Lagersegmente ZBL im Verhältnis zur maximal möglichen Gleitfläche πDB ist. Je kleiner der Ausnutzungsgrad ist, desto größer werden die Zwischenräume zwischen den Lagersegmenten und desto besser wird die Mischung von kühlem Frischöl mit der Temperatur T_{en} mit warmem Öl aus dem vorhergehenden Schmierspalt mit der Temperatur T_2, d. h. die Öleintrittstemperatur in den Schmierspalt T_1 wird geringer. Hier wird $\phi = 0{,}8$ gewählt.

Mit dem Ausnutzungsgrad der Gleitfläche $\phi = 0{,}8$ erhält man:

$$D = \frac{8 \cdot 16\,\mathrm{mm}}{\pi \cdot 0{,}8} = 50{,}93\,\mathrm{mm}$$

gewählt: $D = 52\,\mathrm{mm}$

Daraus folgt: $\phi = \frac{ZL}{\pi D} = \frac{8 \cdot 16\,\mathrm{mm}}{\pi \cdot 52\,\mathrm{mm}} = 0{,}7835$; $D_o = D + B = 68\,\mathrm{mm}$; $D_i = D - B = 36\,\mathrm{mm}$

Die mittlere Gleitgeschwindigkeit U beträgt mit

$$\omega = \pi n/30 = \pi \cdot 22\,000\,\text{min}^{-1}/30 = 2303{,}8\,\text{s}^{-1}:$$

$$U = \frac{D}{2} \cdot \omega = \frac{52 \cdot 10^{-3}\,\text{m} \cdot 2303{,}8\,\text{s}^{-1}}{2} = 59{,}9\,\text{m/s}$$

Nach Abb. 11.14 stellt sich eine optimale Tragfähigkeitskennzahl F^* bei $B/L = 1$ und $h_{min}/C_{wed} = 0{,}8$ ein.

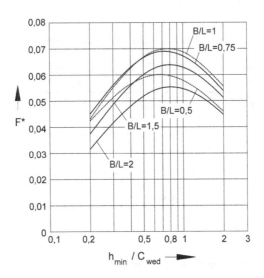

Abbildung 11.14. Tragfähigkeitskennzahl F^* für Axialkippsegmentlager in Abhängigkeit von B/L und h_{min}/C_{wed}

Für die bezogene Unterstützungsstelle a_F^* ergibt sich nach Abb. 11.15 für $\frac{h_{min}}{C_{wed}} = 0{,}8$ und $B/L = 1$ ein Wert von $a_F^* = 0{,}58$. Daraus folgt für die Lage der Unterstützungsstelle a_F:

$$a_F = a_F^* L = 0{,}58 \cdot 16\,\text{mm} = 9{,}28\,\text{mm}$$

Bestimmung von effektiver Lagertemperatur T_{eff} und effektiver dynamischer Viskosität η_{eff}

Es ist $T_{eff} = T_{en} + \Delta T_1 + \Delta T_2/2$, wobei die Schmierstofftemperatur beim Lagereintritt mit $T_{en} = 40\,°\text{C}$ und am Austritt mit $T_{ex} = 55\,°\text{C}$ festgelegt wird, d. h. $\Delta T = 15\,\text{K}$. Üblicherweise liegt ΔT zwischen 10 und 20 °C.

Die Temperaturdifferenz ΔT_1 zwischen der Schmierstofftemperatur am Spalteintritt und am Eintritt ins Lager erhält man aus

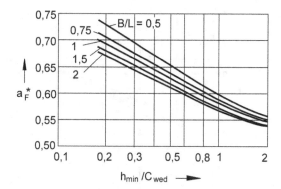

Abbildung 11.15. Bezogene Unterstützungsstelle a_F^* für Kippsegmentlager in Abhängigkeit von B/L und h_{min}/C_{wed} in Anlehnung an DIN 31654

$$\Delta T_1 = \Delta T_2 (Q_1^* - Q_3^*) \big/ [(MQ^*/Z) + (1 - M) Q_3^*]$$

mit der Temperaturerhöhung des Schmierstoffes zwischen dem Spaltein- und Spaltaustritt ΔT_2

$$\Delta T_2 = \Delta T Q^* \big/ [(Q_1^* - 0,5Q_3^*) 2]$$

und dem bezogenen Schmierstoffdurchsatz $Q^* = f^* F \big/ (F^* BL c_p \rho \Delta T)$.

Der Mischreibungsfaktor M in der Gleichung für ΔT_1 berücksichtigt Mischungsvorgänge in den Zwischenräumen zwischen den Segmenten, und zwar Mischungen zwischen dem von außen pro Segment zugeführten Schmierstoffstrom Q/Z und dem Schmierstoffdurchsatz am Schmierspaltaustritt Q_2. Der Mischreibungsfaktor kann zwischen $M = 0$ (keine Mischung) und $M = 1$ (vollkommene Mischung) variieren. Normalerweise gilt: $M = 0,4$ bis $0,6$. Hier wird $M = 0,5$ gewählt.

Aus Abb. 11.16 bzw. Abb. 11.14 ergeben sich für $h_{min}/C_{wed} = 0,8$ und $B/L = 1$:

$$f^* = 0,69 \text{ und } F^* = 0,07$$

und damit

$$Q^* = \frac{0,69 \cdot 10\,000\,\text{N}}{(0,07 \cdot 16 \cdot 10^{-3}\,\text{m} \cdot 16 \cdot 10^{-3}\,\text{m} \cdot 2000\,\text{J kg}^{-1} \cdot \text{K}^{-1} \cdot 900\,\text{kg m}^{-3} 15\,\text{K})}$$
$$= \frac{6900\,\text{N}}{483,84\,\text{N}} = 14,26$$

Aus Abb. 11.17 werden für $h_{min}/C_{wed} = 0,8$ und $B/L = 1$ die Größen $Q_1^* = 0,94$ und $Q_3^* = 0,34$ erhalten und mit dem Mischungsfaktor $M = 0,5$

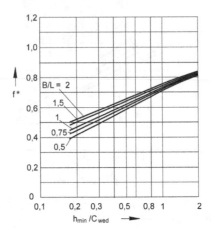

Abbildung 11.16. Reibungskennzahl f^* für Axialkippsegmentlager in Abhängigkeit von B/L und h_{min}/C_{wed} in Anlehnung an DIN 31654

$$\Delta T_2 = 15\,\text{K} \cdot 14{,}26 \Big/ [(0{,}94 - 0{,}5 \cdot 0{,}34)\ 8]$$
$$= 34{,}724\,\text{K}$$

und

$$\Delta T_1 = 34{,}724\,\text{K}(0{,}94 - 0{,}34) \Big/ [(0{,}5 \cdot 14{,}26/8 + (1 - 0{,}5))\,0{,}34]$$
$$= 19{,}65\,\text{K ermittelt.}$$

Die effektive Schmierstofftemperatur beträgt damit:

$$T_{\text{eff}} = 40\,^\circ\text{C} + 19{,}65\,\text{K} + 34{,}72\,\text{K}/2 = 77{,}012\,^\circ\text{C}$$

Mit $\eta_{40} = 0{,}98375 \cdot 10^{-6} \rho_{15} \cdot VG = 0{,}98375 \cdot 10^{-6} \cdot 900 \cdot 100 = 0{,}0885\,\text{Pas}$, $b = 159{,}55787\,^\circ\text{C}\ln\frac{\eta_{40}}{0{,}00018} = 159{,}55787\,^\circ\text{C}\ln(0{,}0885/0{,}00018) = 988{,}91\,^\circ\text{C}$ und $a = \eta_{40}\exp\frac{-b}{135} = 0{,}0885\,\text{Pas}\exp(-988{,}91/135) = 5{,}83 \cdot 10^{-5}\,\text{Pas}$ ergibt die effektive Viskosität η_{eff} zu:

$$\eta_{\text{eff}} = a\exp\left[b\Big/(T_{\text{eff}} + 95)\right] = 5{,}83 \cdot 10^{-5}\,\text{Pas}\,\exp[988{,}91/(77{,}012 + 95)]$$
$$= 0{,}0183\,\text{Pas} = 18{,}3\,\text{m Pas}$$

Bestimmung der minimalen Schmierspalthöhe

Es gilt:

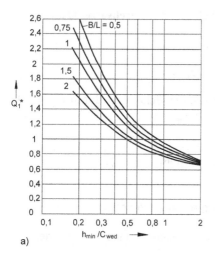
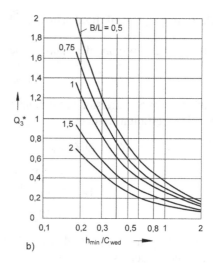

Abbildung 11.17. Schmierstoffdurchsatz-Kennzahlen für Axialkippsegmentlager in Anlehnung an DIN 31654. a) Schmierstoffdurchsatz-Kennzahl am Einstrittsspalt Q_1^* in Abhängigkeit von B/L und h_{min}/C_{wed}; b) Schmierstoffdurchsatz-Kennzahl an den Seitenrändern Q_3^* in Abhängigkeit von B/L und h_{min}/C_{wed}

$$h_{min} = \sqrt{F^* \eta_{eff} U B / \bar{p}}$$

Mit $F^* = 0{,}07$; $\eta_{eff} = 0{,}0183\,\text{Pas}$; $U = 59{,}9\,\text{m/s}$; $B = 16 \cdot 10^{-3}\,\text{m}$ und $\bar{p} = F/(ZBL) =$ $10\,000\,\text{N}/8 \cdot 16 \cdot 16\,\text{mm}^2 = 4{,}883\,\text{N/mm}^2$ lässt sich h_{min} berechnen:

$$h_{min} = \sqrt{\frac{0{,}07 \cdot 0{,}0183\,\text{Ns} \cdot 59{,}9\,\text{m} \cdot 16 \cdot 10^{-3}\,\text{m}\,\text{m}^2}{\text{m}^2\,\text{s}\,4{,}883 \cdot 10^6\,\text{N}}}$$
$$= 15{,}86 \cdot 10^{-6}\,\text{m} = 15{,}86\,\mu\text{m}$$

Überprüfung, ob laminare Strömung vorliegt

Die Reynoldszahl Re beträgt

$$Re = \rho U h_{min} / \eta_{eff}$$
$$= \frac{900\,\text{Ns}^2 \cdot 59{,}9\,\text{m} \cdot 15{,}86 \cdot 10^{-6}\,\text{m}\,\text{m}^2}{\text{m} \cdot \text{s} \cdot \text{m}^3\,0{,}0183\,\text{N} \cdot \text{s}}$$
$$= 46{,}722 < Re_{cr} = 600$$

Bestimmung des minimal erforderlichen Schmierstoffdurchsatzes $Q_{hyd, min}$

Infolge Drehbewegung der Spurscheibe ergibt sich

$$Q_{hyd,min} = ZQ_1$$

mit Q_1, dem Schmierstoffstrom beim Eintritt in den Schmierspalt. Mit $Q_1^* = 0,94$ kann Q_1 bestimmt werden:

$$
\begin{aligned}
Q_1 &= Q_1^* B h_{min} U \\
&= 0,94 \cdot 16 \cdot 10^{-3} \, m \cdot 15,86 \cdot 10^{-6} \, m \cdot 59,9 \, m/s \\
&= 14288,2 \cdot 10^{-9} \, m^3/s \\
&= 14,288 \cdot 10^{-6} \, m^3/s = 0,0143 l/s = 0,858 l/s
\end{aligned}
$$

Daraus folgt der zur hydrodynamischen Laustaufnahme mindestens erforderliche Schmierstoffdurchsatz:

$$Q_{hyd, min} = 8 \cdot 0,0143 \, l/s = 0,1144 \, l/s = 6,86 \, l/min$$

Bestimmung der erforderlichen Kühlölmenge

Die gesamte zur Kühlung des Lagers erforderliche Ölmenge wird ermittelt aus

$$Q = Q^* B h_{min} \cdot U$$

Mit $Q^* = 14,26$ kann Q berechnet werden zu

$$
\begin{aligned}
Q &= 14,26 \cdot 16 \cdot 10^{-3} \, m \cdot 15,86 \cdot 10^{-6} \, m \cdot 59,9 \, m/s \\
&= 216755 \cdot 10^{-9} \, m^3/s \\
&= 216,755 \cdot 10^{-6} \, m^3/s = 0,2167 l/s = 13,00 l/min
\end{aligned}
$$

Ermittlung der Reibungsleistung

Für Kippsegment-Gleitlager gilt

$$P_f = f^* \cdot \eta_{eff} \cdot U^2 \cdot ZBL/h_{min}$$

Mit $f^* = 0,69$ kann P_f ermittelt werden:

$$
\begin{aligned}
P_f &= \frac{0,69 \cdot 18,3 \cdot 10^{-3} \, Ns \cdot 59,9^2 \, m^2 \cdot 8 \cdot 16 \cdot 10^{-3} \, m \cdot 16 \cdot 10^{-3} \, m}{m^2 s^2 \cdot 15,86 \cdot 10^{-6} \, m} \\
&= 5850,3 \frac{Nm}{s} = 5,85 \, kW
\end{aligned}
$$

Überprüfung der Betriebssicherheit hinsichtlich des Überganges in die Mischreibung

Notwendig ist, dass die minimale Schmierspalthöhe $h_{\min}$ größer ist als die Übergangsspaltweite $h_{\min,\text{tr}}$, für die folgende Beziehung gilt:

$$h_{\min,\text{tr}} = C\sqrt{D\,Rz/12\,000}$$

Mit $C = 1$ und $Rz = 2\,\mu\text{m}$ (Rauheit der Spurscheibe) kann die Übergangsspaltweite bestimmt werden:

$$h_{\min,\text{tr}} = 1\sqrt{\frac{0{,}052\,\text{m} \cdot 2 \cdot 10^{-6}\,\text{m}}{12\,000}}$$
$$= 2{,}944 \cdot 10^{-6}\,\text{m} = 2{,}944\,\mu\text{m} < h_{\min} = 15{,}86\,\mu\text{m}$$

Die Gleitgeschwindigkeit beim Übergang in die Mischreibung ergibt sich aus:

$$U_{\text{tr}} = \bar{p}\,h_{\min,\text{tr}}^2/(\eta_{\text{eff}}F^* \cdot B)$$

Mit $\bar{p} = 4{,}883\,\text{N/mm}^2$, $h_{\min,\text{tr}} = 2{,}944\,\mu\text{m}$; $\eta_{\text{eff}} = 0{,}0183\,\text{Pas}$; $F^* = 0{,}07$ und $B = 16\,\text{mm}$ kann die Übergangsgeschwindigkeit ermittelt werden:

$$U_{\text{tr}} = \frac{4{,}883\,\text{N} \cdot 8{,}667 \cdot 10^{-6}\,\text{mm}^2\,\text{m}^2}{\text{mm}^2\,0{,}0183\,\text{Ns} \cdot 0{,}07 \cdot 16 \cdot 10^{-3}\,\text{m}}$$
$$= 2{,}065\,\text{m/s} < U = 59{,}9\,\text{m/s}$$

Die Übergangsgeschwindigkeit U_{tr} sollte kleiner als oder gleich groß wie die zulässige Übergangsgeschwindigkeit $U_{\text{tr,lim}}$ sein. Für $U_{\text{tr,lim}}$ gilt:

$$U_{\text{tr,lim}} = 1{,}5 \text{ bis } 2\,\text{m/s}$$

Diese Bedingung wird erfüllt, da U_{tr} ungefähr $2\,\text{m/s}$ ist.

11.3 Aufgaben zu Wälzlagern

Wälzlager gehören zu den wichtigsten Maschinenelementen. Sie können sehr kleine Reibwiderstände liefern, wie es besser nur mit hydrostatischen Lagern und entsprechendem Aufwand möglich wäre. Sie sind vielfältig in kleinsten und sehr großen Maschinen einsetzbar. Allerdings erfordert die Auswahl, der konstruktive Einbau und die Dimensionierung Erfahrung und Übung. Wälzlager werden hinsichtlich ihrer Ermüdungslebensdauer berechnet. Die Ermüdung von Wälzlagern stellt aber nur eine mögliche Ausfallursache dar. Der Konstrukteur muss weitere Ausfallursachen kennen. Dazu zählen z. B. der Bruch des Käfigs, Mangelschmierung, Montagefehler Schmierstoffversagen und statische Überlastung. Weiterhin können Schäden durch nicht sachgerechtes Abrollen der Wälzkörper auftreten, wenn die Belastung des Lagers zu klein ist.

11.3.1 Verständnisfragen

a) Nennen Sie vier wichtige Vorteile, die Wälzlager gegenüber Gleitlagern besitzen!

Lösung

- Wälzlager sind Normteile und leicht austauschbar. Gleitlager werden zwar auch in großen Stückzahlen gefertigt, dann aber meist maßgeschneidert für spezielle Anwendungen, wie z. B. Verbrennungsmotoren. Ausnahmen sind Sinter oder Kunststoffbuchsen für einfache Anwendungen.

- Geringe Reibung beim Anfahren: Wegen der nur sehr kleinen Gleitanteile, die der Rollbewegung überlagert sind, haben Wälzlager sogar bei Trockenlauf ein wesentlich geringeres Losbrechmoment beim Anfahren aus dem Stillstand. Hinzu kommt, dass sich aufgrund der günstigen Kinematik ein trennender Schmierfilm schon bei wesentlich geringeren Drehzahlen aufbaut.

- Geringer Schmiermittelbedarf: Wegen der reinen Gleitbewegung und der daraus resultierenden relativ hohen Reibleistung durch Scherung des Schmierstoffes hat der Schmierstoff bei Gleitlagern nicht nur die Funktion, die Oberflächen zu trennen, sondern wird auch zur Wärmeabfuhr benötigt. Wälzlager hingegen kommen aufgrund der geringen Gleitanteile ohne Wärmeabfuhr durch den Schmierstoff aus. Der extrem dünne elastohydrodynamische Schmierfilm enthält zudem nur minimale Schmierstoffmengen.

- Einfache Aufnahme axialer Kräfte: Radialgleitlager bilden durch exzentrische Verlagerung der Welle von selber einen konvergenten Spalt, der für einen hydrodynamischen Druckaufbau sorgt. Axialgleitlager bilden theoretisch nur einen Parallelspalt aus, der keine hydrodynamische Wirkung hat. Man muss daher gezielt Keilflächen durch entsprechende Formgebung einer Oberfläche oder den Einbau von Kipp-Segmenten herstellen, was fertigungstechnisch aufwendig ist.

Wälzlager können hingegen mit geringem Aufbau so gestaltet werden, dass Axialkräfte als Normalkräfte zwischen den Wälzflächen über einen elastohydrodynamischen Schmierfilm übertragen werden (Lager mit Druckwinkeln ungleich Null).

b) Begründen Sie, warum ein Zylinderrollenlager bei gleicher Baugröße eine höhere radiale Tragfähigkeit als ein Rillenkugellager besitzt. Skizzieren Sie den dafür entscheidenden Unterschied beider Lagerbauformen in Abb. 11.18, Ansicht A-A (idealisiert und unter Berücksichtigung elastischer Verformungen).

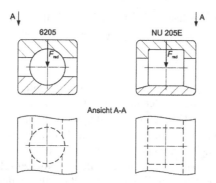

Abbildung 11.18. Rillenkugellager (links) und Zylinderrollenlager (rechts) jeweils Schnitt (oben) und Draufsicht (unten)

Lösung: Wegen der engen Schmiegung in axialer Richtung erweitert sich der Berührpunkt beim Rillenkugellager unter Belastung zu einer Ellipse mit der größeren Halbachse in Querrichtung. Aufgrund der leicht konvexen Profile der Rollen- und Laufbahnen in axialer Richtung entsteht auch beim Zylinderrollenlager eine Ellipse, die allerdings sehr langgestreckt ist und eine deutlich größere Fläche aufweist als beim Rillenkugellager. Bei gleicher Kraft F_{rad} ist somit die Flächenpressung geringer. Siehe auch Abb. 11.49 im Lehrbuch Steinhilper/Sauer.

c) Beschreiben Sie die unterschiedlichen Loslagereffekte von Rillenkugel- und Zylinderrollenlagern. Was ist bei der Verwendung eines Zylinderrollenlagers hinsichtlich der Festlegung zu beachten (bitte skizzieren)?

Lösung: Loslagereffekt: Bei Rillenkugellagern muss die axiale Verschieblichkeit, die für die Loslagerfunktion erforderlich ist, durch reibungsbehaftete Gleitbewegungen zwischen dem Außenring und dem Gehäuse oder zwischen dem Innenring und der Welle realisiert werden. Bei Zylinderrollenlagern geschieht dies im Betrieb zwanglos durch eine Wälz-Gleitbewegung zwischen einer Laufbahn und den Wälzkörpern.

Axiale Festlegung: Zylinderrollenlager der Bauform NU, NJ, NUP sind zerlegbar, das heißt, Außenring und Innenring sind in axialer Richtung nicht gekoppelt. Daher

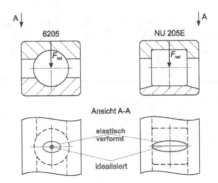

Abbildung 11.19. Rillenkugellager (links) und Zylinderrollenlager (rechts) jeweils Schnitt (oben) und Draufsicht (unten) mit eingezeichneter Kontaktfläche zwischen Wälzkörper und Lauffläche

kann es durch axiales Wandern eines Ringes zu einer unzulässig großen Verschiebung der Ringe relativ zueinander kommen, wenn dieser nicht festgelegt ist. Bei Lagern der Bauform NJ ist diese Gefahr zumindest in einer Richtung gegeben. In der anderen Richtung kann es unter Umständen (Umlaufbiegung!) zu einer axialen Verspannung durch Ringwandern kommen. Daher ist es bei Zylinderrollenlagern am sichersten, beide Ringe axial beidseitig festzulegen. Nur bei selbsthaltenden Lagern (das sind wirklich nur Rillenkugellager, Pendelkugellager und Pendelrollenlager) reicht es aus, einen Ring axial festzulegen (nämlich den mit festem Sitz), der andere wird mitgenommen. Dies geschieht aber nur dann problemlos, wenn der Druckwinkel groß genug ist.

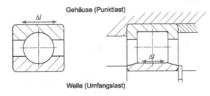

Abbildung 11.20. Längenänderung Δl bei einer Los Lager Funktiion, links Rillenkugellager, rechts Zylinderrollenlager

d) Geben Sie drei aus der Lagerbezeichnung: NU 2209 C4 ablesbare Angaben an!

Lösung

- NU: Zylinderrollenlager Bauform NU. Das heißt: Der Außenring hat Führungsborde, der Innenring hat keine Borde.

- 22: Breiten- und Durchmesserreihe, ein Anhaltspunkt für die Proportionen des Lagers und seine Tragfähigkeit bei gegebenem Bohrungsdurchmesser.

- 09: Bohrungsdurchmesser : $d = 5 \times 9 = 45$ mm.

- C4: Es handelt sich bei den Angaben C1, C2, C3, C4 um radiale Herstell-
  Lagerspiele, die so zu wählen sind, dass sich im Betrieb aufgrund der Sitz-
  charakteristiken und der Temperaturen das gewünschte Spiel einstellt. C1 und
  C2 sind dabei kleiner als normal, C3 und C4 größer. Die Normalluft wird nicht
  gesondert angegeben. Die große Lagerluft C4 kommt in Betracht, wenn beide
  Ringe einen Festsitz aufweisen (dadurch wird der Innenring aufgeweitet und der
  Außenring im Durchmesser verkleinert) oder innen eine hohe Übertemperatur
  gegenüber außen herrscht, was durch Wärmedehnung zur Spielverkleinerung
  führt. Angestrebt wird ein Betriebsspiel von annähernd Null. Wenn nur ungenau
  bekannte Verhältnisse herrschen (Toleranzen, nicht genau bekannte Temperaturen), dann wird man zur Sicherheit eine etwas größere Luft wählen. Bei Schräg-
  kugellagern, Kegelrollenlagern, Rillenkugellagern ist es sogar durchaus üblich,
  über starre oder federnde Anstellung eine Vorspannung zu erzeugen. Dies gilt
  bei drehendem Innenring auch für zweireihige Zylinderrollenlager der Bauform
  „N" in Werkzeugmaschinen. Bei Lagern der Bauform NU mit drehendem Innenring ist dies jedoch kritisch, weil schon kleine Schiefstellungen zu einem hohen
  Axialschub führen und sich die Rollen durch Schränken verklemmen können.

e) Wie ist die nominelle Lagerlebensdauer L10 definiert? (Definition und Formel)

Lösung $L_{10} = \left(\frac{C}{P}\right)^{\mathrm{p}} 10^6$ Umdrehungen

Dies ist eigentlich die Gleichung einer Wöhlerlinie für Wälzbeanspruchung mit dem
Exponenten p als Steigung der Wöhlerlinie im logarithmischen Maßstab. Die nominelle Lebensdauer ist die Anzahl Umdrehungen, nach der maximal 10 % einer größeren Anzahl von Wälzlagern durch Wälzermüdung der Laufbahnen oder Wälzkörper ausgefallen sind. Abweichend von den klassischen Wöhlerlinien für Zug-Duck,
Biegung oder Torsion tritt hier also anstelle der echten Lastwechselzahl die Anzahl
der Lagerumdrehungen. Die tatsächliche Lastwechselzahl hängt insbesondere von
der zugehörigen Anzahl Überrollungen eines Wirkflächenelementes ab, die wiederum vor Allem durch die Wälzkörperanzahl bestimmt wird. Das Verhältnis C/P
entspricht der Ausschlagspannung im normalen Wöhler-Diagramm. Der Anwender braucht diese jedoch nicht zu berechnen; er muss nur die Tragzahl C aus dem
Katalog entnehmen und die äquivalente Lagerbelastung aus der Axial- und Radialkraft ermitteln. Die Tragzahl C wird aus der Geometrie des Lagers ermittelt. Dabei
wird nicht nur berücksichtigt, wie groß die maximale Hertzsche Flächenpressung
ist, sondern auch, wie viele Wälzkörper belastet werden und wie groß das bean-
spruchte Volumen ist. Trotz gleicher Flächenpressung kann daher die Lebensdauer
unterschiedlich sein.

Der Begriff „nominelle" Lebensdauer beruht darauf, dass die Formel aus Versuchen
unter bestimmten „Standard" Bedingungen abgeleitet wurde. Für andere Schmierungsbedingungen, Schädigung durch Verunreinigungen oder deutlich abweichende

Belastungen wurden im Laufe der Zeit verschiedene Korrekturfaktoren a eingeführt, die schließlich zur modifizierten Lebensdauer nach DIN ISO 281 Beiblatt 4 führten. Insbesondere wird dadurch der allmähliche Übergang zur Dauerfestigkeit bei geringen Belastungen abgebildet.

Die Formel für die nominelle Lebensdauer ist somit nur eine Näherungslösung, die aber für die Entwurfsphase eines Systems sehr wichtig ist, wenn es nämlich auf eine ausgewogene Dimensionierung ankommt. Für eine genaue Nachrechnung oder die Auslegung der Abdichtung und der Schmierung im Detail benutzt man besser das modifizierte Verfahren.

f) Benennen Sie zwei verschiedene Schmierstoffarten, welche bei der Schmierung von Wälzlagern zum Einsatz kommen!

Lösung

- Ölschmierung wird vorzugsweise dort gewählt, wo ohnehin Öl zur Schmierung oder zum Betrieb anderer Bauteile verwandt wird, zum Beispiel in Zahnradgetrieben. Sie hat den Vorteil, dass die Alterung des Schmierstoffs aufgrund des großen Ölvolumens bzw. von Ölwechseln für die Gebrauchsdauer der Lager weniger kritisch ist als bei Fettschmierung.

- Schmierfette sind einfach anzuwenden; sie bedingen nur einen geringen konstruktiven Aufwand, insbesondere für die Abdichtung, falls diese nicht ohnehin nötig ist. Die Reibung bei Fettschmierung ist in der Regel kleiner als bei Ölschmierung, da Plansch- und Scherverluste außerhalb der eigentlichen Wälzkontakte minimiert werden.

- Festschmierstoffe werden nur in Sonderfällen angewandt, wenn nämlich eine hydrodynamische Schmierfilmbildung mit Hilfe konventioneller Schmierstoffe nicht möglich ist. Dies kann durch niedrige Drehzahlen, hohe Temperaturen oder Betrieb im Teilvakuum bedingt sein.

g) Benennen Sie die vier in Abb. 11.21 dargestellten Wälzlagerdichtungen!

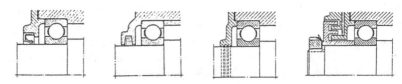

Abbildung 11.21. Verschiedene Wellenabdichtungen, die in Verbindung mit Wälzlagern eingesetzt werden

Lösung: siehe Tab. 11.6

Tabelle 11.6. Benennung verschiedener Wälzlager Wellenabdichtungen

Radialwellendichtring: Der gezeigte nach innen dichtende Radialwellendichtring ist eigentlich keine typische Wälzlagerdichtung. Er wird so sinnvoller Weise nur eingesetzt, wenn ein teilweise mit Öl oder Fließfett gefüllter Raum zwischen den Lagern vorhanden ist, der zur Schmierung anderer Komponenten dient. Bei fettgeschmierten Lagern mit Fett üblicher Konsistenz ist ein Standard-Radialwellendichtring in dieser Anordnung nicht sinnvoll.

Filzring: der Filzring ist eine einfache Dichtung für Fettschmierung, der Schmutz von außen besser fernhält als einfache Labyrinthe. Er ist aber nicht öldicht, da er keine Rückförderwirkung besitzt.

Spaltdichtung: Spaltdichtungen und Labyrinthdichtungen haben den Vorteil geringer Reibungsverluste und sind bei Fettschmierung meist ausreichend. Einfache Spaltdichtungen arbeiten mit dem Wirkprinzip des Strömungswiderstandes durch Drosselung in engen Querschnitten. Aufwendigere Spaltdichtungen können z.B. wie hier gezeigt Rückfördergewinde beinhalten.

Labyrinthdichtung: im Gegensatz zur einfachen Spaltdichtung sind hier noch weitere Gestalteelemente mit zusätzlichen Wirkmechanismen einbezogen (Schleuderwirkung durch Fliehkraft, Erhöhung des Strömungswiderstandes durch scharfkantige Umlenkung bzw. sprunghafte Querschnittsänderung.

h) Stellen Sie qualitativ für die dargestellten Rillenkugellager in Abb. 11.22 die Lastverteilung über den Umfang dar (Die Radiallasten sind in beiden Fällen gleich)!

Lösung: Je kleiner die Lagerluft, umso gleichmäßiger verteilt sich die Belastung auf eine größere Anzahl Wälzkörper und umso geringer wird die Beanspruchung des höchstbelasteten Kontaktes. Dadurch steigt die Ermüdungslebensdauer.

i) Wodurch wird die Betriebs-Lagerluft eines Lagers beeinflusst?

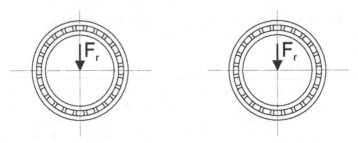

Abbildung 11.22. Rillenkugellager, links spielfrei (s = 0), rechts mit Lagerspiel (s > 0)

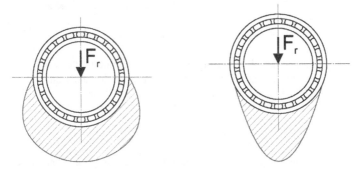

Abbildung 11.23. Lastverteilung am Rillenkugellager, links spielfrei (s = 0), rechts mit Lagerspiel (s > 0)

Lösung: Durch die Passungsverhältnisse am Innenring und Außenring. Das Gehäuse staucht ggf. den Außenring und mindert die Lagerluft. Der Innenring wird aufgeweitet und mindert damit ebenfalls die Lagerluft. Weiterhin beeinflusst die Temperaturdifferenz zwischen Innenring und Außenring die Lagerluft.

11.3.2 Gestaltung von Wälzlagerungen

Aufgabe a

Eine Welle soll mit Rillenkugellagern der Größe 6205 gelagert werden. Im ersten Fall ist eine Fest-Loslagerung bei Umfangslast für den Innenring sowie Punktlast für den Außenring vorgesehen, siehe Abb. 11.24. Im zweiten Fall (Umfangslast für den Außenring, Punktlast für den Innenring) soll eine Trag-Stützlagerung zum Einsatz kommen, siehe Abb. 11.25. Vervollständigen Sie entsprechend diesen Vorgaben die beiden Zeichnungen. Als Sicherungselemente auf der Welle sind ggf. Wellensicherungsringe (maximal 2 Stück!) nach DIN 471 zu verwenden. Gehäuseseitig stehen zur Sicherung der Lager lediglich die Gehäusedeckel zur Verfügung. („Luft" zwischen Bauteilen eindeutig Kennzeichnen!)

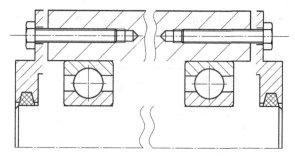

Abbildung 11.24. Ausgangssituation zur Aufgabenstellung, Fall 1: Fest-Loslagerung, AR: Punktlast, IR: Umfangslast

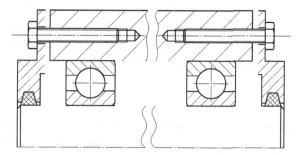

Abbildung 11.25. Ausgangssituation zur Aufgabenstellung, Fall 2: Trag-Stützlagerung, AR: Umfangslast, IR: Punktlast

Lösung

Die Lösungen sind in den Abb. 11.26 und 11.27 dargestellt:

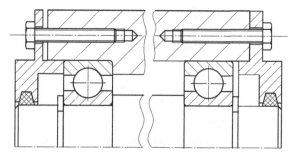

Abbildung 11.26. Lösung zum Fall 1

Fall 1: Fest-Loslagerung, AR: Punktlast, IR: Umfangslast. In diesem Fall ist ein fester Sitz der Innenringe auf der Welle erforderlich, um ein Wandern in Umfangsrichtung zu verhindern. Der notwendige axiale Längenausgleich kann daher nur zwischen den Außenringen und dem Gehäuse erfolgen, so dass die Ringe dort axial Spiel erhalten.

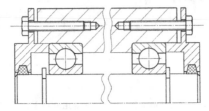

Abbildung 11.27. Lösung zum Fall 2

Fall 2: Trag-Stützlagerung, AR: Umfangslast, IR: Punktlast. In diesem Fall müssen die Außenringe feste Sitze haben. Die axiale Verschiebemöglichkeit muss daher zwischen Welle und Lagerinnenringen vorgesehen werden.

Aufgabe b

Geben Sie für die in Tab. 11.7 skizzierten Ausführungen einer Planetenlagerung die Belastungsfälle für den Innenring und den Außenring sowie die zugehörige Passungscharakteristik an!

Tabelle 11.7. Aufgabenblatt zu Aufgabe b

Lagerungsvarianten		
	Hohlrad Planet Steg Sonnenrad	Hohlrad Planet Steg Sonnenrad
	Innenring / Außenring	**Innenring / Außenring**
Umfangslast Punktlast loser Sitz fester Sitz		

Lösung

Tabelle 11.8. Lösung zu Aufgabe 11.3.2 b

Lagerungsvarianten

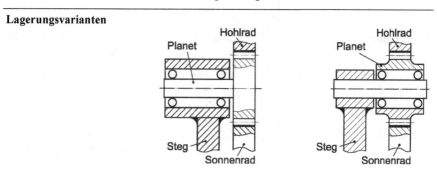

	Innenring / Außenring		Innenring / Außenring	
Umfangslast	X	/	/	X
Punktlast	/	X	X	/
loser Sitz	/	X	X	/
fester Sitz	X	/	/	X

Die resultierende Radialkraft aus den Verzahnungskräften an den Planetenrädern wirkt immer in Umfangsrichtung und läuft mit dem Steg um. Für einen Betrachter auf dem Steg ändert sich somit die Lastrichtung nicht. Für einen Betrachter auf dem Plantenrad läuft diese Last jedoch um.

Aufgabe c

Beim Einsatz von Schrägkugellagerpaaren können drei unterschiedliche Anordnungen gewählt werden. Benennen und skizzieren Sie diese Lageranordnungen und nennen Sie jeweils eine Eigenschaft der Lageranordnung!

Lösung

Siehe Tab. 11.9

Tabelle 11.9. Lösung zu Aufgabe 11.3.2 c

Benennung	Skizze	Eigenschaft
X-Anordnung		Axiallastaufnahme in beide Richtungen, wirkt wie ein Lager
O-Anordnung		Axiallastaufnahme in beide Richtungen, starre Lagerung gegenüber Kippmomenten, wirkt wie 2 Lager
Tandem-Anordnung		Höchste axiale Tragfähigkeit (in eine Richtung)

Aufgabe d

Für eine Kegelritzelwelle ist eine Lagerung zu konzipieren. Vervollständigen Sie die Skizze in Abb. 11.28!

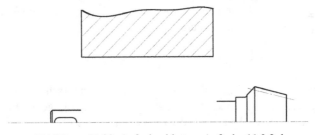

Abbildung 11.28. Aufgabenblatt zu Aufgabe 11.3.2 d

Lösung

Siehe Abb. 11.29

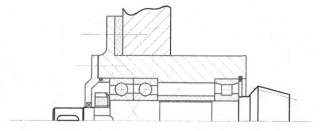

Abbildung 11.29. Aufgabenblatt mit Lösung zu Aufgabe 11.3.2 d

Aufgabe e

Die in Abb. 11.30 dargestellte Welle kann auf mehrere Arten mit Wälzlagern gelagert werden. Zeichnen Sie drei unterschiedliche Lösungen mit unterschiedlichen
Lagerbauarten ein.

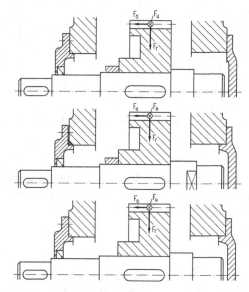

Abbildung 11.30. Aufgabenblatt zu Aufgabe 11.3.2 e

Lösung

1. Mittels Fest-Loslagerung und 2 Rillenkugellagern (Standardlösung), siehe Abb. 11.31.

2. Fest-Los-Lagerung mit Rillenkugellager und einem Zylinderrollenlager als Loslager. Der Vorteil ist die zwanglose Loslagerverschiebung im Zylinderrollenlager.
Dadurch werden axiale Zusatzkräfte vermieden. Allerdings ist das Zylinderrollenlager teuer und sollte nur eingesetzt werden, wenn die radiale Belastung für ein
Rillenkugellager zu hoch ist, siehe Abb. 11.32.

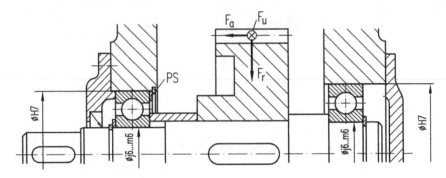

Abbildung 11.31. Lösung mit Rillenkugellagern

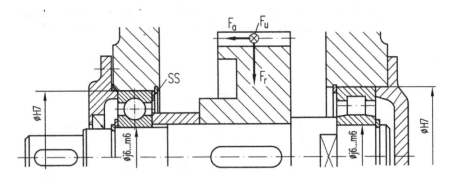

Abbildung 11.32. Lösung mit einem Rillenkugellager und einem Zylinderrollenlager als Loslager

3. angestellte Lagerung mit 2 Kegelrollenlagern; einfache Lagerbefestigung und kostengünstige Lager, aber Einstellung des Axialspiels erforderlich und kein Ausgleich der Wärmedehnung, siehe Abb. 11.33.

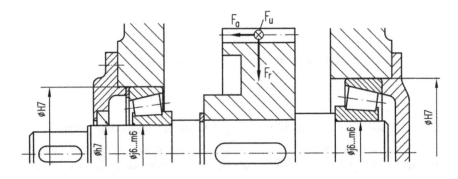

Abbildung 11.33. Lösung als angestellte Lagerung mit Kegelrollenlagern

11.3.3 Berechnung von Wälzlagerungen

Aufgabe a

Ein schräg verzahntes Zahnrad (Teilkreisdurchmesser d) ist fliegend auf einer Welle mit einem Fest- (Lager A) und einem Loslager (Lager B) montiert.

gegebene Abmessungen
Teilkreis Durchmesser: $d = 220\,\text{mm}$
Lagerabstand: $a = 140\,\text{mm}$
Abstand: $b = 110\,\text{mm}$
Kräfte am Zahnrad:
Umfangskraft: $F_u = 5000\,\text{N}$
Radialkraft: $F_r = 1820\,\text{N}$
Axialkraft: $F_a = 950\,\text{N}$

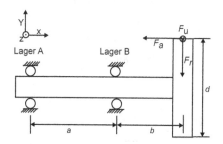

Abbildung 11.34. Prinzipskizze für Kegelritzelwelle

Tabelle 11.10. Lagerdaten

d [mm]	D [mm]	$C_{\text{dyn.}}$ [kN]	C_0 [kN]	Kurzzeich.	$F_a/F_r \le e$		$F_a/F_r \ge e$	
					F_a/C_0 e	X Y	X	Y
50	110	62	38	6310	0,025 0,22	1 0	0,56	2
50	130	81,5	52	6410	0,04 0,24	1 0	0,56	1,8
50	90	78	88	NU2210	0,07 0,28	1 0	0,56	1,6
50	110	110	114	NU310	0,13 0,32	1 0	0,56	1,4
50	110	163	186	NU2310	0,25 0,36	1 0	0,56	1,2

1. Berechnen Sie die an den Lagern auftretenden Kräfte A_x, A_y, A_z, B_x, B_y, B_z

2. Für die Lager wird eine Lebensdauer von $L_{10} = 3000 \times 10^6$ Umdrehungen gefordert. Wählen Sie aus der Liste in Tabelle 11.10 eine kostengünstige Lösung für die beiden Lager aus und begründen Sie ihre Wahl!

3. Mit welcher Wahrscheinlichkeit (in %) fällt das Lager A vor der rechnerischen Lebensdauer L_{10} aus?

4. Nennen Sie eine konstruktive Maßnahme, um die Belastung für die gewählte Lagerung zu reduzieren.

Lösung

zu 1.

$$A_x = 950{,}0\,\text{N}$$
$$A_y = -683{,}6\,\text{N}$$
$$A_z = -3928{,}6\,\text{N}$$
$$B_x = 0{,}0\,\text{N}$$
$$B_y = 2503{,}6\,\text{N}$$
$$B_z = 8928{,}6\,\text{N}$$

zu 2.

Auswahl: Loslager (Lager B)

$$C_{\text{erf}} = P \cdot \sqrt[p]{L_{10}} = 102{,}41\,\text{kN}$$
$$\Rightarrow \text{NU 310 (Zylinderrollenlager)}$$

An diesem Beispiel ist ersichtlich wie die einfache Formel für die nominelle Lebensdauer verwendet werden kann, um abzuschätzen, welche Lagerbauform und Größe in Frage kommt. Da von vornherein nicht klar ist, ob ein Lager mit Punktberührung ausreicht, wird zunächst mit der Annahme gerechnet $p = 10/3$, die für Linienberührung gilt. Die äquivalente Belastung P ist die Resultierende aus B_y und B_z: $P = 9273\,$N; damit ergibt sich eine erforderliche dynamische Tragzahl von etwa $100\,$kN. In dieser Größenordnung liegt das NU 310. Diese Auswahl läge auf der sicheren Seite, denn C ist mit $110\,$kN größer als der theoretische Wert und besondere Betriebsbedingungen, die lebensdauermindernd wirken könnten, sind nicht bekannt. Das NU 2310 wäre sicherlich überdimensioniert. Aus Gründen des verfügbaren Bauraums käme noch das NU 2210 in Betracht, das einen deutlich kleineren Außendurchmesser D aufweist. Da C kleiner ist als der berechnete erforderliche Wert, wäre hierzu eine genaue Nachrechnung erforderlich, die aber durchaus ein positives Ergebnis liefern könnte. In Anbetracht der niedrigen spezifischen Belastung sind bei sauberen Bedingungen und Schmierfilmen, die wesentlich größer sind als die Rauheit, a-Faktoren in der erforderlichen Höhe $a = 2{,}5$ durchaus erreichbar. Rillenkugellager würden hier beim Loslager trotzdem nicht ausreichen, denn bei ihnen beträgt der Exponent p nur 3. Zudem ist die schwere Reihe 4, hier also das Lager 6410, eher eine Sonderausführung und daher auch wirtschaftlich nicht günstig. Der Type 6310 wäre deutlich kostengünstiger als NU310, scheidet aber definitiv aufgrund der zu geringen Tragfähigkeit aus. Damit ist der Einsatz von Zylinderrollenlagern gerechtfertigt, womit auch noch der Vorteil der zwanglosen Loslagerverschiebung innerhalb des Lagers verbunden ist.

Wenn der Bauraum ausreicht, wäre aus Gründen der Verfügbarkeit und – wegen der höheren gefertigten Stückzahl auch aus Kostengründen – das NU 310 dem NU 2210 vorzuziehen. Außerdem ist die breitere Reihe 22 empfindlicher gegen Schiefstellungen.

Auswahl: Festlager (Lager A)

$$F_{r,\text{resul}} = \sqrt{\left(A_z^2 + A_y^2\right)}; \quad F_a = A_x$$

$$F_a/C_0 \leqslant 0{,}025 \Rightarrow e = 0{,}22 \Rightarrow F_a/F_r \geqslant e$$

$$P = 0{,}56 \cdot X + 2 \cdot Y = 4{,}1331\,\text{kN}$$

$$C_{\text{erf}} = P \cdot \sqrt[p]{L_{10}} = 59{,}61\,\text{kN}$$

$$\Rightarrow 6310 \text{ (Rillenkugellager)}$$

Auf der Festlagerseite ist in Anbetracht der geringeren Belastung wahrscheinlich, dass ein Rillenkugellager ausreichen wird. Zudem sind auch Axialkräfte aufzunehmen, die beim Zylinderrollenlager allenfalls nur begrenzt zulässig sind.

Die Bestimmung der äquivalenten Lagerbelastung ist bei Rillenkugellagern nicht ganz einfach. Der Druckwinkel und damit auch die Faktoren X und Y hängen nämlich von der Höhe der Axialkraft im Verhältnis zur statischen Tragfähigkeit C_0 und zur Radialkraft F_r ab.

Da F_a gegenüber C_0 nur klein ist, stellt sich nur ein kleiner Druckwinkel und damit auch ein kleiner Wert e ein. Dies bedeutet, dass die innere Axialkraftkomponente F_r, die durch die Kraftzerlegung im Lager erzeugt wird, ebenfalls klein bleibt. Damit ist die äußere Axialkraft größer als die innere ($F_a/F_r > e$) und wirkt sich auf die Lebensdauer aus. Der Faktor Y ist daher von Null verschieden und nimmt wegen des kleinen Druckwinkels sogar den Maximalwert 2 an. Mit einem Exponenten $p = 3$ (Punktberührung) wird eine erforderliche dynamische Tragfähigkeit von ungefähr 60 kN ermittelt, also ziemlich genau die Tragzahl des Rillenkugellagers 6310.

zu 3.

L_{10} besagt, dass der berechnete Lebensdauerwert von 90 % der Lager erreicht wird. Zu diesem Zeitpunkt sind dementsprechend 10 % bereits durch Ermüdung ausgefallen.

zu 4.

Eine Möglichkeit wäre es $a : b \geqslant 2 : 1$ zu wählen. Bei einer fliegenden Lagerung, wie sie in diesem Beispiel vorliegt, bewirkt eine Vergrößerung des Lagerabstandes a oder eine Verringerung des Kragarmes b eine Entlastung insbesondere des Lagers B.

Aufgabe b

Die Lagerung einer Welle soll aus Kostengründen mit Rillenkugellagern 6017 in Form einer Fest-Loslagerung erfolgen. Folgende Daten sind bekannt.

Gegeben:

Lastfall 1:
$F_{Ar} = 1,00\,kN$
$F_{Aa} = 3,05\,kN$
$F_{Br} = 4,94\,kN$
$n_I = 2300\,l/min$

Lastfall 2:
$F_{Ar} = 0,85\,kN$
$F_{Aa} = 1,75\,kN$
$F_{Br} = 4,21\,kN$
$n_{II} = 3800\,l/min$

Lagerdaten
$C = 49\,kN$
$C_0 = 43\,kN$

$d = 85\,mm$
$D = 130\,mm$

Tabelle 11.11. $X\,Y$ Faktoren zum Rillenkugellager 6017

F_a/C_0	e	$F_a/F_r \leq e$		$F_a/F_r \geq e$	
		X	Y	X	Y
0,025	0,22	1	0	0,56	2
0,04	0,24	1	0	0,56	1,8
0,07	0,28	1	0	0,56	1,6
0,13	0,32	1	0	0,56	1,4
0,25	0,36	1	0	0,56	1,2

1. Berechnen Sie die statische Tragsicherheit S_0 des Loslagers für den Lastfall 1.

2. Bestimmen Sie die äquivalente dynamische Lagerbelastung P_1 des Festlagers für den Lastfall 1.

3. Ermitteln Sie die L_{10h}-Lebensdauer des Festlagers für den Fall, das Lastfall 1 70 % der Gesamtbetriebsdauer ausmacht.

4. Nachdem somit die Lebensdauer nach der so genannten x,y-Methode überschlägig berechnet wurde, sollen nun genauere Werte für die Laststufe 1 mithilfe der

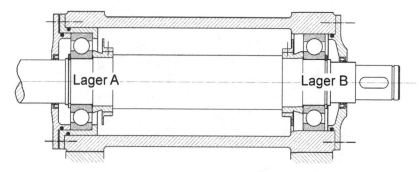

Abbildung 11.35. Wellenlagerung

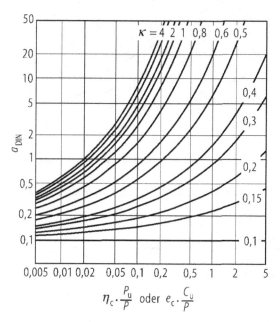

Abbildung 11.36. Lebensdauerbeiwert a_{DIN} nach DIN ISO 281 für Radial Kugellager

erweiterten Methode ermittelt werden. Dabei sind folgende Angaben zu berück-sichtigen:

- kinematische Viskosität des mineralischen Fett-Grundöls bei 80 °C: 4 mm²/s

- Betriebstemperatur: 80 °C

- Verschmutzung: normale Sauberkeit

- Ermüdungsgrenzbelastung C_u des Festlagers: 2430 N

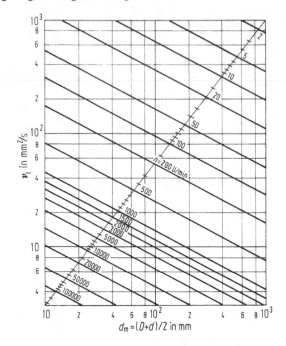

Abbildung 11.37. Erforderliche Bezugsviskosität ν_1

Tabelle 11.12. Beiwert η_c bzw. e_c (Richtwerte) für verschiedene Grade der Verunreinigung, (in Anlehnung an DIN ISO 281)

Betriebsverhältnisse	Beiwert
größte Sauberkeit (Teilchengröße der Verunreinigungen in der Größenordnung der Schmierfilmdicke)	1
große Sauberkeit (entspricht den Verhältnissen, die für fettgefüllte Lager mit Dichtscheiben auf beiden Seiten typisch sind)	0,8
normale Sauberkeit (entspricht den Verhältnissen, die für fettgefüllte Lager mit Deckscheiben auf beiden Seiten typisch sind)	0,5
Verunreinigungen (entspricht den Verhältnissen, die für Lager ohne Deck- oder Dichtscheiben typisch sind; Grobfilterung des Schmierstoffes und/oder von außen eindringende feste Verunreinigungen	0,5 ... 0,1
starke Verunreinigungen	0

Lösung

zu 1.

$$S_0 = \frac{C_0}{F_{Br}} = \frac{43\,kN}{4{,}94\,kN} = 8{,}70$$

Begründung für die Überprüfung der statischen Tragsicherheit:

Die statische Tragzahl stellt eine Analogie zur Fließgrenze bei quasistatisch beanspruchten Bauteilen dar, und zwar den Grenzwert, dem diese bei zyklischer Be- und Entlastung zustrebt. Die zyklische Belastung entsteht hier durch Überrollungen. Bei Überschreitung kommt es entweder zu unzulässigen Formänderungen (Unrundheit) oder zu Frühausfällen durch fortschreitendes plastisches Fließen der in der wälzbeanspruchten Randschicht. Bei stillstehenden, oszillierenden oder langsam umlaufenden Lagern ist dies die kritische Grenze und nicht die rechnerische Ermüdungslebensdauer.

zu 2.

$$\text{Richtige Wahl: } X = 0{,}56 \,\&\, Y = 1{,}6(F_a/C_0 = 0{,}07)$$
$$P1 = 5{,}44\,kN$$

Die äquivalente dynamische Lagerbelastung ist eine Hilfsgröße. Sie stellt die Umrechnung der tatsächlichen Lagerbelastung auf eine gedachte rein radiale Belastung dar. Für diese rein radiale Belastung gilt die dynamische Tragzahl, mit der dann die Ermüdungslebensdauer berechnet werden kann.

zu 3.

Lastfall: 2. Richtige Wahl: $X = 0{,}56 \,\&\, Y = 1{,}8(F_a/C_0 = 0{,}04)$
$$P_2 = 3{,}63\,kN$$

$$\text{mittlere Belastung: } P_m = \sqrt[p]{\frac{\sum\limits_{i=l}^{n} P_i^P \cdot n_i \cdot q_i}{\sum\limits_{i=l}^{n} n_i \cdot q_i}} = 4{,}85\,kN$$

$$\text{mittlere Drehzahl: } n_m = \left(2300 \cdot \frac{70}{100} + 3800 \cdot \frac{30}{100}\right) min^{-1} = 2750\,min^{-1}$$

$$L_{10h} = \left(\frac{C}{P_m}\right)^P \cdot \frac{10^6}{60 \cdot n_m}$$

$$L_{10h} = 6254$$

Die mittlere Belastung ergibt sich aus der Palmgren-Miner Regel. Ihr zufolge kann alternativ auch die mit den jeweiligen Umdrehungszahl-Anteilen gewichteten Reziprokwerte der Lebensdauern in den einzelnen Laststufen addiert werden, um den Reziprokwert der Gesamtlebensdauer zu erhalten.

Die L_{xy} Lebensdauer L_{10h} ist durch Multiplikation mit dem Faktor $a_{DIN/ISO}$ zu modifizieren. Dieser Faktor ist eine Funktion des Belastungsverhältnisses C_u/P, der Schmierfilmkennzahl κ sowie der des Verschmutzungsbeiwertes e_c.

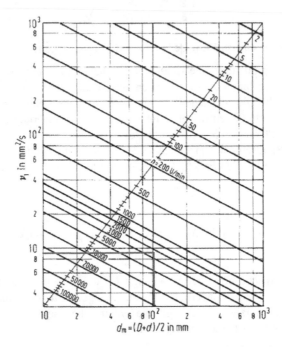

Abbildung 11.38. Erforderliche Bezugsviskosität v_1 für das betrachtete Beispiel

$e_c = 0{,}5$ wurde aus Tabelle 11.12 ermittelt. In Abb. 11.38 ist ersichtlich wie die Bezugsviskosität ermittelt wird.

$$v_1 = 4500 \cdot n^{-0,5} \cdot d_{\mathrm{m}}^{-0,5} = 9{,}04 \frac{\mathrm{mm}^2}{\mathrm{s}}$$

$$\kappa = \frac{v}{v_1} = 0{,}44$$

Demzufolge ist κ

$$\kappa = \frac{v}{v_1} = 0{,}44$$

Dies bedeutet, dass das Lager im Mischreibungsgebiet betrieben wird. Es ist daher zu erwarten, dass die tatsächliche und damit auch die modifizierte rechnerische Lebensdauer hinter der nominellen Lebensdauer zurückbleibt.

Mit den folgenden Größen kann aus Abb. 11.38 abgelesen werden:

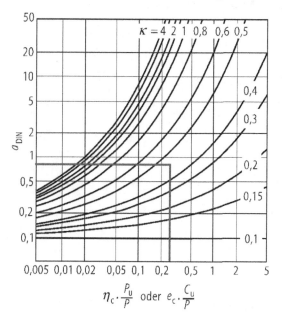

Abbildung 11.39. Ermittlung von a_{DIN} für das vorliegende Beispiel

$$e_c \cdot \frac{C_u}{P_1} = 0{,}5 \cdot \frac{2{,}430\,\text{KN}}{5{,}440\,\text{KN}} = 0{,}22 \qquad \kappa = 0{,}44$$

Aus Abb. 11.38 lässt sich durch Interpolation ablesen: $a_{DIN} = 0{,}8$

Da a_{DIN} unter 1 liegt, ergibt sich wie erwartet eine Reduktion der Lebensdauer:

$$L_{10h\,erw} = a_{DIN} \left(\frac{C}{P_1} \right)^p \cdot \frac{10^6}{60 \cdot n_1} = 5925\,\text{h}^*0{,}8 = 4740\,\text{h}$$

12 Dichtungen

Statische und dynamische Dichtungen sind ausgesprochen wichtige Maschinenelemente und in vielen Fällen entscheidend für die Funktion einer Maschine oder Anlage. Während die Dichtung als Bauteil häufig vergleichsweise wenig Kosten beansprucht, kann der Schaden, der entsteht, wenn die Dichtung ausfällt, um ein tausendfaches höher sein. Daher ist der sachgerechte Einbau einer Dichtung und das Wissen zur Funktionsweise von großer Bedeutung für den Ingenieur. Neben dem Dichtelement spielen die Oberflächen der angrenzenden zum Dichtsystem gehörenden Bauteile eine ebenso wichtige Rolle, um die Dichtfunktion zu gewährleisten. Dichtungen können heute nur zum Teil berechnet werden, um so wichtiger ist die richtige Gestaltung und der richtige Einbau.

12.1 Verständnisfragen zu Dichtungen

Gegeben ist die folgende Zeichnung eines Getriebegehäuses mit zwei Durchtrittsöffnungen für Wellen. Einer der beiden Radialwellendichtringe ist richtig montiert, der andere falsch.

a) Bitte kennzeichnen Sie den richtig eingebauten Ring.

b) Warum ist die Orientierung bei Radialwellendichtringen wesentlich?

c) Welche Funktion(en) hat die Feder bei einem Radialwellendichtring?

d) Was ist für die Montage zu beachten? Wie wäre der Wellenabsatz vor der Dichtung richtig zu gestalten? Bitte einzeichnen!

e) Wie groß ist der Fasenwinkel zu wählen?

f) Welche Oberflächenanforderungen sind an die Wellenoberfläche des Dichtungssystems zu stellen?

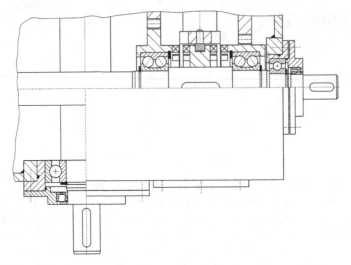

Abbildung 12.1. Teilschnitt eines Getriebes mit richtig und falsch eingebautem RWDR

Lösung

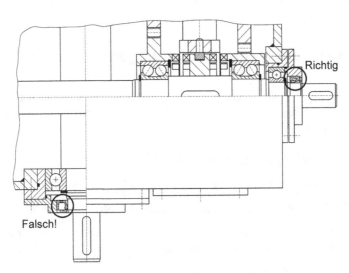

Abbildung 12.2. Teilschnitt eines Getriebes, gekennzeichneter richtig eingebauter RWDR

b) Siehe Zeichnung: Bodenseite muss nach außen weisen, damit eine Rückförderung zum Innenraum hin erreicht werden kann.

c) Radialwellendichtringe haben einen aktiven Rückfördermechanismus von der Bodenseite zur „Ölseite".

d) Aufrechterhaltung der Radialkraft (Radialkraftanteil des Elastomers nimmt mit der Zeit ab)

e) Auffädelschräge und polierte Übergänge

f) Drallfreie Oberflächen, Mittenrauhwert 0,2 bis 0,6

12.2 Gestaltungsaufgaben

Aufgabe a)

Die folgende Abbildung zeigt eine Wellendurchführung, diesmal für eine Wasserpumpe. Skizzieren Sie eine Gleitringdichtung mit den wesentlichen Bauelementen.

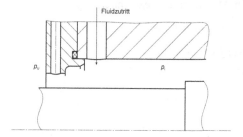

Abbildung 12.3. Wellendurchführung für eine Wasserpumpe mit Bauraum für Gleitringdichtung

Lösung

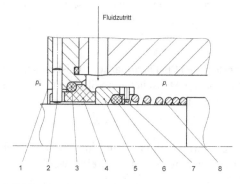

Abbildung 12.4. Wellendurchführung für eine Wasserpumpe mit Gleitringdichtung

Aufgabe b)

Die Radialwellendichtringe in Aufgabenteil 12.1 sollen durch eine Labyrinthdichtung ersetzt werden.

A) Welchen Vorteil würde das bringen?

B) Skizzieren Sie zwei sinnvolle Gestaltvarianten!

C) Welche Wirkmechanismen werden dabei genutzt (bitte mit Buchstaben in der Skizze kennzeichnen)?

Lösung

A) Geringere Reibung und unbegrenzte Lebensdauer (Wartungsfreiheit)

B) Vgl. Abbildungen 12.1b und 12.6 aus Steinhilper/ Sauer Band 1

C) In der folgenden Abbildung eingezeichnet:

   A: Schleuderwirkung (Fliehkraft)

   B: Drosselwirkung enger Spalte

   C: Fangwirkung

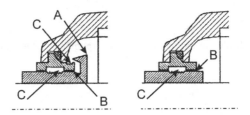

Abbildung 12.5. Fanglabyrinthdichtungen mit verschiedenen Wirkmechanismen

Aufgabe c)

Die in Abb. 12.6 dargestellte PTFE-Dichtmanschette ist dynamisch nicht dicht. Wie könnte man die Wirkfläche der Manschette modifizieren, um für eine Drehrichtung der Welle Dichtheit zu erreichen?

Lösung

Drehrichtungsabhängige Förderwirkung kann durch viskose Schleppströmung in eingeschnittener oder eingeprägter Spiralnut erreicht werden.

Aufgabe d)

Die folgende Abb. 12.8 zeigt einen O-Ring im eingebauten Zustand in einer Nut.

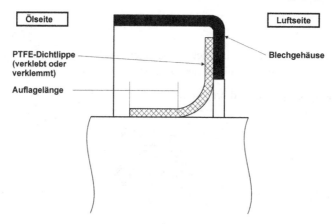

Abbildung 12.6. PTFE Dichtmanschette

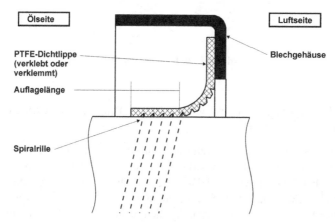

Abbildung 12.7. PTFE Dichtmanschette mit wellenseitiger Spiralnut

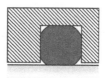

Abbildung 12.8. Eingebauter O-Ring

A) Was ist hier nicht richtig?

B) Skizzieren Sie bitte die korrekte Gestaltung!

C) Begründen Sie Ihre Lösung!

D) Was muss für die reale Kontaktfläche im Wirkflächenpaar O-Ring und Gegenfläche gelten, damit statische Dichtheit gegeben ist?

Lösung

A) Der O-Ring kann sich axial nicht ausdehnen, dadurch reagiert er radial sehr steif. Grund: Inkompressibilität des Dichtungswerkstoffs.

B) Die Nut muss ausreichend breit sein:

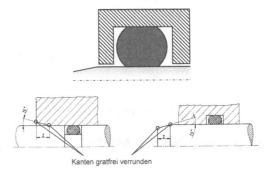

Kanten gratfrei verrunden

Abbildung 12.9. Eingebauter O-Ring

C) Bei radialer Zusammendrückung soll sich der Ring in axialer Richtung in der Nut ausdehnen können.

D) Bei regellosen Rauheitsstrukturen kann man davon ausgehen, dass eine vollständige Absperrung durch Festkörperkontakte bei einem Festkörperkontaktflächenanteil größer 50% erreicht wird. Falls die vollständige Absperrung nicht erreicht wird und Leckagepfade vorhanden sind, können statische Dichtungen auch mit Hilfe der Kapillarwirkung vollständig dicht sein. Dies setzt jedoch hinlänglich enge und lange Spalte und nicht zu große Druckdifferenzen voraus.

13 Antriebssysteme

Die wichtigsten Antriebssysteme sind die rotativen und linearen Systeme, die sich aus den drei Teilsystemen Antriebs- oder Kraftmaschine, Antriebsstrang und Arbeitsmaschine zusammensetzten. Die bekanntesten Vertreter der Antriebsmaschinen, welche zum Teil im Hybridfahrzeug parallel oder seriell vorkommen, sind der Verbrennungsmotor und der Elektromotor. Sie stellen die erforderlich Energie als mechanische Energie in Form von Drehmoment und Drehzahlt bereit.

Der Antriebsstrang, bestehend aus einer Vielzahl von Teilsystemen wie z. B. Getriebe, Kupplung und Wellen, leitet die Energie von der Kraftmaschine weiter an die Arbeitsmaschine, welche letztendlich die gewünschte Arbeit in irgendeiner Form verrichtet.

Komplexe Antriebssysteme lassen sich in beliebig weit in Teilsysteme zerlegen, wodurch der Detailierungsgrad sehr schnell ansteigt. Bei der Auslegung ist es von großer Bedeutung, das Antriebssystem als Ganzes zu betrachten um schon bei der Entwicklung die Wechselwirkung zwischen den Komponenten beurteilen zu können. Ohne Berücksichtigung des Zusammenspiels verschiedener Komponenten wie z. B. Kupplung mit Motor und Getriebe wäre ein Fahrzeug heute unkomfortabel und unfahrbar, da die Schwingungen kaum zu ertragen wären.

Um kritische Schwingungen und Wechselwirkungen zu vermeiden, wird in diesem Übungskapitel anhand von Beispielaufgaben gezeigt, wie ein komplexer Antriebsstrang vereinfacht modelliert werden kann. Abhängig von der Masse, den daraus resultierenden Massenträgheiten und Steifigkeiten der Komponenten können die Eigenfrequenzen des Systems berechnet werden. Mit diesen Parametern kann das System ausgelegt und beeinflusst werden.

Am Beispiel des Planetengetriebes soll gezeigt werden, wie mit Hilfe grundlegender Formeln einzelne Teilsysteme in ein reduziertes, einfaches Gesamtsystem überführt werden können.

Als letzteres wird auf das hydrodynamische Getriebe eingegangen und diesem Beispiel der Zusammenhang zwischen Drehmoment, Drehzahl und Wirkungsgrad gezeigt.

13.1 Reduzierung von Systemen

Das Antriebssystem eines Sesselliftes (Abbildung 13.1) besteht aus einem Elektro-antrieb, der über ein stark untersetzendes Getriebe die Läuferscheibe des Förder-seiles antreibt. Der Elektromotor ist über eine nicht schaltbare Wellenkupplung mit dem Getriebe verbunden.

Durch Fehlverhalten der Passagiere an Ein- und Ausstieg des Liftes muss die An-lage häufig abrupt angehalten und anschließend wieder hochgefahren werden. Die dabei auftretenden Beschleunigungsmomente beanspruchen den Antriebsstrang zu-sätzlich zum vorliegenden Lastmoment.

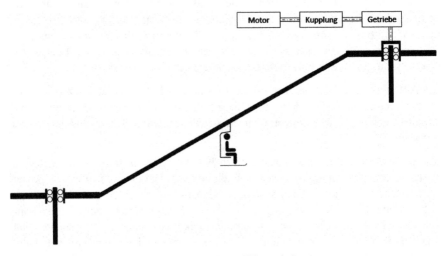

Abbildung 13.1. Prinzip eines Sesselliftes mit Systemparametern

Fahrgeschwindigkeit	v	5 m/s
Radius der Seilläuferscheibe	r	2,5 m
Trägheitsmoment Seilläuferscheiben insgesamt	J_{SL}	5000 kg m^2
Trägheitsmoment Passagiere und Sessel[a]	J_P	100.000 kg m^2
Steifigkeit der Kupplung	c_K	250.000 Nm/rad
Steifigkeit Getriebeabtriebswelle	c_{Gab}	9.000.000 Nm/rad
Beschleunigung des Antriebs beim Hochlauf	$(d\omega/dt)_{start}$	10 rad/s^2
Beschleunigung des Antriebs beim Nothalt	$(d\omega/dt)_{stopp}$	-120 rad/s^2
Getriebeübersetzung	i	30
Leistung an der Läuferscheibe	P_{An}	500 kW

[a] translatorische Größen auf rotatorisches System umgerechnet

a) Berechnen Sie das Lastmoment an der Läuferscheibe

Lösung

$$P_{\text{An}} = M \cdot \omega$$

$$M = \frac{P_{\text{An}}}{\omega} = \frac{P_{\text{An}} \cdot r}{v} = \frac{500.000\,\text{kg\,m}^2/s^3 \cdot 2,5\,\text{m}}{5\,\text{m/s}} = 250.000\,\text{Nm}$$

b) Das bereits vereinfachte System des Liftantriebs in Abb. 13.2 soll nun zur einfacheren Berechnung weiter auf ein Zweimassenmodell ohne Übersetzung reduziert werden. Leiten Sie hierzu zunächst die Beziehungen für die Reduktion der Drehmassen J_{P} und J_{SL} sowie der Steifigkeit c_{Gab} aus einer Energiebetrachtung her. Berechnen Sie die reduzierten Drehmassen $J'_{\text{P}}/J'_{\text{SL}}$ und die reduzierte Steifigkeit c'_{Gab} mit den gegebenen Werten

Lösung

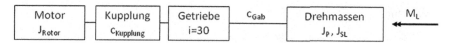

Abbildung 13.2. System mit relevanten Parametern ($J_{\text{Rotor}} = J_{\text{Elektromotor}}$)

Herleitung:

$$\frac{1}{2}J'\omega_{\text{Rotor}}^2 = \frac{1}{2}J\omega_{\text{ab}}^2 \; ; \quad \omega_{\text{ab}} = \frac{\omega_{\text{Rotor}}}{i}$$

$$J' = \frac{J}{i^2}$$

$$\frac{1}{2}c'\varphi_{\text{Rotor}}^2 = \frac{1}{2}c\varphi_{\text{ab}}^2 \; ; \quad \varphi_{\text{ab}} = \frac{\varphi_{\text{Rotor}}}{i}$$

$$c' = \frac{c}{i^2}$$

Berechnung:

$$J'_{\text{P}} = \frac{J_{\text{P}}}{i^2}$$

$$= \frac{100.000\,\text{kg\,m}^2}{30^2} = 111,11\,\text{kg\,m}^2$$

$$J'_{\text{SL}} = \frac{J_{\text{SL}}}{i^2}$$

$$= \frac{5.000\,\text{kg\,m}^2}{30^2} = 5,56\,\text{kg\,m}^2$$

$$c'_{\text{Gab}} = \frac{c_{\text{Gab}}}{i^2}$$

$$= \frac{9.000.000\,\text{Nm/rad}}{30^2} = 10.000\,\text{Nm/rad}$$

c) Wie lautet die Beziehung für die Reduktion des Lastmomentes? Berechnen Sie ebenfalls das reduzierte Lastmoment M_L' mit dem aus Aufgabenteil a) berechneten Lastmoment.

Lösung

Formel:

$$i = \frac{\omega_{an}}{\omega_{ab}} = \frac{M_{ab}}{M_{an}}$$

$$\Rightarrow M_L' = \frac{M_L}{i}$$

Berechnung:

$$M_L' = \frac{M_L}{i}$$

$$= \frac{250.000\,\text{Nm}}{30} = 8333,33\,\text{Nm}$$

d) Berechnen Sie weiterhin die Gesamtsteifigkeit resultierend aus der reduzierten Steifigkeit und der Steifigkeit c_K der Kupplung.

Lösung

Formel (Federreihenschaltung):

$$\frac{1}{c_{ges}} = \frac{1}{c'} + \frac{1}{c_K}$$

Berechnung:

$$\frac{1}{c_{ges}} = \frac{1}{c'} + \frac{1}{c_K}$$

$$= \frac{1}{10.000\,\text{Nm/rad}} + \frac{1}{250.000\,\text{Nm/rad}}$$

$$= 1,04 \cdot 10^{-4} \frac{1}{\text{Nm/rad}}$$

$$c_{ges} = 9615,38\,\text{Nm/rad}$$

e) Wie muss man die Steifigkeits- und Trägheitsparameter des nun vorliegenden Zweimassenschwingers verändern um die Systemeigenfrequenz zu verringern?

Lösung

Eigenfrequenz:

$$f = \frac{1}{2\pi} \sqrt{c \frac{J_1 + J_2}{J_1 J_2}}$$

c kleiner und/oder J größer

f) Zur Berechnung der wirkenden Kupplungsmomente, z. B. zur Ermittlung von Reibleistungen oder zur Vordimensionierung der Kupplung, ist es oftmals zulässig ein sehr einfaches Zweimassenmodell zu verwenden. In einem solchen Modell ist die Kupplungssteifigkeit die einzige relevante Elastizität.

Schneiden Sie zur Berechnung der resultierenden Kupplungsmomente beim Anhalten und Hochfahren der Anlage das vereinfachte System in Abb 13.3 an der Kupplung frei und stellen Sie daraus die Bewegungsgleichungen für beide Trägheitsmassen auf. Alle Größen mit Strich sind reduzierte Größen.

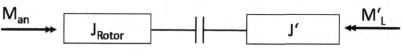

Abbildung 13.3. Vereinfachtes System

Lösung:

Freischnitt:

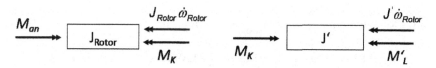

Abbildung 13.4. Freischnitt an der Kupplung

Bewegungsgleichungen:

Antriebsseite:

$$M_{an} - M_K = J_{Rotor}\dot{\omega}_{Rotor}$$

Abtriebsseite:

$$M_K - M'_L = J'\dot{\omega}_{Rotor}$$

g) Berechnen Sie für beide Fälle „Hochlauf" und „Nothalt" das zu übertragende Kupplungsmoment, das sich aus dem reduzierten Lastmoment M'_L und dem Trägheitsmoment der Drehmasse J' resultierend aus den reduzierten Drehmassen J'_P und J'_{SL} ergibt. Verwenden Sie hierzu die angegebenen Werte für die Hochlauf- und Nothalt-Beschleunigung.

Lösung

Aus Teilaufgabe e) folgt:

$$M_K = M'_L + J'\dot{\omega}_{Rotor}$$

Die Gesamtträgheitsmasse ergibt sich zu

$$J' = J'_P + J'_{SL}$$
$$J' = 111{,}11\,\text{kg}\,\text{m}^2 + 5{,}56\,\text{kg}\,\text{m}^2 = 116{,}67\,\text{kg}\,\text{m}^2$$

Daraus folgt für Hochlauf mit $\dot{\omega}_{Rotor} = \left(\frac{d\omega}{dt}\right)_{start} = 10\,\text{rad/s}^2$:

$$M_K = 8333{,}33\,\text{Nm} + 116{,}67\,\text{kg}\,\text{m}^2 \cdot 10\,\text{rad/s}^2 = 9500{,}03\,\text{Nm}$$

und für Nothalt mit $\dot{\omega}_{Rotor} = \left(\frac{d\omega}{dt}\right)_{stopp} = -120\,\text{rad/s}^2$:

$$M_K = 8333{,}33\,\text{Nm} + 116{,}67\,\text{kg}\,\text{m}^2 \cdot \left(-120\,\text{rad/s}^2\right) = -5667{,}07\,\text{Nm}$$

13.2 Berechnung eines Planetengetriebes

Mit einem Planetengetriebe ohne Leistungsverzweigung soll eine Eingangsleistung von $P_S = 3\,\text{kW}$ bei einer Eingangsdrehzahl $n_S = 3820\,\text{min}^{-1}$ einem Arbeitsprozess angepasst werden. Der Antrieb erfolgt über das Sonnenrad, der Abtrieb über den Steg und das Hohlrad ist festgesetzt.

Gegeben:

Wälzkreisradius der Planetenräder: $r_2 = 35\,\text{mm}$
Wälzkreisradius des Sonnenrads: $r_1 = 15\,\text{mm}$
Wälzkreisradius des Sonnenrads: $r_1 = 15\,\text{mm}$
Antriebsleistung an Sonne 1: $P_1 = 3000\,\text{W}$
Eingangsdrehzahl an Sonne 1: $n_1 = 3820\,\text{min}^{-1}$
Zahnbreite: $b = 10\,\text{mm}$
Dichte Stahl: $\rho = 8000\,\text{kg/m}^3$
Massenträgheit Steg S: $J_S = 3 \cdot 10^{-4}\,\text{kg\,m}^2$

a) Ermitteln Sie anhand der oben angegebenen Radien der Planetenräder die Abtriebsdrehzahl n_S am Steg und die Übersetzung i des Getriebes.

Lösung

grafisch mit Kutzbachplan:

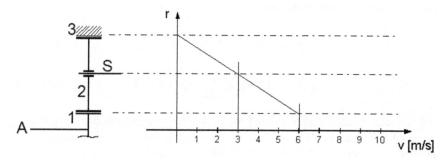

Abbildung 13.5. Kutzbachplan

$$v_1 = r_1\,\omega_1 = r_1 2\pi n_1 = 6\,\frac{\text{m}}{\text{s}}$$

aus Geometrie und Kutzbachplan folgt:

$$v_S = 3\,\frac{\text{m}}{\text{s}} \Rightarrow n_S = \frac{v_S \cdot 60}{(r_1 + r_2)2\pi} = 573\,\text{min}^{-1}$$

$$i = \frac{n_1}{n_S} = \frac{r_S v_1}{r_1 v_S} = 6{,}67$$

Lösung

rechnerisch nach Willis:

$$n_3 - n_S = -(n_1 - n_S)\frac{|z_3|}{z_1} \quad \text{mit} \quad n_3 = 0$$

$$-n_S\frac{z_1}{|z_3|} = -(n_1 - n_S)$$

$$n_1 = +n_S\frac{z_1}{|z_3|} + n_S = n_S(5,67 + 1) = 6,67 n_S$$

Übersetzung:

$$i = \frac{n_1}{n_S} = \frac{r_S v_1}{r_1 v_S} = 6,67$$

Drehzahl:

$$n_S = \frac{n_1}{6,67} = 573\,\text{min}^{-1}$$

b) Berechnen Sie das im Abtrieb (Steg) wirksame Drehmoment, wenn das Planetenradgetriebe einen Gesamtwirkungsgrad von $\eta_G = 98\%$ hat.

Lösung

$$\eta_G = \frac{P_S}{P_1} \Rightarrow M_S = \frac{P_1}{2\pi n_S}\eta_G = 49\,\text{Nm}$$

c) Bei dem Arbeitsprozess wird die Eingangswelle des Planetengetriebes mit einer Drehzahländerung von $300\,\text{min}^{-1}/\text{s}$ beschleunigt. Wie groß ist das Massenträgheitsmoment des Planetengetriebes? Nehmen Sie die Zahnräder als Kreisscheiben an.

Lösung

$$M = \sum J \cdot \dot{\omega} = J_1 \cdot \dot{\omega}_1 + J_S \cdot \dot{\omega}_S + 3 \cdot (J_2 \cdot \dot{\omega}_{2,\text{rot}}) + 3(J_2 + m_2 \cdot l_2^2) \cdot \dot{\omega}_S$$

Allgemeine Formel zur Berechnung der Massenträgheit einer Kreisscheibe

$$J = \frac{1}{2}mr^2 = \frac{1}{2}\rho \cdot V \cdot r^2 = \frac{1}{2} \cdot \rho \cdot (r^2 \cdot \pi \cdot b) \cdot r^2$$

$$J_1 = \frac{1}{2} \cdot 8000\,\frac{\text{kg}}{\text{m}^3}(2,25 \cdot 10^{-4}\text{m}^2 \cdot \pi \cdot 0,01\,\text{m}) \cdot 2,25 \cdot 10^{-4}\,\text{m}^2 = 6,362 \cdot 10^{-6}\,\text{kg}\,\text{m}^2$$

$$m_2 = \rho \cdot V = 8000\,\frac{\text{kg}}{\text{m}^3}(12,25 \cdot 10^{-4}\,\text{m}^2 \cdot \pi \cdot 0,01\,\text{m}) = 0,308\,\text{kg}$$

$$J_2 = \frac{1}{2} \cdot 0,308\,\text{kg} \cdot 12,25 \cdot 10^{-4}\,\text{m}^2 = 1,886 \cdot 10^{-4}\,\text{kg}\,\text{m}^2$$

Winkelbeschleunigungen:

$$\dot\omega_1 = 2 \cdot \pi \cdot \dot n / 60 = 2 \cdot \pi \cdot 5\, \frac{1}{s^2} = 31{,}42\, \frac{1}{s^2}$$

$$\dot\omega_S = \dot\omega_1 \cdot \frac{1}{i} = 4{,}71\, \frac{1}{s^2}$$

Bestimmung der Rotation des Planeten:

$$\dot v_S = \dot\omega_S \cdot r_S = 4{,}71\, \frac{1}{s^2} \cdot 50\,\text{mm} = 235{,}5\, \frac{\text{mm}}{s^2}$$

$$\dot v_1 = \dot\omega_1 \cdot r_1 = 31{,}42\, \frac{1}{s^2} \cdot 15\,\text{mm} = 471{,}3\, \frac{\text{mm}}{s^2}$$

$$\dot\omega_{2,\,\text{rot}} = \frac{\dot v_1 - \dot v_S}{r_2} = 6{,}74\, \frac{1}{s^2}$$

$$M = \sum J \cdot \dot\omega$$

$$= 6{,}362 \cdot 10^{-6}\,\text{kg}\,\text{m}^2 \cdot 31{,}24\, \frac{1}{s^2} + 3 \cdot 10^{-4}\,\text{kg}\,\text{m}^2 \cdot 4{,}71\, \frac{1}{s^2} +$$

$$+ 3 \cdot \left(1{,}886 \cdot 10^{-4}\,\text{kg}\,\text{m}^2 \cdot 6{,}74\, \frac{1}{s^2}\right) +$$

$$+ 3 \cdot \left(1{,}886 \cdot 10^{-4}\,\text{kg}\,\text{m}^2 + 0{,}308\,\text{kg} \cdot 25 \cdot 10^{-4}\text{m}^2\right) \cdot 4{,}71\, \frac{1}{s^2}$$

$$= 0{,}02\,\text{Nm}$$

13.3 Berechnung der Kenngrößen eines hydrodynamischen Getriebes

In Fahrzeugen mit Automatikgetrieben werden hydrodynamische Getriebe in Form von Föttingergetrieben verbaut.

Gegeben:

Wandlung: $\mu = 3$
Antriebsdrehzahl: 2000 U/min
Antriebsmoment: 100 Nm

a) Berechnen Sie die Abtriebsdrehzahl und die Übersetzung, wenn das Drehzahlverhältnis $v = 0{,}3$ ist.

Lösung

$$i = \frac{1}{v} = \frac{1}{0,3} = 3,33$$

$$\frac{n_T}{n_p} = \frac{n_{ab}}{n_{an}} = v$$

$$n_{ab} = v \cdot n_{an} = 0,3 \cdot 2000\,\text{U/min} = 600\,\text{U/min}$$

b) Wie groß ist das Abtriebsmoment in diesen Betriebspunkt?

Lösung

$$\mu = \left| \frac{M_T}{M_P} \right|$$

$$M_T = \mu \cdot M_P = 3 \cdot 100\,\text{Nm} = 300\,\text{Nm}$$

c) Wie groß ist der Wirkungsgrad des Getriebes in diesem Betriebspunkt?

Lösung

$$\eta = \mu \cdot v = 3 \cdot 0,3 = 0,9$$

bzw.

$$\frac{P_T}{P_P} = \frac{M_T \cdot n_T}{M_P \cdot n_P} = \frac{300\,\text{Nm} \cdot 600\,\text{U/min}}{100\,\text{Nm} \cdot 2000\,\text{U/min}} = 0,9$$

14 Kupplungen und Bremsen

Kupplungen und Bremsen sind nicht nur in der Fahrzeugtechnik, sondern allgemein im klassischen Maschinenbau ein wichtiges Element. Die Hauptfunktion einer Kupplung liegt darin, rotierende Wellen in erster Linie form- oder kraftschlüssig miteinander zu verbinden. Eine Bremse hingegen ist ein kraftschlüssiges Maschinenelement, das bewegte und stehende Komponenten verbindet und dadurch die bewegte Komponente abbremst oder festhält. Des Weiteren kann eine Kupplung z. B. toleranzbedingte Nebenfunktionen, wie das Ausgleichen eines Wellenversatzes, erfüllen. Grundsätzlich lassen sich Kupplungen in schaltbare und nichtschaltbare Kupplungen einteilen, während Bremsen immer schaltbar sein müssen.

Im Maschinenbau existieren mittlerweile für viele Anwendungen verschiedene Typen von Kupplungen, welche verschiedene technische Funktionen realisieren können, aber auch Vor- und Nachteile mit sich bringen. Daher ist es als Ingenieur wichtig, die verschiedenen Gruppen und Einteilungen zu kennen und damit unter Berücksichtigung des technischen Gesamtsystems die optimale Auswahl treffen zu können.

Im diesem Kapitel soll auf die Einteilung von Kupplungen und den damit verbundenen Wirkprinzipien eingegangen werden. Am Beispiel einer Reibkupplung soll gezeigt werden, wie eine Kupplung auslegt wird und wie in diesem speziellen Fall einer Lamellenkupplung die Anzahl der Wirkflächenpaare bestimmt wird. Im Weiteren wird an Hand einer Berganfahrt eines Fahrzeuges gezeigt, wie in einem Antriebsstrang unter Last das auftretende Kupplungsmoment und das erforderliche Antriebsmoment bestimmt werden können und daraus der Energieeintrag berechnet wird.

14.1 Verständnisfragen zu Kupplungen

a) Nennen Sie die Hauptfunktionen und die erweiterten Nebenfunktionen von Kupplungen.

Lösung

Hauptfunktionen:

- Wellen verbinden und Leistung (Drehmoment und Drehzahl) übertragen

Nebenfunktion:

- Ausgleichen (Versatz)
- Schalten / Kraftfluss unterbrechen
- Dynamische Eigenschaften ändern

b) In welche zwei großen Gruppen lassen sich die Kupplungen einteilen?

Lösung

- Nichtschaltbare Kupplungen
- Schaltbare Kupplungen

c) Nennen Sie vier Betätigungsarten für schaltbare Kupplungen und geben Sie jeweils zwei Beispiele an:

Lösung

Fremdbetätigte Kupplungen:

- Scheibenkupplung
- Lamellenkupplung

Selbstbetätigte Kupplungen:

- Drehzahlbetätigte Kupplung:
  - Backen-Fliehkraft-Kupplung
  - Füllgutkupplung
- Drehmomentbetätigte Kupplung:
  - Rutschkupplung
  - Rastkupplung
  - Sollbruchstellen (Brechbolzenkupplung)
- Richtungsbetätigte Kupplung:
  - Klemmkörper-/Klemmrollenfreilauf

– Klinkenfreilauf

d) Welche Zusammenhänge können zwischen den Ein- und Ausgangsgrößen Moment und Drehzahl einer Kupplung bei Vernachlässigung von dynamischen Effekten auftreten?

Lösung

$M_1 = M_2 = M_K$ (Eingangsmoment = Ausgangsmoment = Kupplungsmoment)

Abtriebsdrehzahl $\leq$ Antriebsdrehzahl

e) Bei einer Rutschkupplung gleicht sich während der Synchronisation die Abtriebsdrehzahl der Antriebsdrehzahl an.

- Wie sieht der Drehzahlverlauf von Antrieb und Abtrieb aus, wenn durch eine Drehzahlregelung die Antriebsdrehzahl konstant bleibt?

- Bei der Synchronisierung kommt es durch Massenträgheiten zu einer Absenkung der Antriebsdrehzahl (Drehzahldrückung). Wie sieht der zeitlichen Verlauf von An- und Abtriebsdrehzahl bis zum Synchronisationspunkt aus?

- In welchem der beiden Fälle ist der Wärmeeintrag in das Kupplungssystem kleiner? Markieren Sie die dem Wärmeeintrag proportionalen Flächen in Ihren Diagrammen, wenn das Kupplungsmoment während des Synchronisierungsvorgangs als konstant angenommen wird.

Lösung

Im Falle der Drehzahldrückung ist der Wärmeeintrag in das Kupplungssystem geringer. Durch die Drückung wird die Synchrondrehzahl kleiner und damit verkürzt sich auch die Synchronisationszeit, siehe Abb. 14.1. Durch das Abfallen der Antriebsdrehzahl bei konstantem Antriebsmoment fällt auch die Antriebsleistung ab.

14.2 Auslegung einer Lamellenkupplung

In Doppelkupplungsgetrieben werden häufig ineinander angeordnete nass-laufende Lamellenkupplungen verwendet. Für die äußere Kupplung eines solchen Getriebes soll nun die Anzahl der benötigten Reibpaarungen bestimmt werden, wenn ein maximal übertragbares Moment von $M = 400\,\text{Nm}$ gewährleistet sein soll.

Innen- und Außendurchmesser der Kupplung sind bauraumbedingt auf $D_i = 200\,\text{mm}$ bzw. $D_a = 260\,\text{mm}$ festgelegt. Es steht eine Anpresskraft von $F_N = 3000\,\text{N}$ zur Verfügung, der Reibwert im Nasslauf ist durch $\mu = 0{,}10$ gegeben.

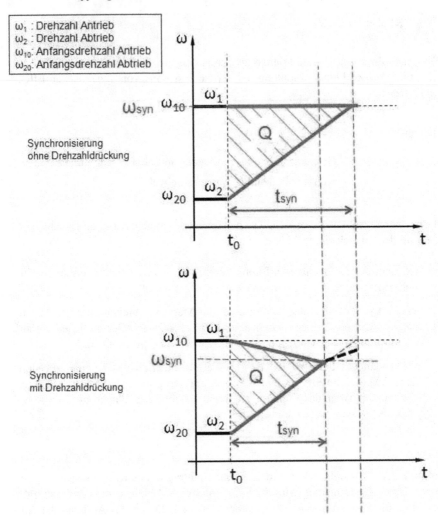

Abbildung 14.1. Drehzahlverlauf bei der Synchronisation ohne und mit Drehzahldrückung

a) Berechnen Sie die Flächenpressung im Wirkflächenpaar.

Lösung

$$p = \frac{F_N}{A} = \frac{F_N}{\pi \left(\frac{D_{\mathrm{a}}^2}{4} - \frac{D_{\mathrm{i}}^2}{4} \right)} = \frac{3000\,\mathrm{N}}{\pi (130^2 - 100^2)\,\mathrm{mm}^2} = \frac{3000\,\mathrm{N}}{21.676{,}99\,\mathrm{mm}^2} = 13{,}84\,\mathrm{N/cm}^2$$

b) Berechnen Sie die Anzahl der benötigen Wirkflächenpaare zum Übertragen des Drehmoments. Leiten Sie dazu das Reibmoment durch Integration über Radius und

Winkel her. Zeichen Sie eine schematische Lösung der Kupplung.

Lösung

- Infinitesimales Moment/Fläche

$$\mathrm{d}M_R = r \cdot p \cdot \mu \cdot z \cdot \mathrm{d}A$$
$$\mathrm{d}A = r \cdot \mathrm{d}\varphi \cdot \mathrm{d}r$$

- Integration über Winkel (0 bis 2π)

$$\mathrm{d}A = 2\pi \cdot r \cdot \mathrm{d}r$$

- Integration über Radius

$$M_R = 2\pi \cdot p \cdot \mu \cdot z \cdot \int_{r_i}^{r_a} r^2 \mathrm{d}r$$

$$M_R = \frac{2}{3}\pi \cdot p \cdot \mu \cdot z \cdot (r_a^3 - r_i^3)$$

- Moment in Abhängigkeit der Lamellenzahl

$$M_R(z) = \frac{2}{3}\frac{r_a^3 - r_i^3}{r_a^2 - r_i^2} \cdot \mu \cdot F_N \cdot z$$

- Reibpaarungszahl

$$z \geq \left[\frac{3}{2}\frac{(r_a^2 - r_i^2)}{(r_a^3 - r_i^3)} \cdot \frac{1}{\mu} \cdot \frac{M_R}{F_N}\right]$$

$$z \geq \left[\frac{3}{2}\frac{(0{,}13^2\,\mathrm{m}^2 - 0{,}1^2\,\mathrm{m}^2)}{(0{,}13^3\,\mathrm{m}^3 - 0{,}1^3\,\mathrm{m}^3)} \cdot \frac{1}{0{,}10} \cdot \frac{400\,\mathrm{Nm}}{3000\,\mathrm{N}}\right] = 11{,}53$$

Lösung

Es werden 12 Wirkflächenpaare benötigt.

14.3 Berechnung von Kupplungsmoment und Wärmeeintrag

Sie stehen am Berg und wollen mit einem Fahrzeug mit konstanter Beschleunigung anfahren.

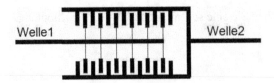

Abbildung 14.2. Lamellenkupplung mit 12 Wirkflächenpaaren

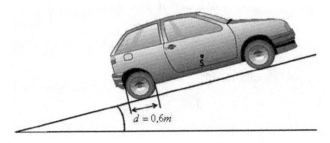

Abbildung 14.3. Fahrzeug am Hang

Folgende Parameter sind bekannt:

Fahrzeugmasse:	$m = 1000\,\text{kg}$
Beschleunigung:	$a = 2\,\text{m/s}^2$
Reifenradius:	$r = 0,3\,\text{m}$
Massenträgheit (PKW + Triebstrang)	
reduziert auf Kupplungsseite im 1. Gang:	$J_{\text{Red}} = 0,7\,\text{kg}\,\text{m}^2$
Trägheitsmasse Motor mit Schwungrad:	$J_{\text{AN}} = 0,2\,\text{kg}\,\text{m}^2$
Gesamtübersetzung im ersten Gang:	$i = 13$
Steigung:	10%

a) Wie groß ist der Steigungswinkel α in Grad?

Lösung

$$10\%\ \text{Steigung} = 10\,\text{m Höhendifferenz auf } 100\,\text{m Strecke}$$
$$\tan\alpha = 10/100$$
$$\Rightarrow \alpha = 5,7°$$

b) Geben Sie die allgemeinen Gleichungen für das wirkende Drehmoment an der freigeschnittenen Kupplung für eine gleichförmige beschleunigte Bergfahrt an.

Lösung

Antriebsseite:

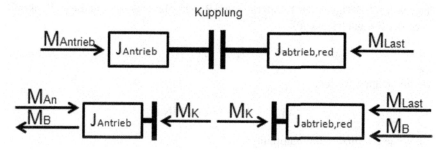

Abbildung 14.4. Schematische Darstellung des Antriebstrangs

$$M_K = M_A - M_B$$

(Kupplungsmoment = Antriebsmoment − Beschleunigungsmoment)

Abtriebsseite:

$$M_K = M_L + M_B$$

(Kupplungsmoment = Lastmoment + Beschleunigungsmoment)

c) Berechnen Sie das Kupplungsmoment für eine gleichförmig beschleunigte Berganfahrt unter Vernachlässigung von Windkraft und dynamischen Reifeneffekten:

Lösung

Lastmoment der Hangabtriebskraft am Rad

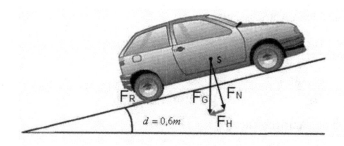

Abbildung 14.5. Kräfte am Fahrzeug

Berechnung der Hangabtriebskraft:

$$F_H = m \cdot g \cdot \sin \alpha$$

$$F_H = 1000\,\text{kg} \cdot 9{,}81\,\frac{\text{m}}{\text{s}^2} \cdot \sin 5{,}7° = 974{,}33\,\text{N}$$

Unter Vernachlässigung der Windkräfte und Reifeneffekte entspricht die Reifenkraft gleich der Hangabtriebskraft:

$$F_H = F_R$$

Lastmoment am Reifen:

$$M_{Last} = F_R \cdot r = 292{,}30\,\text{Nm}$$

Lastmoment reduziert auf Kupplung:

$$M_{Last,\,red} = M_{Last} \frac{1}{i} = 292{,}30\,\text{Nm} \cdot \frac{1}{13} = 22{,}48\,\text{Nm}$$

Beschleunigungsmoment:

$$M_B = J_{red} \cdot \ddot{\varphi}_{red} = J_{red} \frac{a}{r} \cdot i = 0{,}7\,\text{kg\,m}^2 \cdot \frac{2\,\text{m/s}^2}{0{,}3\,\text{m}} \cdot 13 = 60{,}67\,\text{Nm}$$

Kupplungsmoment:

$$M_K = M_{L,\,red} + M_B = 22{,}48\,\text{Nm} + 60{,}67\,\text{Nm} = 83{,}15\,\text{Nm}$$

d) Sie fahren mit 2000 U/min an. Wie groß muss das Antriebsmoment sein, damit unter Berücksichtigung der Drehzahldrückung und der geforderten Beschleunigung der Synchronisationsvorgang 2 Sekunden dauert?

Lösung

Synchrondrehzahl aus Abtriebsseite:

$$t_r = J_{Red} \cdot \frac{(\omega_{sync} - \omega_{20})}{M_K - M_L}$$

$$\omega_{sync} = \frac{t_r \cdot (M_K - M_L)}{J_{Red}} + \omega_{20} = \frac{2\,\text{s} \cdot 60{,}67\,\text{Nm}}{0{,}7\,\text{kg\,m}^2} + 0 = 173{,}34\,\frac{1}{\text{s}} = 1655{,}3\,\text{min}^{-1}$$

Motormoment aus Antriebsseite:

$$M_A - M_K = J_{AN} \cdot \ddot{\varphi}_{An} = J_{AN} \cdot \dot{\omega}_{An}$$

$$M_A = M_K + J_{AN} \cdot \frac{d\omega}{dt} = M_K + J_{An} \cdot \frac{(\omega_{sync} - \omega_{10})}{(t_{sync} - t_0)}$$

$$M_A = 83{,}15\,\text{Nm} + 0{,}2\,\text{kg\,m}^2 \cdot \frac{(173{,}34/\text{s} - 209{,}44/\text{s})}{2\,\text{s}} = 79{,}54\,\text{Nm}$$

e) Wie groß ist der Wärmeeintrag in das Kupplungssystem?

Lösung

$$Q = M_K \int\limits_{t_0}^{t_{\text{sync}}} (\omega_1(t) - \omega_2(t)) dt$$

Lösung rechnerisch:

Unter Annahme gleichförmiger Bewegung:

$$\omega_1(t) = \omega_{10} - \int\limits_{t_0}^{t} \frac{d\omega_1}{dt} dt = \omega_{10} - \int\limits_{t_0}^{t} \frac{\omega_{10} - \omega_{\text{sync}}}{t_{\text{sync}} - t_0} dt = \omega_{10} - \frac{\omega_{10} - \omega_{\text{sync}}}{t_{\text{sync}} - t_0}(t - t_0)$$

$$\omega_1(t) = 209{,}44/\text{s} - \frac{209{,}44/\text{s} - 173{,}34/\text{s}}{2\,\text{s}} \cdot t = 209{,}44/\text{s} - 18{,}05/\text{s}^2 \cdot t$$

$$\omega_2(t) = \omega_{20} + \int\limits_{t_0}^{t} \frac{d\omega_2}{dt} dt = \omega_{20} + \int\limits_{t_0}^{t} \frac{\omega_{\text{sync}} - \omega_{20}}{t_{\text{sync}} - t_0} dt = \omega_{20} + \frac{\omega_{\text{sync}} - \omega_{20}}{t_{\text{sync}} - t_0}(t - t_0)$$

$$\omega_2(t) = 0/\text{s} + \frac{173{,}34/\text{s} - 0/\text{s}}{2\,\text{s}} \cdot t = 86{,}67/\text{s}^2 \cdot t$$

$$Q = M_K \int\limits_{0}^{2\,\text{s}} (209{,}44/\text{s} - 18{,}05/\text{s}^2 \cdot t - 86{,}67/\text{s}^2 \cdot t) dt =$$

$$= 83{,}15\,\text{Nm} \cdot \left[209{,}44/\text{s} \cdot t - 104{,}72/\text{s}^2 \cdot \frac{1}{2} t^2 \right]_0^{2\,\text{s}} =$$

$$= 83{,}15\,\text{Nm} \cdot \left[209{,}44/\text{s} \cdot 2\,\text{s} - 52{,}36/\text{s}^2 \cdot 4\,\text{s}^2 \right] = 17.415\,\text{J}$$

Lösung grafisch:

Bekannt aus b) und c):

$$M_K = 83{,}15\,\text{Nm}$$

$$\omega_{10} = 209{,}44\,\frac{1}{\text{s}} = 2000\,\frac{1}{\text{min}}$$

$$\omega_{20} = 0$$

$$\omega_{\text{syn}} = 173{,}34\,\frac{1}{\text{s}} = 1655{,}3\,\frac{1}{\text{min}}$$

Wärmeeintrag entspricht der eingeschlossenen Fläche multipliziert mit dem Kupplungsmoment.

Flächeninhalt:

$$F1 = 0{,}5 \cdot 2\,\text{s} \cdot 173{,}34\,\frac{1}{\text{s}} = 173{,}34$$

$$F2 = 0{,}5 \cdot 2\,\text{s} \cdot (209{,}44 - 173{,}34) = 36{,}1$$

$$Q = M_K \cdot (F1 + F2) = 83{,}15\,\text{Nm} \cdot (173{,}34 + 36{,}1) = 17.415\,\text{J}$$

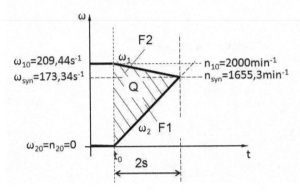

Abbildung 14.6. Grafische Darstellung des Wärmeeintrags

f) Wie viel Milliliter Benzin benötigen Sie für eine Anfahrt?

Gegeben:

Energie bei der Verbrennung von Benzin: 32,7 MJ/Liter
Wirkungsgrad vom Motor: 0,3

Lösung

Nutzbare Energie des Motors:

$$32,7\,\text{MJ} \cdot 0,3 = 9,81\,\text{MJ/Liter}$$
$$0,017365\,\text{MJ} \cdot 1\,\text{Liter}/9,81\,\text{MJ} = 1,77\,\text{ml}$$

15 Zahnräder und Zahnradgetriebe

Die Auslegung von Zahnradgetrieben ist ein iterativer Prozess. Je nach Anwendung werden bei der Auslegung ggf. schon einige Daten vorgewählt, wie zum Beispiel der Modul oder der Wellenabstand, da dieser in einigen Anwendungen durch andere Randbedingungen vorgeben sein kann. Die erste Aufgabe besteht darin die Geometrie einer Getriebestufe festzulegen. Dazu wird der Ritzeldurchmesser überschlägig ermittelt, im Anschuss erfolgen weitere Schritte, in denen Modul, Zahnbreite und weitere Größen festgelegt werden.

Nachdem eine Zahnradpaarung geometrisch definiert ist, können verschiedene Berechnungen zur Tragfähigkeit durchgeführt werden. Erweist sich der gewählte geometrische Entwurf als nicht hinreichend tragfähig, so wird in einer nächsten Iterationsstufe die Verzahnung variiert und erneut berechnet. Die Tragfähigkeitsberechnungen lassen sich sehr einfach nach den möglichen Schäden an Zahnräder aufzählen. Für folgende Versagensarten können Berechnungen durchgeführt werden.

- Schäden durch Maximalbelastung
    - Anriss in der Zahnfußübergangszone und Gewaltbruch
    - Plastische Deformation des Zahnprofiles bzw. Radkranzes
- Schäden durch Ermüdungsbelastung
    - Grübchenbildung
    - Graufleckigkeit
    - Brüche des Radkörpers
    - Flankenbrüche
    - Flächenhafte Abplatzungen
- Schäden durch Kurzzeitbelastung und ungenügenden Schmierfilm
    - Fressen
    - Verschleiß

Nicht für jede Verzahnung werden alle Berechnungen grundsätzlich durchgeführt. Vielfach ist in Anwendungen bekannt, welche Versagensarten zu erwarten sind, und es liegen Erfahrungen vor, dass einige Schadenmechanismen nicht zu befürchten sind. Wird beispielsweise ein Getriebe mit hochwertigem Getriebeöl und vergleichsweise schneller Geschwindigkeit betrieben, so ist mit größerem Verschleiß nicht zu rechnen. Läuft dagegen ein Getriebe sehr langsam, so dass sich kein trennender Schmierfilm im Zahnkontakt aufbauen kann und Mischreibung vorliegt, so ist mit deutlichem Verschleiß zu rechnen und demzufolge bei der Auslegung darauf besonderes Augenmerk zu legen. Innerhalb des Maschinenbaustudiums soll daher zunächst auf die wichtigsten Auslegungs- und Berechnungsschritte eingegangen werden. Neben der geometrischen Auslegung der Verzahnung sind dies die Tragfähigkeitsberechnungen gegen Ermüdungsbruch im Zahnfuß und die Grübchentragfähigkeit.

15.1 Verständnisfragen

a) Welche Verzahnungsart findet in der Industrie überwiegend Anwendung und welche Gründe sprechen für diese Verzahnungsart?

Lösung: Die Evolventenverzahnung wird überwiegend angewendet. Ihr Vorteil besteht in einer einfachen Herstellbarkeit, da das Werkzeug gerade Konturen hat, weiterhin ist sehr vorteilhaft, dass die Evolventenverzahnung unempfindlich gegen Achsabstandsänderungen (durch Toleranzen) ist. Ein weiterer Vorteil ist die Möglichkeit Profilverschiebung zu nutzen, um damit den Achsabstand anzupassen und / oder die Tragfähigkeit zu verbessern.

b) Wie ist die Übersetzung definiert?

Lösung: Die Übersetzung i ist als Quotient aus Antriebsdrehzahl und Abtriebsdrehzahl definiert. Dabei ist das Vorzeichen (die Drehrichtung) zu beachten. Bei der Berechnung der Übersetzung eines Radpaares aus den Zähnezahlen bzw. den Durchmessern ist der Reziprokwert anzuwenden, dass heißt z. B.:

$$i = (-)z_{\text{abtrieb}}/z_{\text{antrieb}}.$$

Stirnräder haben eine positive Zähnezahl, Hohlräder eine negative Zähnezahl.

c) Wie ändert sich bei einer positiven Summe der Profilverschiebung der Achsabstand und der Betriebseingriffswinkel?

Lösung: Der Achsabstand wird größer, da der Wälzkreisdurchmesser größer als der Teilkreis wird. Der Betriebseingriffswinkel wird ebenfalls größer als $20°$.

15.2 Vordimensionierung

Die Verzahnungsauslegung ist ein iterativer Prozess. Um nicht mit beliebig gewählten Startwerten den Prozess zu verlängern, wurden Abschätzverfahren entwickelt, die gute Startwerte liefern.

Das Problem wird zunächst auf eine Getriebestufe reduziert (Angaben zur Aufteilung von mehrstufigen Getrieben, (siehe z.B. Lehrbuch Steinhilper/Sauer oder Linke: Stirnradgetriebe, Hanser Verlag). Der Ritzeldurchmesser wird überschlägig:

$$d_1 \geq \sqrt[3]{\frac{2K_H M_{t1} Z_E^2 Z_H^2 Z_\varepsilon^2}{(Z_N \sigma_{H\,lim}/S_H)^2 \, b/d_1} \cdot \frac{u+1}{u}}$$

Hierzu können weitere Vereinfachungen gemacht werden, die folgend erläutert werden. Im Rahmen von Übungsberechnungen soll die folgende grobe Näherung verwendet werden, die Ergebnisse zur sicheren Seite liefern sollte :

$$d_1 \geq\approx \sqrt[3]{\frac{M_{t1} \cdot 2{,}34 \cdot 10^6}{b/d_1 \cdot \sigma_{H\,lim}^2} \cdot \frac{u+1}{u}}$$

Anmerkung: Da ohnehin eine Nachrechnung der Verzahnung unbedingt notwendig ist, ist eine Auslegung mit Tendenz zur unsicheren Seite unproblematisch. In der zuvor genannten Überschlagsformel für den Ritzeldurchmesser werden folgende Daten als Zahlenwerte für eine Zahnradpaarung aus Stahl verwendet:

K_H Beanspruchungsfaktor Flanke; $K_H = K_A \cdot K_v \cdot K_{H\alpha} \cdot K_{H\beta}$

K_A $\approx 1{,}0\ldots 2{,}0$; Anwendungsfaktor; hier 2,0 gewählt, für genauere Betrachtung Unterscheidung für Ermüdung K_{AB} und für Maximalbelastung K_{AS}

$K_v \cdot K_{H\alpha}$ $\approx 1{,}2$ abgeschätzt, Dynamikfaktor und Stirnfaktor

$K_{H\beta}$ $\approx 1{,}5$ abgeschätzt, Breitenfaktor

Z_E $= 190\sqrt{(N/mm^2)}$, Elastizitätsfaktor für St/St

Z_H $\approx 2{,}5$ grob abgeschätzt, Zonenfaktor

Z_ε $= 1{,}0$ (für Schrägverzahnung $= 0{,}85$), Überdeckungsfaktor

u z_2/z_1 (Vorzeichen beachten!) Zähnezahlverhältnis

Z_N für Dauerfestigkeit $= 1{,}0$, Lebensdauerfaktor

S_H Sicherheit des Werkstoffwertes, hier gewählt $= 1{,}2$

b/d_1 $\approx 0{,}6 \cdots 1{,}2$, Breitenverhältnis des Ritzels

$\sigma_{H\,lim}$ Flankenfestigkeit (für $60\,HRC \approx 1400\ldots 1500 N/mm^2$)

Es wird ein einsatzgehärteter Werkstoff hoher Festigkeit, wie er üblicher Weise für Zahnräder eingesetzt wird, angenommen.

An einem Beispiel soll die Dimensionierung gezeigt werden, für ein Industriegetriebe sind folgende Eingangsdaten bekannt:

Gegeben: Das max. Drehmoment beim Betrieb des Getriebes beträgt 10 000 Nm. Die Auslegung der Übersetzung ergibt unter Berücksichtigung der maximalen Motordrehzahl und Höchstgeschwindigkeit die Übersetzung $i = -4{,}6$. Das Zähnezahlverhältnis ist dann $u = \frac{z_2}{z_1} = 4{,}6$

Da es sich um eine einfache Getriebekonstruktion mit einem fliegenden Ritzel handelt, bei dem das Ritzel auf der Elektromotorwelle angeordnet wird, ist das Breiten-Durchmesserverhältnis 0,35 nicht sinnvoll zu überschreiten. Es soll ein legierter Einsatzstahl zur Anwendung kommen, so dass für $\sigma_{H\,lim} = 1400\,N/mm^2$ angesetzt werden kann.

Gesucht

* Überschlägiger Ritzeldurchmesser

* Zahnbreite (überschlägig)

* Modul und Zähnezahlen

* Nullachsabstand, gewählter Achsabstand

* Summe der Profilverschiebungen, Aufteilung der Profilverschiebungssumme

Lösung
Für den überschlägigen Ritzeldurchmesser ergibt sich mit den zuvor genannten Vereinfachungen grob überschlägig:

$$d_1 \approx \sqrt[3]{\frac{M_{t1} \cdot 2{,}34 \cdot 10^6}{b/d_1 \cdot \sigma_{H\,lim}^2} \cdot \frac{u+1}{u}} = \sqrt[3]{\frac{10\,000 \cdot 1\,000N\,mm \cdot 2{,}34 \cdot 10^6}{0{,}35 \cdot (1\,400N/mm^2)^2} \cdot \frac{(4{,}6+1)}{4{,}6}}$$
$$= 346{,}3\,mm$$

Die Breite des Ritzels beträgt dann ca. : $b = 0{,}35 \cdot d_1 = 0{,}35 \cdot 346{,}3\,mm \approx 121\,mm$.

Mit dem Ritzeldurchmesser kann der Modul und die Zähnezahl gewählt werden. Als Zähnezahl des Ritzels wird der Bereich von 14 bis ca. 25 bei Industriegetrieben und 25 bis 45 bei Turbogetrieben gewählt. Damit sich Verschleißmerkmale nicht auf den Verzahnungen durch periodische Vorgänge bilden, soll vermieden werden, dass die Zähnezahlen gemeinsame Faktoren > 1 haben. Für Z_1 wird 28 gewählt, für den Modul wird hier $m_n = 12\,mm$ gewählt. Der Modul könnte auch berechnet werden:

$$m_n \geq \frac{K_F \cdot F_t \cdot (Y_{FS} \cdot Y_\varepsilon)}{b \cdot Y_N \cdot (\sigma_{FE}/S_F)}$$

mit:

K_F $= K_H = K_A \cdot K_v \cdot K_{H\alpha} \cdot K_{H\beta}$

F_t Tangentialkraft am Teilkreis $F_t = 2 \cdot M_t/d_1$

$Y_{FS} \cdot Y_\varepsilon$ $\approx 3,1$ abgeschätzt, Spannungsfaktor

σ_{FE} $\approx 800 \, \text{N/mm}^2$ abgeschätzt für einsatzgehärtete Verzahnungen

b Zahnbreite

Y_N Lebensdauerfaktor, im Dauerfestigkeitsbereich $Y_N = 1,0$

S_F Rechnerische Sicherheit gegen Ermüdungsbruch, angenommen $S_F = 1,3$

Da die stark vereinfachte Überschlagsformel für den Ritzeldurchmesser genommen wurde, wird im vorliegenden Fall auch ein etwas kleinerer Durchmesser akzeptiert. Als Schrägungswinkel wird $\beta = 6°$ gewählt.

$$d_1 = z_1 m_n / \cos\beta = 28 \cdot 12\,\text{mm} / \cos(6°) = 337,85\,\text{mm}$$

Der Schrägungswinkel wird häufig aufgrund der Sprungüberdeckung und der maximal zulässigen Axialkraft festgelegt und ist durch die in der Getriebekonstruktion vorgesehenen Lager begrenzt. z_2 ergibt sich aus dem Zähnezahlverhältnis $u = 4,6$ zu $z_2 \approx u \cdot z_1 = 4,6 \cdot 28 = 128,8 \approx 129$

Ein weiterer Auslegungsschritt ist die Festlegung des Achsabstandes, der sich aus den gewählten Größen für Ritzel und Großrad zunächst als Null-Achsabstand a_d ergibt

$$a_d = 0,5 \cdot (d_1 + d_2) \qquad d_{1,2} = z_{1,2} \cdot m_n / \cos\beta$$

Mit dem gewählten Achsabstand (hier gewählt $a = 952\,\text{mm}$) wird die Summe der Profilverschiebungsfaktoren (überschlägig) gewählt.

$$x_1 + x_2 \approx (a - a_d)/m_n = (952\,\text{mm} - 947,1888\,\text{mm})/12\,\text{mm} = +0,400$$

Diese Größe liegt im üblichen Bereich. Im nächsten Auslegungsschritt wird die Profilverschiebungssumme auf d_1 und d_2 aufgeteilt. Dies wird hier zur methodischen Vorgehensweise beispielhaft für die überschlägig ermittelte Summe $x_1 + x_2$ gezeigt. Dazu dient Abb. 15.2. Dabei wird folgender Maßen vorgegangen:

$z_1 = 28, z_2 = 129, \Sigma x = +0,4$:

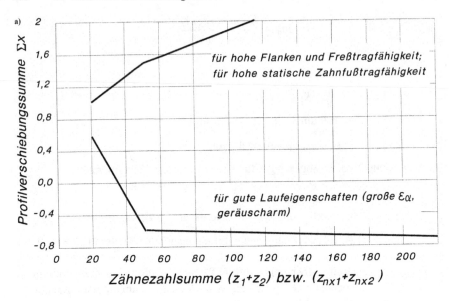

Abbildung 15.1. Wahl der Profilverschiebung für Außenverzahnung (analog [DIN 3992]), üblicher Bereich zur Wahl der Summe der Profilverschiebungsfaktoren

1. Ermittlung des Punktes P ($\Sigma z/2, \Sigma x/2$) im Diagramm.

2. Eintragen einer Interpolationsgerade durch den gefundenen Punkt.

3. Ablesen des Faktors x_1 auf d. Ordinate mit Hilfe von z_1 und der Interpolationsgeraden, hier $x_1 = +0{,}3$.

4. Bestimmen von x_2, $x_2 = \Sigma x - x_1 = +0{,}1$.

Zu beachten ist, dass das in Abb. 15.2 gezeigte Diagramm nur für Übersetzungen ins Langsame gilt. Für Übersetzungen ins Schnelle siehe Lehrbuch Kapitel 15. Die folgende Tabelle (zitiert aus [Dubbel]) gibt Größtwerte für b/d_1 an.

Tabelle 15.2 (zitiert aus [Dubbel]) gibt Hinweise für zweckmäßige Ritzelzähnezahlen.

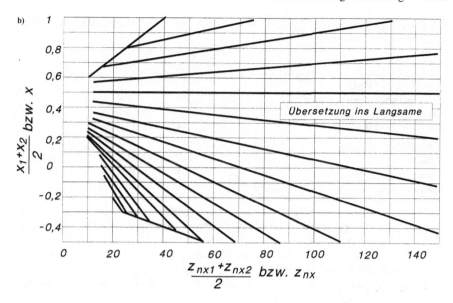

Abbildung 15.2. Aufteilung der Profilverschiebungssumme auf Ritzel und Rad bei Übersetzung ins Langsame für Außenverzahnung (analog [DIN 3992])

Tabelle 15.1. Größtwerte für b/d_1 von ortsfesten Stirnradgetrieben mit steifem Fundament[a]

Gerad- und Schrägverzahnung; beidseitige, symmetrische Lagerung	
normalisiert (HB $\leq$ 180):	$b/d_1 \leq 1,6$
vergütet (HBS $\geq$ 200):	$b/d_1 \leq 1,4$
einsatz- oder randschichtgehärtet:	$b/d_1 \leq 1,1$
nitriert:	$b/d_1 \leq 0,8$
Doppel-Schrägverzahnung:	$B/d_1 \leq 1,8$fache der o. a. b/d_1-Werte, B siehe Bild 5
Beidseitige, *un*symmetrische Lagerung:	80% der o. a. Werte
Gleich große Ritzel und Räder (Kammwalzen und $i = 1$):	120% der o. a. Werte
Fliegende Lagerung:	50% der o. a. Werte

[a] Bei leichter Bauform auf Stahlgerüst ca. 60% der Werte.

15.3 Geometrieberechnung Verzahnung

Gegeben: Von einer Getriebestufe sind folgende Angaben bekannt:

Achsabstand $a = 450\,\text{mm}$

Zähnezahl des Ritzels $z_1 = 17$

Tabelle 15.2. Übliche Ritzelzahlen z_1. Unterer Bereich für Drehzahlen $n < 1\,000\,\text{min}^{-1}$, oberer Bereich für $n > 3\,000\,\text{min}^{-1}$

u	1	2	4	8
vergütet oder gehärtet (einsatzgehärtet, flammgehärtet, induktionsgehärtet) gegen:				
vergütet bis 230 HB	32...60	29...55	25...50	22...45
über 300 HB	30...50	27...45	23...40	20...35
Grauguß	26...45	23...40	21...35	18...30
nitriert	24...40	21...35	19...31	16...26
einsatzgehärtet	21...32	19...29	16...25	14...22

$z = 12$	praktisch kleinste Zähnezahl für Leistungsgetriebe (Gegenzähnezahl ≥ 23)
$z = 7$	kleinste Zähnezahl für Bewegungsübertragung bei Bezugsprofil nach DIN 867, Geradverzahnung
$z = 5$	kleinste Zähnezahl für Bewegungsübertragung bei Bezugsprofil nach DIN 58 400 (Feinwerktechnik), Geradverzahnung
$z = 1...4$	für Bewegungsübertragung möglich mit evolventischer Sonderverzahnung (Schrägstirnräder $\varepsilon_\alpha < 1$)

Modul	$m = 8\,\text{mm}$
Schrägungswinkel	$\beta = 0°$
Zahnbreite	$b = 80\,\text{mm}$
Eingriffswinkel	$\alpha = 20°$
bezogenes Kopfspiel	$c^* = c/m = 0{,}25$
Drehzahl des Ritzels	$n_1 = 840\,\text{min}^1$ (Antriebsdrehzahl)
Drehzahl des Rades	$n_2 = -150\,\text{min}^1$ (Abtriebsdrehzahl)

Gesucht

1. Die Summe der erforderlichen Profilverschiebung von Ritzel und Rad.

2. Die Aufteilung der Profilverschiebungssumme auf Ritzel und Rad.

3. Die Zahndickensehne im Teilkreis s_{tl} des Ritzels (Sehnenmaß).

4. Messzähnezahl k und Zahnweite $W_{k\,1,2}$.

Ziel: Handhabung geometrischer Beziehungen am Geradstirnrad zur Auslegung von Verzahnungen sowie zur Anwendung für die Zahnradfertigung.

Lösung

1. Summe der Profilverschiebungen ($x_1 + x_2$)

Übersetzung

$$i = \frac{n_1}{n_2} = \frac{-z_2}{z_1} = -5{,}6$$

Zähnezahl des Rades

$$z_2 = -i \cdot z_1 = 5{,}6 \cdot 17 = 95{,}2$$
$$z_2 = 95$$

Teilkreisdurchmesser des Ritzels

$$d_1 = z_1 \cdot m = 136 \, \text{mm}$$

Teilkreisdurchmesser des Rades $m = 8$ mm

$$d_2 = z_2 \cdot m = 760 \, \text{mm}$$

Null-Achsabstand

$$a_\text{d} = \frac{d_1 + d_2}{2} = 448 \, \text{mm}$$
$$(x_1 + x_2) = \frac{(z_1 + z_2) \cdot (\text{inv}\,\alpha_\text{w} - \text{inv}\,\alpha)}{2 \cdot \tan\alpha}$$
$$\cos\alpha_\text{w} = \frac{a_\text{d}}{a} \cdot \cos\alpha = \frac{448}{450} \cdot \cos 20° = 0{,}93552$$

Betriebseingriffswinkel

$$\alpha_\text{w} = 20{,}6883°$$
$$\text{inv}\,\alpha_\text{w} = \tan\alpha_\text{w} - \text{arc}\,\alpha_\text{w} = \tan\alpha_\text{w} - \frac{\pi \cdot \alpha_\text{w}}{180°} = 0{,}016556$$
$$\text{inv}\,\alpha = \tan\alpha - \text{arc}\,\alpha = 0{,}014904 \qquad \text{oder lt. Tab. Evolventenfunktion } \alpha = 20°$$
$$(x_1 + x_2) = 0{,}2542$$

2. Aufteilung der Summe der Profilverschiebungsfaktoren bei Außenvorzahnung

$$\frac{x_1 + x_2}{2} = 0{,}127$$
$$\frac{z_1 + z_2}{2} = \frac{z_\text{nx1} + z_\text{nx2}}{2} = \frac{17 + 95}{2} = 56$$
$$x_1 = 0{,}32 \quad \text{(abgelesen; Übersetzung ins Langsame)}$$
$$x_2 = (x_1 + x_2) - x_1 = -0{,}0658 \quad \text{(berechnet; mit exakter Summe der}$$
$$\text{Profilverschiebungsfaktoren)}$$

3. Zahndickensehne im Teilkreis $\bar{s}_1$

Zahndickenwinkel Ψ

$$\sin \Psi = \frac{\bar{s}}{d}$$

$$\bar{\Psi} = \frac{180°}{\pi} \cdot \frac{s}{d}$$

Zahndicke im Teilkreis (Bogenmaß)

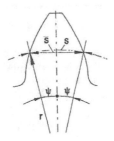

Abbildung 15.3. Zahndicke im Teilkreis (Bogenmaß)

$$s_1 = \frac{m \cdot \pi}{2} + 2 \cdot x_1 \cdot m \cdot \tan \alpha$$

$$s_1 = \frac{8\,\text{mm} \cdot \pi}{2} + 2 \cdot 0{,}32 \cdot 8\,\text{mm} \cdot \tan 20°$$

Nennmaß der Zahndicke am Teilkreis

$$s_1 = 14{,}430\,\text{mm}$$

Teilkreisdurchmesser

$$d_1 = z_1 \cdot m = 136\,\text{mm}$$
$$\Psi = 6{,}07925°$$

Zahndickensehne im Teilkreis

$$\bar{s}_1 = d_1 \cdot \sin \Psi$$
$$\bar{s}_1 = 14{,}403\,\text{mm}$$

4. Messzähnezahl k und Zahnweite W_1

Die Messzähnezahl kann wie folgt berechnet werden

$$k_{1,2} = \frac{z_{1,2}}{9 \cdot \cos^3 \beta} + 0{,}5 = 2{,}4 \qquad \text{(Startwert)}$$

Der berechnete Wert für k ist auf eine ganze Zahl auf- oder abzurunden. Die Messung in Mitte Zahnhöhe (der Teilkreis liegt bei $x \gg 1$ außerhalb des Zahnes!) wird mit folgender Bedingung überprüft:

$$(d_{f1,2} + 2c) < \sqrt{(W_{k1,2}/\cos\beta)^2 + d_{b1,2}} < d_{1,2a}$$

und

$$w\,|sin\beta_b| < b_{1,2}$$

bezogenes Kopfspiel

$$c^* = c/m = 0{,}25; \quad c = 2\,\mathrm{mm}$$

Fußkreisdurchmesser

$$d_{f1} = d_1 - 2 \cdot m \cdot (1 + c^* - x_1)$$
$$d_{f1} = 136\,\mathrm{mm} - 2 \cdot 8\,\mathrm{mm} \cdot (1{,}25 - 0{,}32) = 121{,}12\,\mathrm{mm}$$

Grundkreisdurchmesser

$$d_{b1} = d_1 \cos\alpha$$
$$d_{b1} = 136\,\mathrm{mm} \cdot \cos 20° = 127{,}798\,\mathrm{mm}$$

Kopfkreisdurchmesser

$$d_{a1} = d_1 + 2 \cdot m \cdot (1 + x_1 + k)$$

Kopfkürzung

$$k = \frac{a - a_d}{m} - (x_1 + x_2)$$
$$k = \frac{450\,\mathrm{mm} - 448\,\mathrm{mm}}{8\,\mathrm{mm}} - 0{,}2542 = -0{,}0042$$
$$d_{a1} = 136\,\mathrm{mm} + 2 \cdot 8\,\mathrm{mm} \cdot (1{,}32 - 0{,}0042) = 157{,}053\,\mathrm{mm}$$

Grundkreisteilung

$$p_b = m \cdot \pi \cdot \cos\alpha$$
$$p_b = 8\,\mathrm{mm} \cdot \pi \cdot 20° = 23{,}617\,\mathrm{mm}$$

Zahndicke im Grundkreis

$$s_{b1} = d_{b1} \cdot \left(\frac{s_1}{d_1} + \mathrm{inv}\,\alpha\right)$$
$$s_{b1} = 127{,}789 \cdot \left(\frac{14{,}430\,\mathrm{mm}}{136\,\mathrm{mm}} + 0.014904\right) = 15{,}464\,\mathrm{mm}$$

Zahndicke (Bogen) und Zahndickensehne (Tangente am Grundkreis) sind im Grundkreis gleich groß!

Zahnweite

$$W_{k1} = (k_1 - 1) \cdot p_b + s_{b1}$$
$$W_{k2} = (k_2 - 1) \cdot p_b + s_{b2}$$

k	W_{k1}	Bedingung $(d_{f1,2} + 2 \cdot c) < \sqrt{(W_{k1,2}/\cos\beta)^2 + d_{b1,2}^2} < d_{a1,2}$	Messung
2	39,081	125,12 mm < 133,64 mm < 157,05 mm	ja
3	62,699	125,12 mm < 142,35 mm < 157,05 mm	ja
4	86,316	125,12 mm < 184,54 mm > 157,05 mm	nein

$$W_{k1,2} \, |sin\beta_b| < b_{1,2}$$

da $\beta = 0$ Bedingung erfüllt

15.4 Geometrieberechnung Verzahnung (2)

1. Gegeben: Von einer Getriebestufe sind folgende Angaben bekannt:

x_1, x_2 Profilverschiebung an Ritzel und Rad

z_1, z_2 Zähnezahl für Ritzel und Rad

m_n Normalmodul

β Schrägungswinkel

b Zahnbreite

α_n Normaleingriffswinkel

Gesucht: Berechnen Sie allgemein den Achsabstand a und die Gesamtüberdeckung ε_γ!

2. Gegeben: Von einer Zahnradpaarung sind folgende Angaben bekannt:

$z_1, z_2, m_n, \beta, b, \alpha_n,$

s_{n1} und s_{n2} Zahndicke im Teilkreis im Normalschnitt (Bogen) für Ritzel und Rad

Gesucht: Berechnen Sie allgemein die Profilverschiebungsfaktoren x_1 und x_2 sowie den Achsabstand a!

3. *Gegeben:* Von einem Zahnradpaar sind nur z_1, z_2, β, α_n und a bekannt.

Gesucht: Berechnen Sie allgemein die Profilverschiebungssumme $(x_1 + x_2)$, den Kopfhöhenänderungsfaktor k und die Wälzkreisdurchmesser $d_{W1,2}$ für Ritzel und Rad!

4. *Gegeben:* Für eine Getriebestufe mit einem Nullachsabstand $a_d = 162\,\mathrm{mm}$, $\beta = 0$ und dem Modul $m = 5\,\mathrm{mm}$ soll der vorhandene Achsabstand $a_{(1)} = 160\,\mathrm{mm}$ auf $a_{(2)} = 180\,\mathrm{mm}$ geändert werden.

Gesucht: Ist diese Achsabstandsanderung durch Änderung der Profilverschiebung möglich?

Ziel: Mit nur den vorhandenen Kenntnissen über die jeweilige Verzahnung sollen die geforderten Werte allgemein bestimmt werden.

Lösung

1. Achsabstand a und Gesamtüberdeckung ε_γ

Achsabstand

$$a = a_d \cdot \frac{\cos \alpha_t}{\cos \alpha_{wt}}$$

Nullachsabstand

$$a_d = \frac{d_1 + d_2}{2} = \frac{z_1 \cdot m_n}{2 \cdot \cos \beta} \cdot \left(\frac{z_2}{z_1} + 1 \right)$$

Eingriffswinkel

$$\alpha_t = \arctan \cdot \frac{\tan \alpha_n}{\cos \beta}$$

Iteration bzw. Tabellenwert für α_{wt}

$$\mathrm{inv}\, \alpha_{wt} = \frac{(x_1 + x_2) \cdot 2 \cdot \tan \alpha_n}{z_1 + z_2} + \mathrm{inv}\, \alpha_t$$

Betriebseingriffswinkel

$$\mathrm{inv}\, \alpha_{wt} = \tan \alpha_{wt} - \mathrm{arc}\, \alpha_{wt}$$

Gesamtüberdeckung

$$\varepsilon_\gamma = \varepsilon_\alpha + \varepsilon_\beta$$

Profilüberdeckung ε_α

$$\varepsilon_\alpha = \frac{1}{p_{et}} \cdot \left[\sqrt{\left(\frac{d_{a1}}{2}\right)^2 - \left(\frac{d_{b1}}{2}\right)^2} + \frac{z_2}{|z_2|} \cdot \sqrt{\left(\frac{d_{a2}}{2}\right)^2 - \left(\frac{d_{b2}}{2}\right)^2} - a \sin \alpha_{wt} \right]$$

Stirneingriffsteilung

$$p_{et} = \frac{d_b \cdot \pi}{z} = p_t \cos \alpha_t = \frac{m_n \cdot \pi \cdot \cos \alpha_t}{\cos \beta}$$

Kopfkreisdurchmesser

$$d_{a1,2} = d_{1,2} + 2 \cdot m_n \cdot (1 + x_{1,2} + k)$$

Grundkreisdurchmesser

$$d_{b1,2} = d_{1,2} \cdot \cos \alpha_t = z_{1,2} \cdot \frac{m_n \cos \alpha_t}{\cos \beta}$$

Kopfhöhenänderungsfaktor

$$k = \frac{a - a_d}{m_n} - (x_1 + x_2)$$

Sprungüberdeckung ε_β

$$\varepsilon_\beta = \frac{b_w \cdot \sin|\beta|}{m_n \cdot \pi} \qquad b_w \quad \text{gemeinsame Zahnbreite}$$

2. *Profilvorschiebungsfaktoren x_1, x_2 und Achsabstand a*

Zahndicke im Teilkreis im Normalschnitt (Bogen)

$$s_{n1,2} = \frac{p_n}{2} + 2 \cdot x_{1,2} \cdot m_n \cdot \tan \alpha_n = m_n \cdot \left(\frac{\pi}{2} + 2 \cdot x_{1,2} \cdot \tan \alpha_n\right)$$

$$x_{1,2} = \frac{\frac{s_{n1,2}}{m_n} - \frac{\pi}{2}}{2 \cdot \tan \alpha_n}$$

$$x_{1,2} = \frac{s_{n1,2}}{2 \cdot m_n \cdot \tan \alpha_n} - \frac{\pi}{4 \cdot \tan \alpha_n}$$

Achsabstand

$$a = a_d \cdot \frac{\cos \alpha_t}{\cos \alpha_{wt}}$$

Stirneingriffswinkel

$$\alpha_t = \arctan \cdot \left(\frac{\tan \alpha_n}{\cos \beta} \right)$$

Null-Achsabstand

$$a_d = \frac{d_1 + d_2}{2} = \frac{z_1 \cdot m_n}{2 \cdot \cos \beta} \cdot \left(\frac{z_2}{z_1} + 1 \right)$$

Betriebseingriffswinkel

$$\text{inv}\, \alpha_{wt} = \frac{(x_1 + x_2) \cdot 2 \cdot \tan \alpha_n}{z_1 + z_2} + \text{inv}\, \alpha_t$$

Tabellenwert bzw. Iteration für α_{wt}

$$\text{inv}\, \alpha_{wt} = \tan \alpha_{wt} - \text{arc}\, \alpha_{wt}$$

3. Profilverschiebungssumme $(x_1 + x_1)$, Kopfhöhenänderungsfaktor k und Wälzkreisdurchmesser d_{w1}

Profilverschiebungssumme $(x_1 + x_1)$

$$(x_1 + x_1) = \frac{\text{inv}\, \alpha_{wt} - \text{inv}\, \alpha_t}{2 \cdot \tan \alpha_n} \cdot (z_1 + z_2)$$

Stirneingriffswinkel

$$\alpha_t = \arctan \cdot \left(\frac{\tan \alpha_n}{\cos \beta} \right)$$

Betriebseingriffswinkel

$$\alpha_{wt} = \arccos \left(\frac{m_n \cdot (z_1 + z_2) \cdot \cos \alpha_t}{2 \cdot a \cos \beta} \right)$$

$$\text{inv}\, \alpha_t = \tan \alpha_t - \text{arc}\, \alpha_t$$

$$\text{inv}\, \alpha_{wt} = \tan \alpha_{wt} - \text{arc}\, \alpha_{wt}$$

Kopfhöhenänderungsfaktor *k*

$$k = \frac{a - a_d}{m_n} - (x_1 + x_2)$$

Null-Achsabstand

$$a_d = \frac{d_1 + d_2}{2} = \frac{z_1 \cdot m_n}{2 \cdot \cos \beta} \cdot \left(\frac{z_2}{z_1} + 1 \right)$$

Wälzkreisdurchmesser $d_{w1,2}$

$$d_{w1} = \frac{2 \cdot a}{(z_2 / z_1 + 1)} \; ; \quad d_{w2} = 2 \cdot a - d_{w1}$$

4. Änderung des Achsabstandes durch Profilverschiebung

Bedingung

$$-0,5 \leq \frac{a - a_{\mathrm{d}}}{m_{\mathrm{n}}} = (x_1 + x_2) \leq 2,5$$

benötigte Achsabstandsänderung pro Modul

$$\frac{a_{(2)} - a_{\mathrm{d}}}{m_{\mathrm{n}}} = \frac{180 - 162}{5} = \frac{18}{5} = 3,6$$

Die Achsabstandsänderung ist durch Profilverschiebung bei diesen aus dem Achsabstand abschätzbaren Zähnezahlen nicht möglich und generell ungewöhnlich groß!

15.5 Verzahnungstragfähigkeit

Eine einsatzgehärtete Stirnradpaarung aus dem Werkstoff 16MnCr5 (Kernhärte= 320 bis 400 HV; Oberflächenhärte= $(58 + 4)$ HRC$\approx$ 710 HV) mit

$z_1 = 18$ Ritzelzähnezahl

$z_2 = 35$ Zähnezahl des Rades,

$m_{\mathrm{n}} = 4,5\,\mathrm{mm}$ Normalmodul,

$\beta = 0$ Schrägungswinkel,

$b_{1,2} = 20\,\mathrm{mm}$ Zahnbreite

muss aus konstruktiven Gründen mit einem Achsabstand von $a = 125\,\mathrm{mm}$ ausgeführt werden und unterliegt folgender Beanspruchung:

$P_1 = 56\,\mathrm{kW}$ Antriebsleistung

$n_1 = 1400\,\mathrm{min}^{-1}$ Antriebsdrehzahl

$L_{\mathrm{h}} = 50.000\,\mathrm{h}$ Lebensdauer in Stunden

$K_{\mathrm{H}} = 1,2$ Beanspruchungsfaktor $K_{\mathrm{H}} \approx K_{\mathrm{F}}$ (mittige Lagerung)

$\rho_{\mathrm{a}0} = 0.38\,\mathrm{m}$ Werkzeugkopfrundungsradius

Gesucht

1. Summe der erforderlichen Profilverschiebung von Ritzel und Rad und deren Aufteilung nach DIN 3992
2. Kopf-, Fuß-, Wälz- und Grundkreisdurchmesser für Ritzel und Rad ($d_{\mathrm{a}1,2}$, $d_{\mathrm{f}1,2}$, $d_{\mathrm{w}1,2}$, $d_{\mathrm{b}1,2}$)
3. Profilüberdeckung ε_α
4. Sicherheit S_{F} gegen Ermüdungsbruch der Verzahnung
5. Sicherheit S_{H} gegen Ermüdungsschäden der Flanke

Lösung

1. Summe der erforderlichen Profilverschiebung $(x_1 + x_2)$ von Ritzel und Rad und deren Aufteilung

Teilkreisdurchm. des Ritzels

$$d_1 = z_1 \cdot m = 81\,\text{mm}$$

Teilkreisdurchm. des Rades

$$d_2 = z_2 \cdot m = 157{,}5\,\text{mm}$$

$$m = 4.5\,mm$$

Null-Achsabstand

$$a_\text{d} = \frac{d_1 + d_2}{2} = 119{,}25\,\text{mm}$$

Achsabstandsänderung

$$\Delta a = a - a_\text{d} = 5{,}75\,\text{mm}$$

Betriebseingriffswinkel

$$\cos \alpha_\text{wt} = \frac{a_\text{d}}{a} \cdot \cos \alpha = \frac{119{,}25}{125} \cdot \cos 20^\circ = 0{,}8965$$

$$\alpha_\text{wt} = 26{,}303^\circ$$

$$\text{inv}\, \alpha_\text{wt} = \tan \alpha_\text{wt} - \text{arc}\, \alpha_\text{wt} = \tan \alpha_\text{wt} - \frac{\pi \cdot \alpha_\text{wt}}{180} = 0{,}03522048$$

$$\text{inv}\, \alpha_\text{t} = \tan \alpha_\text{t} - \text{arc}\, \alpha_\text{t} = 0{,}01490438$$

oder lt. tabellierter Evolventenfunktion $\alpha = 20^\circ$

Profilverschiebung:

$$(z_1 + z_2) = \frac{(z_1 + z_2) \cdot (\text{inv}\, \alpha_\text{wt} - \text{inv}\, \alpha_\text{t})}{2 \cdot \tan \alpha_\text{n}}$$

$$(z_1 + z_2) = 1{,}479$$

Aufteilung der Summe der Profilverschiebungsfaktoren bei Außenverzahnung

$$\frac{x_1 + x_2}{2} = 0{,}7395$$

$$\frac{z_1 + z_2}{2} = \frac{z_\text{nx1} + z_\text{nx2}}{2} = \frac{18 + 35}{2} = 26{,}5$$

$$x_1 = 0.64 \quad \text{(abgelesen; Übersetzung ins Langsame; Spitzengrenze beachten!)}$$

$$x_2 = (x_1 + x_2) - x_1 = 0{,}8391$$

(berechnet; mit exakter Summe der Profilverschiebungsfaktoren)

2. Kopf-, Fuß-, Wälz- und Grundkreisdurchmesser

Kopfkreisdurchmesser

$$d_{a1} = d_1 + 2 \cdot m \cdot (1 + x_1 + k)$$
$$d_{a1} = 81\,\text{mm} + 2 \cdot 4.5\,\text{mm} \cdot (1 + 0.64 + (-0.2014)) = 93{,}948\,\text{mm}$$
$$d_{a2} = d_2 + 2 \cdot m \cdot (1 + x_2 + k)$$
$$d_{a2} = 157{,}5\,\text{mm} + 2 \cdot 4.5\,\text{mm} \cdot (1 + 0{,}8391 + (-0.2014)) = 172{,}23\,\text{mm}$$

Fußkreisdurchmesser

$$d_{f1} = d_1 - 2 \cdot m \cdot (1 - x_1 + c^*)$$

bezogenes Kopfspiel

$$c^* = \frac{c}{m} = 0{,}25$$
$$d_{f1} = d_1 - 2 \cdot m \cdot (1 - x_1 + c^*)$$
$$d_{f1} = 81\,\text{mm} - 2 \cdot 4.5\,\text{mm} \cdot (1 - 0{,}64 + 0{,}25) = 75{,}51\,\text{mm}$$
$$d_{f2} = d_2 - 2 \cdot m \cdot (1 - x_2 + c^*)$$
$$d_{f2} = 157{,}5\,\text{mm} - 2 \cdot 4{,}5\,\text{mm} \cdot (1 - 0{,}8391 + 0{,}25) = 153{,}802\,\text{mm}$$

Grundkreisdurchmesser

$$d_{b1} = d_1 \cdot \cos\alpha$$
$$d_{b1} = 81\,\text{mm} \cdot \cos 20 = 76{,}115\,\text{mm}$$
$$d_{b2} = d_2 \cdot \cos\alpha$$
$$d_{b2} = 157{,}5\,\text{mm} \cdot \cos 20 = 148{,}002\text{mm}$$

Wälzkreisdurchmesser

$$d_{w1} = \frac{2 \cdot a}{1 + u} = \frac{2 \cdot 125\,\text{mm}}{1 + 35/18} = 84{,}906\,\text{mm}$$
$$d_{w2} = 2 \cdot a - d_{w1} = 2 \cdot 125\,\text{mm} - 84{,}906\,\text{mm} = 165{,}094\,\text{mm}$$

Kopfkürzung

$$k = \frac{a - a_d}{m} - (x_1 + x_2)$$
$$k = \frac{125\,\text{mm} - 119{,}25\,\text{mm}}{4{,}5\,\text{mm}} - 1{,}479 = -0{,}2014$$

Grundkreisteilung

$$p_b = m \cdot \pi \cdot \cos\alpha$$
$$p_b = 4{,}5\,\text{mm} \cdot \pi \cdot \cos 20 = 13{,}285\,\text{mm}$$

3. Profilüberdeckung ε_α

3.1 Berechnung

Stirneingriffsteilung:

$$p_{et} = \frac{d_b \cdot \pi}{z} = p_t \cdot \cos \alpha_t = \frac{m_n \cdot \pi \cos \alpha_t}{\cos \beta}$$

$$p_{et} = \frac{76,115\,\text{mm} \cdot \pi}{18} = 13,285\,\text{mm}$$

Profilüberdeckung:

$$\varepsilon_\alpha = \frac{1}{p_{et}} \cdot \left[\sqrt{\left(\frac{d_{a1}}{2}\right)^2 - \left(\frac{d_{b1}}{2}\right)^2} + \frac{z_2}{|z_2|} \cdot \sqrt{\left(\frac{d_{a2}}{2}\right) - \left(\frac{d_{b2}}{2}\right)^2} - a \cdot \sin \alpha_{wt} \right]$$

$$\varepsilon_\alpha = \frac{1}{13,28} \cdot \left[\sqrt{\left(\frac{93,95}{2}\right)^2 - \left(\frac{76,12}{2}\right)^2} \right.$$

$$\left. + \frac{z_2}{|z_2|} \cdot \sqrt{\left(\frac{172,24}{2}\right) - \left(\frac{148}{2}\right)^2} - 125 \cdot \sin 26,3 \right]$$

$$\varepsilon_\alpha = 1,219$$

3.2 aus Diagramm (Näherung!)

$$\varepsilon_\alpha = 1 + (\varepsilon_{\alpha1} + \varepsilon_{\alpha2} - 1) \cdot \cos^2 \beta \qquad ; \qquad \beta = 0$$

$$\varepsilon_\alpha = \varepsilon_{\alpha1} + \varepsilon_{\alpha2} = 0,56 + 0,64 = 1,2$$

4. Sicherheit S_F gegen Ermüdungsbruch der Verzahnung

örtliche Zahnfußspannung

$$S_F = \frac{\frac{\sigma_{FE}}{Y_{\delta T}} \cdot Y_N \cdot Y_R \cdot Y_X \cdot Y_\delta}{\sigma_F}$$

$$\sigma_F = K_F \cdot \sigma_{F0}$$

$$K_F \approx K_H = 1,2 \quad \text{Beanspruchungsfaktor}$$

örtliche Zahnfußspannung der abweichungsfreien Verzahnung

$$\sigma_{F0} = \frac{F_t}{b \cdot m_n} \cdot Y_{FS} \cdot Y_\beta \cdot Y_\varepsilon$$

Zahnumfangskraft

$$F_t = \frac{2 \cdot M_{t1}}{d_1} \; ; \quad M_{t1} = \frac{P}{\omega_1} \; ; \quad \omega_1 = 2 \cdot \pi n_1$$

$$F_t = \frac{P_1}{d_1 \cdot \pi \cdot n} = \frac{56\,\text{kW}\,\text{min}}{81\,\text{mm} \cdot \pi \cdot 1400} = 9432\,\text{N}$$

Kopffaktor

$$Y_{FS1} = 3,38 \; ; \quad Y_{FS2} = 3,34$$

Schrägenfaktor

$$Y_\beta = 1 \; ; \quad \varepsilon_\beta = 0$$

Überdeckungsfaktor

$$Y_\varepsilon = 0,2 + \frac{0,8}{\varepsilon_\alpha} = 0,2 + \frac{0,8}{1,2} = 0,867$$

$$\sigma_{F01} = \frac{9432\,\text{N}}{20\,\text{mm} \cdot 4.5\,\text{mm}} \cdot 3,38 \cdot 1 \cdot 0,867 = 307\,\frac{\text{N}}{\text{mm}^2}$$

$$\sigma_{F1} = 1,2 \cdot 307\,\text{MPa} = 368\,\text{MPa}$$

Lebensdauerfaktor

$$Y_N = 1 \quad N_{K1} > N_{Flim}$$

Stützziffer

$$Y_\delta = 1,22$$
$$\chi = 2,3/\rho_{Fn} = 1,28 \quad \text{und Kurve: oberflächengehärteter Stahl}$$
$$\text{für} \quad \rho_{Fn} = 0,4 \cdot 4,5\,\text{mm} = 1,8\,\text{mm}$$
$$\text{mit} \quad z_1 = 18 \quad \text{und} \quad x_1 = 0,64$$

Zahnfußdauerfestigkeit

$$\frac{\sigma_{FE}}{Y_{\delta T}} = 740\,\text{MPa} \quad \text{vorgegeben,}$$

Y_X und Y_R vernachlässigt

$$S_F = \frac{740\,\text{MPa} \cdot 1 \cdot 1,22}{368\,\text{MPa}} = 2,45$$

5. Sicherheit S_H gegen Ermüdungsschäden der Flanke

Zahnflankendauerfestikeit

$$\sigma_{Hlim} = 1{,}2 \cdot OH + 550\,MPa$$

Oberflächenhärte

$$OH = 710 \quad HV$$
$$\sigma_{Hlim} = 1{,}2 \cdot 710 + 550 = 1402\,Mpa$$

Lebensdauerfaktor

$$Z_N = \sqrt[q_H]{\frac{N_{Hlim}}{N_{K1}}} = \sqrt[12]{\frac{50 \cdot 10^6\,LW}{50{,}000\,h \cdot 1400\,LW\,min \cdot 60\,min/h}} = 0{,}69$$

$Z_N = 1$ gesetzt, da $\quad N_{K1} = 42 \cdot 10^8 > N_{Hlim} = 50 \cdot 10^6$

hydrodyn. Wirkungsfaktoren

$$(Z_L \cdot Z_R \cdot Z_V) = 1$$

Zahnflankenpressung

$$\sigma_H = \sqrt{K_H} \cdot \sigma_{H0} = 1277\,MPa$$

Flankenpressung der abweichungsfreien Verzahnung

$$\sigma_{H0} = Z_E \cdot Z_H \cdot Z_\varepsilon \cdot Z_\beta \cdot \sqrt{\frac{F_t}{b_w \cdot d_1} \cdot \frac{u+1}{u}}$$

Elastizitätsfaktor

$$Z_E \approx 190 \sqrt{\frac{N}{mm^2}}$$

Zonenfaktor

$$Z_H = \frac{1}{\cos \alpha_t} \cdot \sqrt{\frac{2 \cdot \cos \beta_b}{\tan \alpha_{wt}}}$$

$$Z_H = \frac{1}{\cos 20°} \cdot \sqrt{\frac{2 \cdot \cos 0°}{\tan 26{,}303°}} = 2{,}14$$

$$Z_H = 2{,}14 \quad \text{nach Diagramm für} \frac{x_1 + x_2}{z_1 + z_2} = 0{,}028$$

Überdeckungsfaktor

$$Z_\varepsilon = \sqrt{\frac{(4 - \varepsilon_\alpha) \cdot (1 - \varepsilon_\beta)}{3} + \frac{\varepsilon_\beta}{\varepsilon_\alpha}}$$

$$Z_\varepsilon = \sqrt{\frac{(4 - 1,2) \cdot (1 - 0)}{3} + \frac{0}{1,2}} = 0,966$$

Schrägungsfaktor

$$Z_\beta = \sqrt{\cos \beta} = \sqrt{\cos 0} = 1$$

Für σ_{H0} folgt:

$$\sigma_{H0} = 190\sqrt{\frac{N}{mm^2}} \cdot 2,14 \cdot 0,966 \cdot 1 \cdot \sqrt{\frac{9432\,N}{20\,mm \cdot 81\,mm} \cdot \frac{2,944}{1,944}}$$

$$\sigma_{H0} = 1166\,MPa$$

$$\sigma_H = \sqrt{1,2} \cdot 1166\,MPa = 1277\,MPa$$

$$S_H = \frac{1402\,MPa \cdot 1}{1277\,MPa} = 1,1 \geq 1,1 = S_{H\,erf}$$

Die Verzahnung ist sicher ausgelegt!

15.6 Verzahnungstragfähigkeit (2)

Wie groß ist die von einem gehärtetem Stirnradpaar übertragbare Leistung P, wenn das Schadenskriterium die Zahnfußtragfähigkeit ist und folgende Werte bekannt sind:

Gegeben

x_1 Profilverschiebung am Ritzel

z_1 Ritzelzähnezahl

m_n Normalmodul

β Schrägungswinkel

b Zahnbreite

ε_α Profilüberdeckung

ρ_{a0} Werkzeugkopfrundungsradius

K_F Beanspruchungsfaktor (bezüglich Zahnfußbeanspruchung)

Vom Werkstoff:

σ_{FE} Zahnfußdauerfestigkeit

q_F Wöhlerlinienexponent

N_{Flim} Lastwechselzahl, die dem Knickpunkt der Wöhlerlinie entspricht

Vom Getriebe:

$N_{K1} > N_{F\,lim}$ Lastwechselzahl der 1. Stufe

S_F Sicherheit gegen Ermüdungsbruch

n_1 Antriebsdrehzahl

Gesucht: Geben Sie als Lösung den allgemeinen Rechnungsgang an, wobei vorauszusetzen ist, dass das Ritzel am stärksten gefährdet ist und die Sprungüberdeckung $\varepsilon_\beta \geq 1$ gilt.

Ziel: Kennenlernen der allgemeinen Einflussgrößen für die Berechnung der Zahnfußspannung.

Lösung

übertragbare Leistung P

$$P = M_{t1} \cdot \omega = M_{t1} \cdot 2 \cdot \pi \cdot n_1$$

Antriebsmoment

$$M_{t1} = \frac{F_t \cdot d_1}{2} = \frac{F_t \cdot m_n \cdot z_1}{2 \cdot \cos\beta} \qquad \begin{aligned} &M_{t1} \text{ Antriebsmoment} \\ &n_1 \text{ Antriebsdrehzahl} \\ &d_1 \text{ Teilkreisdurchmesser} \end{aligned}$$

Äquivalente Belastung (Zahnumfangskraft F_t)

$$F_t = \frac{\sigma_{F0} \cdot b \cdot m_n}{Y_{FS} \cdot Y_\beta \cdot Y_\varepsilon}$$

örtl. Zahnfußspannung der abweichungsfreien Verzahnung σ_{F0}
örtliche Zahnfußspannung σ_F

$$\sigma_{F0} = \frac{\sigma_F}{K_F} = \frac{\frac{\sigma_{FE}}{Y_{\delta T}} \cdot Y_N \cdot Y_\delta \cdot Y_X \cdot Y_R}{K_F \cdot S_F}$$

näherungsweise: $Y_X = Y_R = 1$

Lebensdauerfaktor Y_N

$$Y_N = \sqrt[q_F]{\frac{N_{Flim}}{N_{K1}}} < 1 \rightarrow Y_N = 1$$

Stützziffer Y_δ

$$Y_\delta = 1 + \chi^{0,55} \cdot 10^{-0,72}$$

Anstrengungsverhaltnis χ

$$\chi = \frac{2,3}{\rho_{Fn}}$$

Krümmungsradius im Zahnfuß ρ_{Fn}

$$\rho_{Fn1} = f(x_1, z_1)$$

Überdeckungsfaktor Y_ε

$$Y_\varepsilon = \frac{1}{\varepsilon_\alpha}$$

Leistung P

$$P = \frac{\pi \cdot n_1 \cdot b \cdot m_n^2 \cdot z_1 \cdot \sigma_{FE}}{K_F \cdot S_F \cdot \cos\beta} \cdot \frac{Y_N \cdot Y_\delta \cdot Y_X \cdot Y_R}{Y_{FS} \cdot Y_\beta \cdot Y_\varepsilon}$$

Kopffaktor Y_{FS}

$$Y_{FS} = 3,467 + 13,17 \cdot \frac{1}{z_{v1}} - 27,91 \cdot \frac{x_1}{z_{v1}} + 0,0916 \cdot x_1^2$$

virtuelle Zähnezahl z_{v1}

$$z_{v1} \approx \frac{z_1}{\cos^3\beta}$$

Schrägenfaktor Y_β , Sprungüberdeckung ε_β

$$Y_\beta = 1 - \varepsilon_\beta \cdot \frac{|\beta|}{120} \quad \text{mit} \quad \varepsilon_\beta = \frac{b \cdot \sin|\beta|}{m_n \cdot \pi} \geq 1$$

16 Zugmittelgetriebe

Zugmittelgetriebe bestehen aus zwei (oder auch mehreren) Scheiben bzw. Rädern, die von einem Zugmittel (Riemen oder Kette) umschlungen werden. Die Bauteile der Zugmittelgetriebe (Riemenscheiben, Riemen, Kettenräder, Ketten) sind weitgehend genormt und kostengünstig verfügbar. Riemengetriebe lassen sich besonders vielfältig einsetzen, und benötigen keine Schmierung. Sie bedürfen zwar regelmäßiger Überprüfung, gelten aber als wartungsarm.

Vom Wirkprinzip her werden die kraftschlüssigen Flachriemen- und Keilriemengetriebe und die formschlüssigen Zahnriemen- und Kettengetriebe unterschieden. In Leistungsantrieben werden am häufigsten Keilriemen eingesetzt. Wird eine synchrone Bewegungsübertragung gefordert, kommen Zahnriemen zum Einsatz. Ketten sind zunehmend speziellen Einsatzgebieten vorbehalten, etwa bei Schmieröleinwirkung, bei engen Platzverhältnissen oder bei thermischen Beanspruchungen, denen die Riemenwerkstoffe nicht gewachsen sind.

Um die Eignung der verschiedenen Zugmittelgetriebe für einen konkreten Einsatzfall miteinander zu vergleichen, wird hier für eine zugmittelübergreifende Aufgabenstellung zunächst jedes Zugmittelgetriebe für sich betrachtet. Dabei wird aus Kostengründen auf genormte Konstruktionselemente zurückgegriffen, was zwangsläufig dazu führt, dass die Vorgaben der Aufgabenstellung nicht immer hundertprozentig eingehalten werden können. Das trifft insbesondere für das Drehzahl-Übersetzungsverhältnis und für den vorgegebenen Wellenabstand zu.

Aus den unterschiedlichen Wirkprinzipen (Kraftschluss, Formschluss) ergeben sich unterschiedliche Anforderungen an die Vorspannung der Zugmittel, was sich zusammen mit der Leistungsübertragung wiederum unterschiedlich auf die Belastung der Wellen und damit auf deren Lagerung auswirkt. Beim Vergleich der unterschiedlichen Getriebearten und der Auswahl der geeignetsten Getriebeart werden u. a. folgende Kriterien herangezogen:

- Scheiben- bzw. Raddurchmesser
- Scheiben- bzw. Radbreite
- Wellenbelastung
  - im Stillstand

– im Betrieb

• Einhaltung des vorgegebenen Übersetzungsverhältnisses

• Einhaltung des vorgegebenen Wellenabstandes

• zusätzlicher konstruktiver Aufwand (z. B. Kapselung, Abdichtung, Schmierung)

16.1 Verständnisfragen

1) Warum ist bei kraftschlüssigen Riemengetrieben eine Vorspannung erforderlich?

Lösung: Durch Vorspannung des Riemens werden Pressungen zwischen dem Riemen und den Riemenscheiben erzeugt. Die Pressungen rufen bei Belastung des Riemens durch eine tangentiale Nutzkraft Scherspannungen zwischen Riemen und Riemenscheiben hervor, die die Kraftübertragung gewährleisten (Abb. 16.1). Je höher die Vorspannkraft eingestellt wird, desto höher ist die übertragbare Tangentialkraft (Nutzkraft).

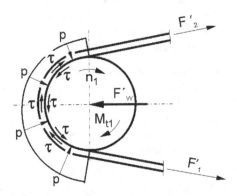

Abbildung 16.1. Kraftübertragung in kraftschlüssigen Zugmittelgetrieben (F_1' Lasttrumkraft im Betrieb, F_2' Leertrumkraft im Betrieb, F_W' Wellenbelastung im Betrieb, M_{t1} Antriebsdrehmoment, n_1 Antriebsdrehzahl, p Pressung, τ Scherspannung)

2) Wie kann die Riemenvorspannung gemessen werden?

Lösung: Die Messung der eingestellten Vorspannung ist mit drei unterschiedlichen Methoden möglich.

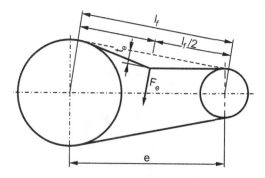

Abbildung 16.2. Bestimmung der Riemenspannung

a) Messung der Eindrücktiefe t_e am gespannten Trum, die sich einstellt, wenn in der Trummitte eine Eindrückkraft F_e senkrecht auf den Riemen aufgebracht wird (Abb. 16.2)

b) Messung der Riemendehnung, in dem die Länge eines markierten Trumabschnittes vor und nach dem Spannen des Riemens gemessen wird. Die Riemenvorspannkraft kann dann aus folgender Gleichung ermittelt werden:

$$F_v = A \cdot E_z \cdot (L_{w1} - L_{w0})/L_{w0}$$

mit dem Riemenquerschnitt A, dem Elastizitätsmodul des Riemens bei Zug E_z, der Länge des markierten Trumabschnittes vor dem Spannen L_{w0} und der Länge des markierten Trumabschnittes nach dem Spannen des Riemens L_{w1}.

c) Messung der Eigenfrequenz des gespannten Trums mit Hilfe eines Frequenzmessgerätes, woraus dann die eingestellte Riemenvorspannung F_v berechnet wird.

3) Wie können Riemen vorgespannt werden, wenn der Achsabstand nicht verändert werden darf?

Lösung: Bei nicht veränderlichem Achsabstand können Riemen beispielsweise durch folgende Riemenspannmöglichkeiten vorgespannt werden:

a) durch eine feder- oder gewichtsbelastete Spannrolle, vorzugsweise am Leertrum (Abb. 16.3) oder durch eine Doppelspannrolle, die einen festen, aber mittels Spannschloss einstellbaren Achsabstand aufweist und um die Achse einer Riemenscheibe drehbar gelagert ist (Abb. 16.4)

b) durch die Wahl einer gekürzten Riemenlänge, die im nichtgespannten Zustand um ΔL kürzer ist, so dass durch die Riemendehnung des Riemens im eingebauten Zustand die erforderliche Riemenvorspannkraft F_v entstehen kann

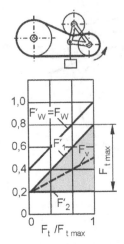

Abbildung 16.3. Riemenvorspannung durch eine gewichtsbelastete Spannrolle im Leertrum

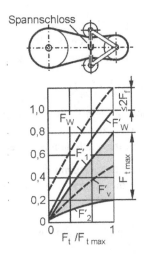

Abbildung 16.4. Riemenvorspannung durch eine Doppelspannrolle

4) Wie verändern sich bei vorgespannten Riemen die Zugkräfte im Last- und Leertrum, wenn ein Moment übertragen wird?

Lösung: Wenn in das Antriebsrad das Antriebsdrehmoment M_{t1} eingeleitet wird, erhöht sich die Kraft im Lasttrum gegenüber der Kraft im Leertrum um die am übertragungswirksamen Radius $d_{w1}/2$ angreifende und aus dem Antriebsmoment resultierende Tangentialkraft F_t, und zwar um

$$F_t = 2 \cdot M_{t1}/d_{w1} .$$

Wird das Zugmittel mit einer Vorspannkraft $F_v > F_t/2$ vorgespannt – was für eine kraftschlüssige Leistungsübertragung notwendig ist – erhöht sich die Trumkraft im Lasttrum jedoch nicht um die Tangentialkraft F_t, sondern nur um $F_t/2$ und die Kraft im Leertrum verringert sich um $F_t/2$ (Abb. 16.5), so dass sich die Trumkräfte dann zu $F_1 = F_v + F_t/2$ und $F_2 = F_v - F_t/2$ ergeben.

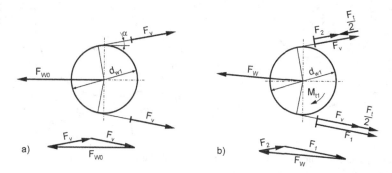

Abbildung 16.5. Kräftegleichgewicht an der Antriebsscheibe eines vorgespannten 2-Scheiben-Zugmittelgetriebes a) ohne Antriebsdrehmoment, b) mit Antriebsdrehmoment (Fliehkraftwirkung unberücksichtigt)

5) Warum kann das Übersetzungsverhältnis i bei kraftschlüssigen Umschlingungsgetrieben nicht aus dem Verhältnis der Scheibendurchmesser gebildet werden und wie verändert sich das Übersetzungsverhältnis i, wenn das zu übertragende Moment ansteigt?

Lösung: Wird in einem vorgespannten Riemengetriebe, in dem die Trume durch die Riemenvorspannkraft F_v beide um den gleichen Betrag gedehnt werden, ein Antriebsmoment $M_t = F_t \cdot d_{w1}/2$ eingeleitet, nimmt die Riemendehnung im Lasttrum um $\Delta l_1 = F_t \cdot l/(2 \cdot E_z \cdot A)$ zu und im Leertrum um den gleichen Betrag $\Delta l_2 = \Delta l_1$ ab. Der Längenunterschied Δl zwischen Lasttrum und Leertrum weist bei einem umlaufenden Riemen, der das Antriebsmoment M_t bzw. eine Nutzkraft F_t übertragen soll, folgende Größe auf:

$$\Delta l = F_t \cdot l/(E_z \cdot b \cdot h) = 2 \cdot M_t \cdot l/(d_{w1} \cdot E_z \cdot b \cdot h)$$

(Mit der Trumlänge l, dem Zug-E-Modul des Riemens E_z und dem Riemenquerschnitt A).

Das um Δl gegenüber dem Leertrum längere Lasttrum bewirkt im Lasttrum eine höhere Umfangsgeschwindigkeit v_1. Im Leertrum stellt sich eine geringe Umfangsgeschwindigkeit v_2 ein. Die Geschwindigkeitsdifferenz $\Delta v = v_1 - v_2$ muss der Riemen beim Umlauf um die treibende Scheibe abbauen und beim Umlauf um die getriebene Scheibe aufbauen (Abb. 16.6).

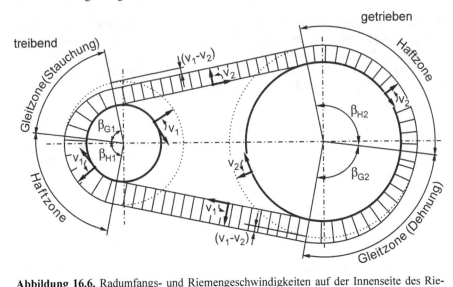

Abbildung 16.6. Radumfangs- und Riemengeschwindigkeiten auf der Innenseite des Riemens am kraftschlüssigen Riemengetriebe

Die relative Geschwindigkeitsdifferenz, d. h. der Schlupf ψ, beträgt:

$$\psi = (v_1 - v_2)/v_1 \cdot 100\% = \Delta l/l \cdot 100\%$$

Da die Geschwindigkeitsdifferenz $v_1 - v_2$ und auch der Längenunterschied Δl direkt proportional zum übertragenen Drehmoment sind, verändert sich auch der Schlupf proportional zum zu übertragenden Lastmoment.

Das tatsächliche Übersetzungsverhältnis i kraftschlüssiger Riemengetriebe lässt sich unter Berücksichtigung des Schlupfes folgendermaßen berechnen:

$$i = n_1/n_2 = d_{w1}/d_{w2} \cdot (100/(100 - \psi))$$

Mit zunehmendem Schlupf bzw. größer werdendem Antriebsdrehmoment verringert sich die Abtriebsdrehzahl n_2 und dadurch steigt das Übersetzungsverhältnis an. Da das Übersetzungsverhältnis lastabhängig ist, kann es nicht durch das konstante Verhältnis der Scheibendurchmesser beschrieben werden.

6) Wie verändert sich die Haftzone im Kontaktbereich zwischen Riemen und treibender Scheibe, wenn das zu übertragende Moment ansteigt und wie groß ist die Haftzone, wenn Überlastschlupf auftritt?

Lösung: Der Riemen durchläuft beim Umlauf um die treibende Scheibe zunächst eine Haftzone und dann eine Gleitzone (Abb. 16.6). Die Größe der Gleitzone stellt sich entsprechend des zu übertragenden Drehmomentes bzw. der zu übertragenden Nutzkraft ein. Wenn keine Nutzkraft übertragen wird, verschwindet die Gleitzone. Bei der Beaufschlagung durch eine Nutzkraft kommt es in der Gleitzone zum

Gleiten des Riemens auf der Scheibe. In der Gleitzone entsteht Gleitschlupf. Mit steigender Nutzkraft wird das Lasttrum zunehmend belastet und gleichzeitig das Leertrum zunehmend entlastet. Der Gleitschlupf und die Gleitzone werden größer und die Haftzone kleiner.

Wenn die Haftzone verschwindet, ist das maximal übertragbare Drehmoment erreicht. Bei weiter steigendem Lastmoment rutscht der Riemen auf der Riemenscheibe durch, d. h. der Kraftschluss ist überlastet. Wird der Riemen längere Zeit bei diesem Zustand des Überlastschlupfes betrieben, erwärmt er sich aufgrund des hohen Schlupfes stark, wird spröde und schließlich zerstört.

7) Mit welchen Zugmittelgetrieben können Positioniergetriebe ausgeführt werden?

Lösung: Bei den Umschlingungsgetrieben können als Positioniergetriebe entweder Zahnriemen- oder Kettengetriebe eingesetzt werden, da hier Formschluss vorliegt und somit eine Abhängigkeit des Übersetzungsverhältnisses von der Belastung bzw. dem Schlupf nicht auftritt.

8) Wie beeinflusst die Fliehkraftwirkung die Kräfte im Riemen und die Wellenbelastung?

Lösung: Wenn der Riemen um die Scheiben umläuft, entstehen im Bereich der Umschlingungswinkel Fliehkräfte. Infolge der Fliehkraftwirkung werden einerseits die Trumkräfte um $F_f = \rho \cdot v^2 \cdot A$ und die Trumspannungen um $\sigma_f = \rho \cdot v^2$ vergrößert. Andererseits werden jedoch die für den Kraftschluss erforderlichen Pressungen zwischen den Scheiben und dem Riemen verringert. Will man diesen Pressungsverlust ausgleichen, muss in den Riementrumen im Stillstand gegenüber dem Betrieb eine um die aus der Fliehkraftwirkung resultierende Trumkraft F_f höhere Vorspannkraft vorhanden sein. Die Vorspannkraft im Stillstand F_v kann ermittelt werden aus $F_v = F_v' + F_f$, wenn F_v' die im Betrieb für den Kraftschluss wirksame Vorspannkraft repräsentiert.

Bei Riemengetrieben mit fest eingestelltem Wellenabstand und ohne Spannrolle verringert sich die Wellenbelastung je nach Umschlingungswinkel um die Kraft $\Delta F_W = F_f(2(1 - \cos\beta_k))^{0,5}$, d. h. um einen Betrag $\Delta F_W = 2F_f$ bei einem Umschlingungswinkel am kleinen Rad von 180 Grad.

9) Durch welche konstruktiven Maßnahmen kann die Wellenbelastung an das zu übertragene Moment angepasst werden?

Lösung: Die Wellenbelastung kann beispielsweise an das zu übertragene Moment mit einer feder- oder gewichtsbelasteten Spannrolle am Leertrum oder durch eine Doppelspannrolle (Abb. 16.7) erreicht werden.

Bei einer feder- oder gewichtsbelasteten Spannrolle im Leertrum wird hier eine konstante Trumkraft F_2 erzeugt und bei ihrer Anordnung an der Riemenaußenseite werden der Umschlingungswinkel und die übertragbare Leistung vergrößert

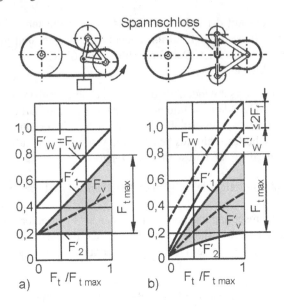

Abbildung 16.7. Abhängigkeit der Kräfte am Riemengetriebe von der Nutzkraft F_t bei konstanter Drehzahl und verschiedenen Riemenspannmöglichkeiten. a) gewichtsbelastete Spannrolle am Leertrum, b) Doppelspannrollen mit Spannschloss

(Abb. 16.7a). Die Wellenbelastung ist abhängig von der Nutzlast F_t, so dass sich dieses Spannverfahren besonders für Antriebe eignet, die überwiegend im Teillastbetrieb mit unterschiedlichen Nutzkräften arbeiten. Derartige Antriebe sind jedoch im Gegensatz zu anderen Vorspannverfahren nur für eine Drehrichtung bestimmt.

Doppelspannrollen (Abb. 16.7b) haben einen festen, aber mittels Spannschloss einstellbaren Achsabstand der Spannrollen und sind drehbar um die Achse einer Riemenscheibe gelagert. Dies bewirkt an beiden Spannrollen gleiche Radialkräfte, aber unterschiedliche Umschlingungswinkel. Die Wellenbelastung ist abhängig von der Nutzkraft F_t und wird im Betrieb gegenüber dem Stillstand wegen der Fliehkraftwirkung vermindert. Derartige Antriebe eignen sich für sehr hohe Leistungen mit überwiegendem Teillastbetrieb.

10) Wie unterscheiden sich die Wellenbelastungen bei Flach- und Keilriemen, wenn die Reibungskräfte in den Kontaktflächen und die Reibungskoeffizienten gleich groß sind?

Lösung: Bei Flachriemengetrieben gibt es jeweils nur 1 Wirkfläche auf jeder Riemenscheibe. Bei Keilriemengetrieben existieren dagegen 2 Wirkflächen auf jeder Riemenscheibe. Die Wirkflächen schließen hier den Rillenwinkel α ein. Es liegt an jeder Wirkfläche die Normalkraft $F_n/2$ an (Abb. 16.8). Ohne Fliehkraftwirkung und

ohne Nutzkraft unterscheiden sich die Wellenbelastungen bei Flach- und Keilriemengetrieben um den Faktor $1/\sin(\alpha/2)$. Bei einem Rillenwinkel des Keilriemen-
profils von $\alpha = 32$ bis $38°$ führt das zu einer Verringerung der Wellenbelastung um
den Faktor 3,1 bis 3,6.

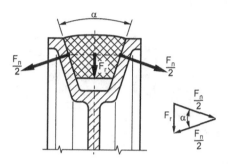

Abbildung 16.8. Keilwirkung am Keilriemen und Kräfte zwischen Keilriemen und Scheibe

11) Was passiert, wenn Zahnriemen zu viel oder zu wenig gespannt werden?

Lösung: Eine zu geringe oder eine zu hohe Vorspannung kann wegen zu großer Unterschiede der Teilung des Riemens zur Teilung der Scheiben zu Eingriffsstörungen
(Klettern des Riemens auf den Zahnflanken der Zahnriemenscheibe) führen. Eine
zu geringe und eine zu hohe Vorspannung sorgen ferner aufgrund der zu großen
Teilungsdifferenzen dafür, dass weniger Zähne tragen, was zu übermäßigem Rie-
menverschleiß führen kann.

Im Normalfall wird der Riemen bei Belastung wegen verschieden großer Kräfte und
Dehnungen im Last- und Leertrum über dem Umschlingungswinkel von Zahn zu
Zahn unterschiedlich beansprucht. Dadurch verändert sich die Teilung des Riemens.
Meist wählt man die Teilung der Zahnscheiben als Mittelwert der Teilung im Last-
und Leertrum so, dass sie bei Volllast mit der Riementeilung übereinstimmt. Mit
abnehmender Belastung tragen dann immer weniger Zähne. Die Zahnlücken der
Scheiben werden deshalb etwas größer ausgebildet als die Zahndicken am Riemen,
so dass Flankenspiel entsteht.

12) Was passiert, wenn bei einem Kettentrieb der Verschleiß in den Gelenken zu
groß und der Durchhang $> 3\%$ wird?

Lösung: Durch das Abknicken der Kettenglieder um den Teilungswinkel τ jeweils
beim Auf- und Ablaufen am Kettenrad tritt an den Bolzen und Buchsen der Kette
Verschleiß auf, so dass die wirksame Kettenteilung und damit die Länge der Kette

im Laufe der Betriebszeit anwächst. Dadurch verlagert sich die Kette an den Kettenrädern nach außen auf einen größeren Wirkdurchmesser (Abb. 16.9). Infolge der Kettenlängung wird auch der Durchhang f größer. Ist der Durchhang f zu groß, wird die Stützzugkraft im Leertrum zu klein, was dann wegen ungenügender Kettenspannung zum Überspringen der Kette führen kann, wodurch die einwandfreie Funktion des Kettengetriebes nicht mehr gewährleistet ist.

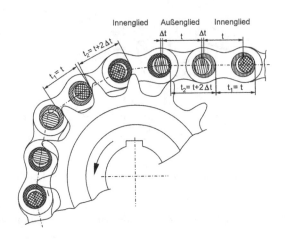

Abbildung 16.9. Gelängte Buchsenkette auf einem Kettenrad

13) Was verursacht Kettenschwingungen und welche Maßnahmen können dagegen ergriffen werden?

Lösung: Beispielsweise können durch schwankende Belastungskräfte, durch den Polygoneffekt, durch Fertigungsungenauigkeiten (Rundlauf- und Teilungsabweichungen), senkrechte Kettenanordnung, Exzentrizität der Kettenräder, Elastizität der Kette sowie durch Schwingungen im Antrieb und Abtrieb Ketten zu Schwingungen angeregt werden.

Als Abhilfemaßnahmen werden Kettenspanner und Kettenführungen verwendet, wodurch die schädliche Wirkung derartiger Schwingungen verringert werden kann.

14) Was ist der Polygoneffekt bei Kettentrieben und wie lässt sich dieser Effekt verringern?

Lösung: Eine Kette umschlingt ein Kettenrad nicht kreisförmig, sondern vieleckförmig. Dadurch entsteht der sogenannte Polygoneffekt der Kettengetriebe. Die konstante Umfangsgeschwindigkeit des treibenden Kettenrades v_{u1} erzeugt aufgrund des sich periodisch ändernden Wirkdurchmessers eine Kettengeschwindigkeit v_K, die periodisch zwischen $v_{K\,max} = v_u$ und $v_{K\,min} = v_u \cdot \cos(\tau/2)$ schwankt (Abb. 16.10), was zu Beschleunigungssprüngen (sogenannten Rucken) führt.

Die Ungleichförmigkeit der Kettengeschwindigkeit nimmt mit steigender Zähnezahl des treibenden Kettenrades ab. Bei Zähnezahlen $z \geq 20$ bleiben die Schwankungen unter 1%. Der Polygoneffekt verursacht nicht nur einen unruhigen Lauf des Kettengetriebes, sondern kann die Kette im Resonanzbereich zu Längs- und Querschwingungen anregen. Außerdem führen die ständigen Massenbeschleunigungen und -verzögerungen, vor allem bei höheren Geschwindigkeiten, zu erheblichen Zusatzkräften und damit zu einer erhöhten Beanspruchung der Kette. Wenn die Zähnezahl groß genug ist, bleiben die Effekte jedoch ohne nennenswerten Einfluss.

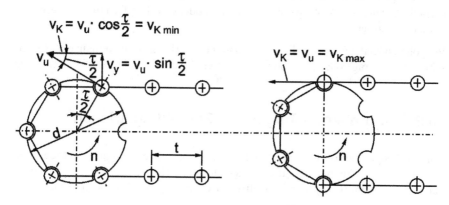

Abbildung 16.10. Polygoneffekt beim Kettengetriebe

15) Wodurch werden Stützzugkräfte hervorgerufen und welche Auswirkungen haben zu große oder zu kleine Stützzugkräfte?

Lösung: Die Stützzugkraft resultiert aus der Eigenmasse der Kette. Bei einem Zweirad-Kettengetriebe mit waagerecht liegendem Leertrum hängt sie vom Durchhang des Leertrums ab und ist an beiden Zahnrädern gleich groß. Wenn kein Durchhang vorhanden ist, kann die Stützzugkraft theoretisch unendlich groß werden. Dadurch werden sehr hohe Kräfte innerhalb des Kettentriebes erzeugt, was zu hoher Reibung und zu hohem Verschleiß führt. Ist der Durchhang zu groß, werden die Stützzugkräfte zu klein. Das kann wegen der dann ungenügenden Kettenspannung ein Überspringen der Kette zur Folge haben. Eine einwandfreie Funktion des Kettengetriebes ist in beiden Fällen nicht gegeben.

16) Wie sollte die Anzahl Kettenglieder sinnvollerweise gewählt werden?

Lösung: Für Ketten mit durchgängig ungekröpften Laschen (z. B. Buchsen- und Rollenketten) sollten in der Regel gerade Gliederzahlen verwendet werden, um gekröpfte Glieder zu vermeiden. Durch die Kröpfung entsteht in den Laschen eine

Biegespannung, durch die die Festigkeit der Kette gegenüber einer Kette aus normalen Gliedern vermindert wird (Reduzierung um ca. 20%).

17) Welche Schmierverfahren sind bei großen und kleinen Kettengeschwindigkeiten sinnvoll?

Lösung: Bei Kettengetrieben werden Ausfälle meistens durch unzureichende Schmierung und Wartung verursacht. Ungenügende Schmierung vergrößert die Reibung und den Verschleiß in den Kettengelenken.

Bei niedrigen Geschwindigkeiten können, abhängig von der Teilung, entweder eine periodische Handschmierung (geringe Teilung) oder eine Tropfschmierung (größere Teilung) eingesetzt werden.

Bei höheren Kettengeschwindigkeiten kommt bei geringer Kettenteilung eine Tauchschmierung infrage oder bei größerer Kettenteilung eine Druckumlauf-schmierung.

16.2 Übergreifende Aufgabe zu Zugmittelgetrieben

Eine Kolbenpumpe soll von einem Drehstrommotor über ein Zugmittelgetriebe, bei dem die Wellenmittelpunkte auf einer gemeinsamen Horizontalen liegen, angetrieben werden (Abb. 16.11). Für das Getriebe werden folgende Vorgaben gemacht:

Motorleistung	$P = 9\,\text{kW}$
Motordrehzahl	$n_1 = 1465\ 1/\text{min}$
Pumpendrehzahl	$n_2 = 450\ 1/\text{min}^{-1}$
Wellenabstand	$e \approx 750\,\text{mm}$
tägliche Betriebszeit	$t = 10\ \text{bis}\ 16\,\text{h}$

Um fundiert entscheiden zu können, welches Zugmittel zweckmäßig einzusetzen ist, sind die erforderlichen Radabmessungen und Riemen- bzw. Kettenlängen sowie die auftretenden Wellenbelastungen beim Einsatz von Flachriemen, Normalkeilriemen, Schmalkeilriemen, Zahnriemen und Rollenkette zu ermitteln. Die Ergebnisse sind übersichtlich zusammenzustellen und zu diskutieren.

Der ungleichförmige Lauf von Kolbenpumpen ist durch einen entsprechenden Betriebsfaktor C_B zu berücksichtigen, wobei dieser auch vom eingesetzten Zugmittel abhängig ist. Für Riemengetriebe gilt nach der VDI-Richtlinie VDI 2758:

$$C_B = 1 + C_{\text{Typ}}(0{,}075 C_{\text{ab}} + 0{,}1 C_{\text{an}} + 0{,}1 C_t)$$

mit

C_{Typ}	$= 1$	für Flach- und Keilriemen
	$= 1{,}6$	für Zahnriemen mit Trapezprofil
C_{an}	$= 1$	für Drehstrommotoren mit normalem Anlaufmoment
C_{ab}	$= 3$	für Kolbenpumpen
C_t	$= 1$	für 10 bis 16 Betriebsstunden täglich

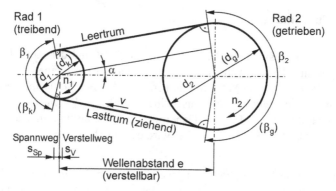

Abbildung 16.11. Radanordnung und Abmessungen für Riemengetriebe (Kettengetriebe werden in der Regel nicht vorgespannt. Bei ihnen befindet sich normalerweise das Lastrum oben und das Leertrum unten, so dass die Kettengeschwindigkeit gegenüber der Darstellung in Abb. 16.11 in die umgekehrte Richtung zeigt.)

Daraus folgt hier für Flach- und Keilriemen:

$$C_B = 1 + 1 \cdot (0{,}075 \cdot 3 + 0{,}1 \cdot 1 + 0{,}1 \cdot 1) = 1{,}43$$

und für Zahnriemen mit Trapezprofil:

$$C_B = 1 + 1{,}6 \cdot (0{,}075 \cdot 3 + 0{,}1 \cdot 1 + 0{,}1 \cdot 1) = 1{,}68$$

Für die Rollenkette folgt der Betriebsfaktor für eine von einem Elektromotor angetriebene Kolbenpumpe aus DIN ISO 10823 zu:

$$C_B = 1{,}8$$

Bei der Berechnung der jeweiligen Zugmittelgetriebe sind diese Betriebsfaktoren zu berücksichtigen.

Lösung mit Flachriemengetriebe

Das häufig als Leistungsgetriebe weniger beachtete Flachriemengetriebe wird hier als das Riemengetriebe der einfachsten Bauart ausdrücklich als eine Lösungsmöglichkeit für den Antrieb einer Kolbenpumpe in die vergleichende Betrachtung der Zugmittelgetriebe einbezogen. Die Eingangswerte für die Berechnung des Flachriemengetriebes sind entsprechend der übergreifenden Aufgabenstellung:

Berechnungsleistung $P_B = P \cdot C_B = 9\,\text{kW} \cdot 1{,}43 = 12{,}9\,\text{kW}$
Motordrehzahl $n_1 = 1465\ 1/\text{min}$
Pumpendrehzahl $n_2 = 450\ 1/\text{min}$
Wellenabstand $e' \approx 750\,\text{mm}$

Scheibendurchmesser

Mit dem Berechnungswert der Leistung $P_B = 12{,}9\,\text{kW}$ und der Antriebsdrehzahl $n_1 = 1465\,1/\text{min}$ folgt aus Abb. 16.12 der Durchmesser der kleinen Riemenscheibe zu $d_1 = d_k = 140\,\text{mm}$. Mit der Pumpendrehzahl $n_2 = 450\,1/\text{min}$ ergibt sich der Durchmesser der großen Riemenscheibe $d_1 = d_g = d_k \cdot (n_1/n_2) = 140\,\text{mm} \cdot (1465\,1/\text{min}/450\,1/\text{min}) = 456\,\text{mm}$. Genormte Durchmesser in mm sind nach DIN 111: ... 355, 400, 450, 500, 560, ... Hier wird der Durchmesser $d_1 = d_g = 450\,\text{mm}$ gewählt.

Damit verringert sich das Übersetzungsverhältnis von $i = n_1/n_2 = 1465\,1/\text{min}/ 450\,1/\text{min} = 3{,}26$ auf $i = d_g/d_k = d_2/d_1 = 450\,\text{mm}/140\,\text{mm} = 3{,}21$ und die Pumpendrehzahl erhöht sich von $n_2 = 450\,1/\text{min}$ auf $n_2 = n_1 \cdot (d_k/d_g) = 1465\,1/\text{min} \cdot (140\,\text{mm}/450\,\text{mm}) = 456\,1/\text{min}$. Gegenüber dem Nenn-Förderstrom der Kolbenpumpe vergrößert sich dadurch ihr Ist-Förderstrom um 1,3%.

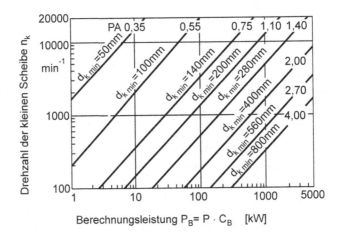

Abbildung 16.12. Riemenscheiben-Mindestdurchmesser und Zugbanddicke für Flachriemen nach VDI 2728 (z. B. bedeutet PA 0,35: Polyamid-Zugbandhöhe $= 0{,}35\,\text{mm}$)

Kontrolle des Wellenabstandes

Für den vorläufigen Wellenstand e' sollte $e' \approx (0{,}7\ldots 2) \cdot (d_g + d_k)$ eingehalten werden, d. h. hier würde $e' = (0{,}7\ldots 2) \cdot (450\,\text{mm} + 140\,\text{mm}) = (413\ldots 1180\,\text{mm})$ betragen. Dieser Empfehlung wird mit dem angestrebten Wellenabstand $e' \approx 750\,\text{mm}$ entsprochen.

Rechnerische Riemenlänge

Mit den Durchmessern der Riemenscheiben und dem angestrebten Wellenabstand folgt der vorläufige Trumneigungswinkel zu:

$$\alpha' = \arcsin\left(\frac{d_g - d_k}{2 \cdot e'}\right) = \arcsin\left(\frac{450\,\text{mm} - 140\,\text{mm}}{2 \cdot 750\,\text{mm}}\right) = 11{,}93°$$

Die rechnerische Riemenlänge L_{wr} kann berechnet werden aus:

$$L_{wr} = 2 \cdot e' \cos\alpha' + \frac{\pi}{2} \cdot (d_g + d_k) + \frac{\pi + \alpha'}{180°} \cdot (d_g - d_k)$$

$$= 2 \cdot 750\,\text{mm} \cdot \cos 11{,}93° + \frac{\pi}{2} \cdot (450\,\text{mm} + 140\,\text{mm})$$

$$+ \frac{\pi \cdot 11{,}93°}{180°} \cdot (450\,\text{mm} - 140\,\text{mm})$$

$$= 2459\,\text{mm}$$

Um die erforderliche Anpresskraft zu erzielen, muss der Riemen vorgespannt werden. Es ist sinnvoll, die tatsächliche Riemenlänge L_{w0} etwas kürzer zu wählen, um mit dem gedehnten Riemen den angestrebten Wellenabstand e' in etwa zu erreichen. Hier wird $L_{w0} = 2400\,\text{mm}$ gewählt. Der notwendige Spannweg für den Flachriemen beträgt damit $s_{Sp} = (0{,}01 \ldots 0{,}015) \cdot L_{w0} = (0{,}01 \ldots 0{,}015) \cdot 2400\,\text{mm} = (24 \ldots 36)\,\text{mm}$.

Tatsächlicher Wellenabstand

Aus den Durchmessern der Riemenscheiben und der Länge des ungespannten Riemens ergibt sich der Wellenabstand e_0 (ohne Berücksichtigung des notwendigen Spannweges) aus folgender Beziehung:

$$e_0 = p + \sqrt{p^2 - q}$$

Die Hilfsgrößen p und q können bestimmt werden aus:

$$p = \frac{L_w}{4} - \frac{\pi}{8} \cdot (d_g + d_k) = \frac{2400\,\text{mm}}{4} - \frac{\pi}{8} \cdot (450\,\text{mm} + 140\,\text{mm}) = 368{,}3\,\text{mm}$$

$$q = \frac{(d_g - d_k)^2}{8} = \frac{(456\,\text{mm} - 140\,\text{mm})^2}{8} = 12.012{,}5\,\text{mm}^2$$

Für den Wellenabstand e_0 erhält man dann:

$$e_0 = p + \sqrt{p^2 - q} = 368{,}3\,\text{mm} + \sqrt{368{,}3^2\,\text{mm}^2 - 12.012{,}5\,\text{mm}^2} = 720\,\text{mm}$$

Mit dem Spannweg von $s_{Sp} = (24 \ldots 36)\,\text{mm}$ kann der angestrebte Wellenabstand von $e = 750\,\text{mm}$ realisiert werden, denn $e = e_0 + s_{Sp} = 720\,\text{mm} + (24 \ldots 36\,\text{mm}) = (744 \ldots 756)\,\text{mm}$.

Maximal mögliches Trumkraftverhältnis

Das maximal mögliche Trumkraftverhältnis $m = F_1'/F_2'$ liegt im Betrieb dann vor, wenn zwischen dem Riemen und der kleinen Riemenscheibe gerade noch kein Gleitschlupf vorhanden ist. Es ist abhängig von der Reibungszahl μ zwischen dem Riemen und den Riemenscheiben und von dem Umschlingungswinkel $\beta_1 = \beta_k$ an der kleinen Riemenscheibe. Letzterer hängt wiederum von dem tatsächlichen Trumneigungswinkel α ab. Da der angestrebte Wellenabstand von $e = 750\,mm$ hier realisiert wird, gilt $\alpha = \alpha' = 11{,}93°$. Das führt zu einem Umschlingungswinkel an der kleinen Riemenscheibe von:

$$\beta_k = 180° - 2 \cdot \alpha = 1800° - 2 \cdot 11{,}93° = 156{,}14° \quad \text{bzw.}$$

$$\widehat{\beta_k} = \frac{\pi \cdot \beta_k°}{180°} = \frac{\pi \cdot 156{,}14°}{180°} = 2{,}725$$

Die Reibungszahl μ für Polyamidbandriemen mit einer Laufschicht aus Gummi beträgt nach Tab. 16.1 $\mu = 0{,}7$. Damit ergibt sich ein maximal mögliches Trumkraftverhältnis von:

$$m = e^{\mu \cdot \widehat{\beta_k}} = 2{,}718^{0{,}7 \cdot 2{,}725} = 6{,}73$$

In dem Betriebszustand, bei dem gerade noch kein Gleitschlupf auftritt, gilt dann: $F_1' = 6{,}73 \cdot F_2'$ (mit F_1' als Zugkraft im Lasttrum und F_2' als Zugkraft im Leertrum).

Maximal mögliche Ausbeute

Mit dem Trumkraftverhältnis m ergibt sich die maximal mögliche Ausbeute zu:

$$\kappa = \frac{F_t}{F_1'} = \frac{m-1}{m} = \frac{6{,}73-1}{6{,}73} = 0{,}85$$

In dem Betriebszustand, bei dem das maximal mögliche Trumkraftverhältnis vorliegt, können maximal 85% der Zugkraft im Lasttrum für die Kraftübertragung genutzt werden ($F_t = 0{,}85 \cdot F_1'$).

Riemenbreite

Für Polyamidbandriemen gelten nach Tab. 16.1:

zulässige Riemenspannung	$\sigma_{zul} = 12\,N/mm^2$
Biege-E-Modul	$E_b = 250\,N/mm^2$
maximales Höhen-Durchmesser-Verhältnis	$(h/d_{wk})_{max} = 0{,}015$
mittlere Dichte des Riemens	$\rho = 1{,}25\,g/cm^3$

Tabelle 16.1. Parameter von Flachriemen (Anhaltswerte)

Riemenart	Textilriemen einlagig	Textilriemen mehrlagig	Polyestercord-riemen	Polyamidband-riemen
Zugschicht [1]	PA, B	PA, B, PE	PE	PA
Laufschicht(en) [1]	PU	G	G, CH	G, CH
max. Riemengeschwindigkeit v_{max} (m/s)	70	20...50	100	70
Temperaturbereich (°C)	−20...70	−20...70	−40...80	−20...80
Dichte ρ (g/cm³)	1,1...1,4	1,1...1,4	1,1...1,4	1,1...1,4
kleinster Scheibendurchmesser $d_{w\,min}$ (mm) ab	15	150	20	63
max. Höhen-Durchmesser-Verhältnis $(h/d_{wk})_{max}$	0,035	0,035	0,008...0,025[2] 0,01...0,035[3]	0,008...0,025[2] 0,01...0,035[3]
zul. Riemenspannung σ_{zul} (N/mm²)	3,3...5,4	3,3...5,4	14...25[2] 4...12[3]	6...18[2] 4...15[3]
Zug-E-Modul E_z (N/mm²)	350...1200	900...1500	600...700[2] 500...600[3]	500...600[2] 400...500[3]
Biege-E-Modul E_b (N/mm²)	50	50	300[2]; 250[3]	250[2]; 200[3]
max. Biegefrequenz f_{Bmax} (s⁻¹)	10...20	10...20	30 (100)[4]	30 (80)[4]
Reibungszahl μ gegen GG und Stahl[5] bis	0,5	0,5	0,7[2]; 0,6[3]	0,7[2]; 0,6[3]
Anwendung	hohe Drehzahlen; Schleifspindeln	robust, niedrige Leistungen	Mehrscheibengetriebe bis 1000 kW	robust, häufigste Bauart; Zwei- und Mehrwellengetriebe

[1] PA Polyamid, PE Polyester, B Baumwolle, PU Polyurethan, G Gummi (Elastomer), CH Chromleder
[2] Laufschicht Gummi (G)
[3] Laufschicht Leder (CH)
[4] Klammerwerte nur nach Rücksprache mit dem Hersteller
[5] abhängig von äußeren Einflüssen

Diese Werte sollten mit Angaben des Riemenherstellers abgeglichen werden. Mit dem Wirkdurchmesser $d_{wk} \approx d_k = 140\,mm$ folgt aus dem maximalen Höhen-Durchmesser-Verhältnis die Riemenhöhe h zu:

$$h = (h/d_{wk})_{max} \cdot d_k = 0,015 \cdot 140\,mm = 2,1\,mm$$

Gewählt wird hier $h = 2$ mm.

Die Riemengeschwindigkeit beträgt:

$$v \approx \frac{d_k}{2} \cdot 2 \cdot \pi \cdot n_1 = 0,14\,\text{m} \cdot \pi \frac{1465}{60\,\text{s}} = 10,7\,\text{m/s}$$

Im Betrieb tritt folgende fliehkraftbedingte Zugspannung auf:

$$\sigma_f = \rho \cdot v^2 = 1250\,\text{kg/m}^3 \cdot (10,7\,\text{m/s})^2 = 1,43 \cdot 10^5\,\text{kg m/s}^2 = 0,143\,\text{N/mm}^2$$

Die Biegespannung im Riemen beläuft sich auf:

$$\sigma_b \approx E_b \cdot \left(\frac{h}{d_k}\right) = 250\,\text{N/mm}^2 \cdot \frac{2,0\,\text{mm}}{140\,\text{mm}} = 3,57\,\text{N/mm}^2$$

Das führt zu einer erforderlichen Riemenbreite von:

$$b = \frac{P_B}{\kappa \cdot h \cdot v \cdot (\sigma_{zul} - \sigma_b - \sigma_f)}$$

$$= \frac{12.900\,\text{Nm/s}}{0,85 \cdot 2,0\,\text{mm} \cdot (10,7\,\text{m/s}) \cdot (12 - 3,57 - 0,14)\,\text{N/mm}^2}$$

$$= 85,8\,\text{mm}$$

Nach DIN 111 sind unter anderem folgende Riemenbreiten b und die dazugehörigen kleinsten Kranzbreiten b_S (in eckigen Klammern) in mm genannt: ... 50 [63], 71 [80], 90 [100], 112 [125], 125 [140], ...

Gewählt wird eine Riemenbreite von $b = 90$ mm. Die dazugehörige Riemenscheibe hat eine Kranzbreite von $b_S = 100$ mm.

Erforderliche Riemenvorspannkraft

Um am kraftschlüssigen Riemengetriebe eine Nutzkraft F_t übertragen zu können, muss der Riemen vorgespannt werden. Die erforderliche Riemenvorspannkraft F_v wird ermittelt aus dem Trumkraftverhältnis $m = 6,73$, der Fliehzugkraft F_f und der Nutzkraft F_{tB}. Für die erforderliche Spannkraft gilt:

$$F_v = \frac{F_{tB}}{2}\left(\frac{m+1}{m-1}\right) + F_f$$

Mit

$$F_f = A \cdot \rho \cdot v^2 = b \cdot h \cdot \sigma_f = 90\,\text{mm} \cdot 2,0\,\text{mm} \cdot 0,143\,\text{N/mm}^2 = 25,7\,\text{N}$$

und

$$F_{tB} = \frac{P_B}{v} = \frac{12.900\,\text{Nm/s}}{10,7\,\text{m/s}} = 1206\,\text{N}$$

wird erhalten:

$$F_{\mathrm{v}} = \frac{F_{\mathrm{tB}}}{2} \cdot \left(\frac{m+1}{m-1}\right) + F_{\mathrm{f}} = \frac{1206\,\mathrm{N}}{2} \cdot \left(\frac{6{,}73+1}{6{,}73-1}\right) \cdot 25{,}7\,\mathrm{N} = 813\,\mathrm{N}$$

Kann die aufzubringende Riemenvorspannkraft nicht direkt gemessen werden, ist sie über die Riemendehnung zu kontrollieren.

Gesamtspannung im Lasttrum

Bei Berücksichtigung der Ausbeute κ folgt die Zugspannung σ_{l} im Lasttrum aus der Nutzkraft F_{tB} und dem Riemenquerschnitt $b \cdot h$ aus folgender Gleichung:

$$\sigma_{\mathrm{l}} = \frac{F_{\mathrm{tB}}}{\kappa \cdot b \cdot h} = \frac{1206\,\mathrm{N}}{0{,}85 \cdot 90\,\mathrm{mm} \cdot 2{,}0\,\mathrm{mm}} = 7{,}88\,\mathrm{N/mm}^2$$

Zuzüglich der Biegespannung σ_{b} und der fliehkraftbedingten Zugspannung σ_{f} erhält man als Gesamtspannung im Lasttrum:

$$\sigma_{\mathrm{ges}} = \sigma_{\mathrm{l}} + \sigma_{\mathrm{b}} + \sigma_{\mathrm{f}} = (7{,}88 + 3{,}57 + 0{,}14)\,\mathrm{N/mm}^2 = 11{,}59\,\mathrm{N/mm}^2 < 12\,\mathrm{N/mm}^2 = \sigma_{\mathrm{zul}}$$

Wellenbelastung

Um die Lagerung der Wellen entsprechend auslegen bzw. überprüfen zu können, muss die durch das Riemengetriebe verursachte Wellenbelastung ermittelt werden. Im Betriebszustand ergibt sich hier eine Wellenbelastung von

$$F_{\mathrm{W}}' = F_{\mathrm{tB}} \cdot \frac{\sqrt{m^2 + 1 - 2 \cdot m \cdot \cos\beta_{\mathrm{k}}}}{m-1} = 1206\,\mathrm{N} \frac{\sqrt{6{,}73^2 + 1 - 2 \cdot 6{,}73 \cdot \cos 156{,}14°}}{6{,}73 - 1}$$
$$= 1611\,\mathrm{N}$$

Im Stillstand entfällt die Entlastung durch die Fliehzugkraft F_{f}. Die Wellenbelastung beträgt dann:

$$F_{\mathrm{W}} \approx F_{\mathrm{W}}' + F_{\mathrm{f}} \cdot \sqrt{2 \cdot (1 - \cos\beta_{\mathrm{k}})} = 1611\,\mathrm{N} + 25{,}7\,\mathrm{N} \cdot \sqrt{2 \cdot (1 - \cos 156{,}14°)}$$
$$= 1661\,\mathrm{N}$$

Biegefrequenz (f_{B})

Vor allem bei hohen Riemengeschwindigkeiten und wenn der Riemen über mehrere Scheiben läuft, sollte die Biegefrequenz des Riemens kontrolliert werden. Hier ist die Biegefrequenz mit $z = 2$ Scheiben und der Riemenlänge $L_{\mathrm{w}} = 2400\,\mathrm{mm}$

$$f_{\mathrm{B}} = \frac{v \cdot z}{L_{\mathrm{w}}} = \frac{10{,}7\,\mathrm{m/s} \cdot 2}{2{,}4\,\mathrm{m}} = 8{,}9\,\mathrm{s}^{-1} < 30^{-1} = f_{\mathrm{B\,max}}$$

mit $f_{\mathrm{B\,max}}$ nach Herstellerangaben oder aus Tabelle 16.1.

Lösung mit Keilriemengetriebe

Für das Keilriemengetriebe können sowohl Normalkeilriemen als auch Schmalkeilriemen eingesetzt werden. Hier soll die Berechnung für beide Riemenarten parallel zueinander erfolgen, immer zuerst für die Normalkeilriemen und dann für die Schmalkeilriemen.

Die Eingangswerte für die Berechnung der Keilriemengetriebe sind entsprechend der übergreifenden Aufgabenstellung:

Berechnungsleistung $P_B = P \cdot C_B = 9\,\text{kW} \cdot 1,43 = 12,9\,\text{kW}$
Motordrehzahl $n_1 = 1465\ \text{1/min}$
Pumpendrehzahl $n_2 = 450\ \text{1/min}$
Wellenabstand $e' \approx 750\,\text{mm}$

Scheibendurchmesser

Maßgebend für die Berechnung des Keilriemengetriebes sind die Wirkdurchmesser der Riemenscheiben (siehe Abb. 16.13).

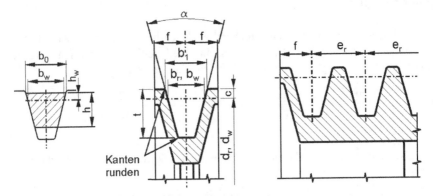

Abbildung 16.13. Maße an Keilriemen und Keilriemenscheiben nach DIN 2215 und DIN 2216 (b_r Richtbreite, b_w Wirkbreite, d_r Richtdurchmesser, d_w Wirkdurchmesser, e_r Rillenabstand, f Abstand zwischen äußerer Rillenmitte und äußerer Kranzkante)

Normalkeilriemen:

Mit der Berechnungsleistung $P_B = 12,9\,\text{kW}$ und der Antriebsdrehzahl $n_1 = 1465\ \text{1/min}$ folgt für die Normalkeilriemen aus Abb. 16.14 das Riemenprofil 17 und der Wirkdurchmesser der kleinen Scheibe zu $d_1 = d_{wk} = (125\ldots140)\,\text{mm}$. Nach DIN 2218 sind für das Profil 17 folgende Wirkdurchmesser der kleinen Scheibe d_{wk} in mm vorgesehen: ... 112, 125, 140, 160, 180, 200 ...

Für das Profil 17 wird bei dem Übersetzungsverhältnis von $i = n_1/n_2 =$ 1465 1/min/450 1/min = 3,26 > 3 der Scheibenwirkdurchmesser $d_{wk} = 140$ mm gewählt.

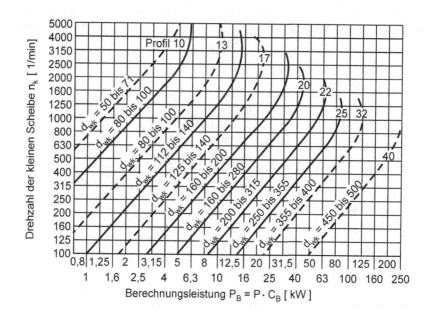

Abbildung 16.14. Profile und Scheibenwirkdurchmesser von Normalkeilriemen (nach DIN 2218)

Das ist wegen des komfortablen Wellenabstandes von $e' \approx 750$ mm problemlos möglich. Gegenüber $d_{wk} = 125$ mm wird durch den größeren Krümmungsradius $d_{wk} = 140$ mm die Biegespannung im Riemen vermindert und im Betriebszustand – wenn auch nur geringfügig – durch die höhere Riemengeschwindigkeit infolge der dadurch erhöhten Fliehzugkraft eine Entlastung der Wellen bewirkt.

Mit der Pumpendrehzahl $n_2 = 450$ 1/min erhält man den Durchmesser der großen Riemenscheibe zu $d_2 = d_g = d_k \cdot (n_1/n_2) = 140$ mm $\cdot$ (1465 1/min/450 1/min) = 456 mm. Nach DIN 2217 bzw. DIN 2211 werden für das Riemenprofil 17 u. a. folgende Richtdurchmesser (bzw. Wirkdurchmesser) in mm vorgeschlagen: ...315, 355, 400, 450, 500, 560, ... Gewählt wird für den Wirkdurchmesser der großen Riemenscheibe $d_{wg} = 450$ mm.

Schmalkeilriemen:

Mit der Berechnungsleistung $P_B = 12,9$ kW und der Antriebsdrehzahl $n_1 =$ 1465 1/min folgt für die Schmalkeilriemen aus Abb. 16.15 das Riemenprofil SPZ und der Wirkdurchmesser der kleinen Scheibe zu $d_{wk} = (112\ldots180)$ mm. Genormt sind nach DIN 2211 folgende Richt- bzw. Wirkdurchmesser d_{wk} in mm: ... 112, 125, 140, 150, 160, 180, ... Gewählt wird auch hier $d_1 = d_{wk} = 140$ mm. Das vermindert gegenüber $d_{wk} = 112$ mm aufgrund des größeren Krümmungsradius die Biegespannung im Riemen und bewirkt im Betriebszustand – wenn auch nur geringfügig – durch die höhere Riemengeschwindigkeit infolge der dadurch erhöhten Fliehzugkraft eine Entlastung der Wellen.

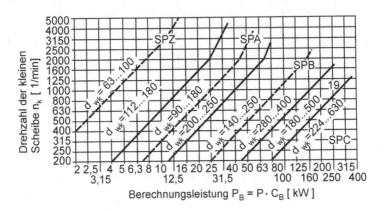

Abbildung 16.15. Profile und Scheibendurchmesser von Schmalkeilriemen (nach DIN 7753)

Für den Wirkdurchmesser der großen Scheibe wird nach DIN 2211 auch hier $d_{wg} = 450$ mm ausgesucht.

Durch die Reduzierung des Wirkdurchmessers der großen Riemenscheibe von $d_{wg} = 456$ mm auf $d_{wg} = 450$ mm wird das Drehzahl-Übersetzungsverhältnis reduziert von $i = n_1/n_2 = 1465\,1/\text{min}/450\,1/\text{min} = 3{,}26$ auf $i = d_{wg}/d_{wk} = 450\,1/\text{min}/140\,1/\text{min} = 3{,}21$. Die Pumpendrehzahl steigt dadurch von $n_2 = 450\,1/\text{min}$ auf $n_2 = n_1 \cdot (d_k/d_g) = 1465\,1/\text{min} \cdot (140\,\text{mm}/450\,\text{mm}) = 456\,1/\text{min}$. Das erhöht den Ist-Förderstrom gegenüber dem Nennförderstrom der Kolbenpumpe um 1,3%.

Kontrolle des Wellenabstandes

Als Auslegungsempfehlung sollte der Wellenabstand $e' \approx (0{,}7\ldots2) \cdot (d_{wg} + d_{wk})$ eingehalten werden, d.h. hier wird $e' = (0{,}7\ldots2) \cdot (450 + 140)\,\text{mm} = (413\ldots 1180)\,\text{mm}$. Dieser Empfehlung wird mit dem geforderten Wellenabstand $e' \approx 750\,\text{mm}$ entsprochen.

Rechnerische Riemenlänge

Aus den Durchmessern der Riemenscheiben und dem angestrebten Wellenabstand folgt für den vorläufigen Trumneigungswinkel α':

$$\alpha' = \arcsin\left(\frac{d_\mathrm{g} - d_\mathrm{k}}{2 \cdot e'}\right) = \arcsin\left(\frac{450\,\mathrm{mm} - 140\,\mathrm{mm}}{2 \cdot 750\,\mathrm{mm}}\right) = 11{,}93°$$

Für die rechnerische Riemenlänge L_wr folgt damit:

$$\begin{aligned}
L_\mathrm{wr} &= 2 \cdot e' \cdot \cos\alpha' + \frac{\pi}{2} \cdot (d_\mathrm{g} + d_\mathrm{k}) + \frac{\pi \cdot \alpha'}{180°} \cdot (d_\mathrm{g} - d_\mathrm{k}) \\
&= 2 \cdot 750\,\mathrm{mm} \cdot \cos 11{,}93° + \frac{\pi}{2} \cdot (450 + 140)\,\mathrm{mm} + \frac{\pi \cdot 11{,}93°}{180°} \cdot (450 - 140)\,\mathrm{mm} \\
&= 2459\,\mathrm{mm}
\end{aligned}$$

Normalkeilriemen:

Bedenkt man, dass der aus dieser Riemenlänge folgende Wellenabstand noch um den notwendigen Spannweg $s_\mathrm{Sp} \geq 0{,}03 \cdot L_\mathrm{w}$ zu vergrößern ist, wählt man zweckmäßigerweise eine kleinere Riemenlänge. In DIN 2218 werden für das Profil 17 u. a. folgende Wirklängen des Riemens in mm angegeben: ... 1842, 2042, 2282, 2542, 2842, ... Hier wird die Riemenwirklänge $L_\mathrm{w} = 2282\,\mathrm{mm}$ gewählt.

Bei der Bestellung von endlosen Normalkeilriemen nach DIN 2218 ist zu beachten, dass als Bestelllänge die Riemeninnenlänge L_i anzugeben ist. Die Differenz zwischen L_w und L_i beträgt nach DIN 2218 für das Profil 17 $\Delta L = L_\mathrm{w} - L_\mathrm{i} = 42\,\mathrm{mm}$. Damit folgt als Bestelllänge L für den erforderlichen Keilriemensatz $L = L_\mathrm{i} = L_\mathrm{w} - \Delta L = 2282\,\mathrm{mm} - 42\,\mathrm{mm} = 2240\,\mathrm{mm}$.

Abgeleitet aus der zugeordneten Vorzugsreihe für die Bestellungen von Keilriemen (... 1800 mm, 2000 mm, 2240 mm, 2500 mm, 2800 mm ... in Übereinstimmung mit DIN 7753, Teil 1 und Herstellerangaben) beträgt die beim Profil 17 zu $L_\mathrm{W} = 2282\,\mathrm{mm}$ gehörende Riemeninnenlänge als Bestelllänge für den erforderlichen Keilriemensatz $L_\mathrm{i} = L = 2240\,\mathrm{mm}$.

Schmalkeilriemen:

Bei Schmalkeilriemen wird die Riemenwirklänge als Bestelllänge benutzt. Das führt hier mit der gleichen Bestelllänge wie bei den Normalriemen zu einem kürzeren Wellenabstand. Nach DIN 7753 Teil 1 gelten für das Profil SPZ u. a. folgende Richtlängen in mm: ... 1800, 2000, 2240, 2500, 2800, ...

Ausgesucht wird für das Profil SPZ die Riemenlänge $L_\mathrm{r} = 2240\,\mathrm{mm}$.

Tatsächlicher Wellenabstand

Aus den Wirkdurchmessern der Riemenscheiben (d_{wk}, d_{wg}) und der Wirklänge L_W des ungespannten Riemens berechnet man den Wellenabstand e_0 (ohne Berücksichtigung des notwendigen Spannweges) aus folgender Beziehung:

$$e_0 = p + \sqrt{p^2 - q}$$

mit den Hilfsgrößen

$$p = \frac{L_W}{4} - \frac{\pi}{8} \cdot (d_{wg} + d_{wk}) \quad \text{und} \quad q = \frac{(d_{wg} - d_{wk})^2}{8}$$

Normalkeilriemen:

Für den Normalkeilriemen wird hier mit

$$p = \frac{2282\,\text{mm}}{4} - \frac{\pi}{8} \cdot (450 + 140)\,\text{mm} = 339\,\text{mm}$$

und

$$q = \frac{(450\,\text{mm} - 140\,\text{mm})^2}{8} = 12.013\,\text{mm}^2$$

der Wellenabstand bei ungespanntem Riemen erhalten zu

$$e_0 = 339\,\text{mm} + \sqrt{339^2\,\text{mm}^2 - 12.013\,\text{mm}^2} = 660\,\text{mm}.$$

Mit dem noch erforderlichen Spannweg von $s_{Sp} \geq 0{,}03 \cdot L_W = 0{,}03 \cdot 2282\,\text{mm} = 68\,\text{mm}$ ist ein Wellenabstand von $e = e_0 + s_{Sp} = 660\,\text{mm} + 68\,\text{mm} = 728\,\text{mm}$ zu realisieren.

Die Abweichung des Wellenabstandes von der Vorgabe ($\Delta e = 750\,\text{mm} - 728\,\text{mm} = 22\,\text{mm}$) wird hier als noch akzeptabel angesehen.

Schmalkeilriemen:

Für die Schmalkeilriemen ergibt sich mit

$$p = \frac{2240\,\text{mm}}{4} - \frac{\pi}{8} \cdot (450 + 140)\,\text{mm} = 328\,\text{mm}$$

und

$$q = \frac{(450\,\text{mm} - 140\,\text{mm})^2}{8} = 12.013\,\text{mm}^2$$

der Wellenabstand bei ungespanntem Riemen zu

$$e_0 = 328\,\mathrm{mm} + \sqrt{328^2\,\mathrm{mm}^2 - 12.013\,\mathrm{mm}^2} = 637\,\mathrm{mm}\ .$$

Mit dem noch erforderlichen Spannweg von $s_{\mathrm{Sp}} \geq 0{,}03 \cdot L_{\mathrm{w}} = 0{,}03 \cdot 2240\,\mathrm{mm} = 67\,\mathrm{mm}$ ist ein Wellenabstand von $e = e_0 + s_{\mathrm{Sp}} = 637\,\mathrm{mm} + 67\,\mathrm{mm} = 704\,\mathrm{mm}$ zu realisieren.

Da die Abweichung von dem geforderten Wellenabstand $e' \approx 750\,\mathrm{mm}$ erheblich ist (hier $\Delta e = 750\,\mathrm{mm} - 704\,\mathrm{mm} = 46\,\mathrm{mm}$), wird überprüft, welcher Wellenabstand e mit dem nächst längeren Riemen erreicht wird.

Für den Riemen mit $L_{\mathrm{w}} = 2500\,\mathrm{mm}$ (aus DIN 7753 Teil 1 für das Profil SPZ) wird mit

$$p = \frac{2500\,\mathrm{mm}}{4} - \frac{\pi}{8} \cdot (450 + 140)\,\mathrm{mm} = 393\,\mathrm{mm}$$

und

$$q = \frac{(450\,\mathrm{mm} - 140\,\mathrm{mm})^2}{8} = 12.013\,\mathrm{mm}^2$$

der Wellenabstand beim ungespannten Riemen

$$e_0 = 393\,\mathrm{mm} + \sqrt{393^2\,\mathrm{mm}^2 - 12.013\,\mathrm{mm}^2} = 770\,\mathrm{mm}\ .$$

Zuzüglich des Spannweges von $s_{\mathrm{Sp}} = 0{,}03 \cdot 2500 = 75\,\mathrm{mm}$ folgt daraus der Wellenabstand $e = 770 + 75 = 845\,\mathrm{mm}$, d. h. mit dem längeren Riemen beträgt die Abweichung von der Vorgabe $\Delta e = 845\,\mathrm{mm} - 750\,\mathrm{mm} = 95\,\mathrm{mm}$. Damit erweist sich der Schmalkeilriemen mit der Länge $L_{\mathrm{w}} = 2240\,\mathrm{mm}$ als zweckmäßiger.

Kann die Abweichung des Wellenabstandes von $\Delta e = 46\,\mathrm{mm}$ nicht akzeptiert werden, ist zu prüfen, ob der Forderung nach $e \approx 750\,\mathrm{mm}$ mit größeren Riemenscheibendurchmessern bei dem nächst längeren Riemen besser entsprochen werden kann. Ist das nicht möglich, muss auf eine Sonderlänge ausgewichen werden, die dann so zu bestimmen wäre, dass damit der vorgegebene Wellenabstand $e \approx 750\,\mathrm{mm}$ hinreichend eingehalten werden kann.

Riemenanzahl

Die Riemenanzahl wird mit Hilfe folgender Gleichung ermittelt: $z \geq P_{\mathrm{B}}/(P_{\mathrm{N}} \cdot c_\beta \cdot c_{\mathrm{L}})$. Mit dem tatsächlichen Wellenabstand $e \neq e'$ wird der zur Ermittlung des Winkelfaktors $c_\beta \approx 1{,}25 \cdot (1 - 5^{(-\beta_{\mathrm{k}}/180)})$ erforderliche Umschlingungswinkel $\beta_{\mathrm{k}} = 180° - 2 \cdot \alpha$ mit dem tatsächlichen Trumneigungswinkel $\alpha = \arcsin[(d_{\mathrm{wg}} - d_{\mathrm{wk}})/2e]$ verändert.

Der Längenfaktor folgt aus $c_{\mathrm{L}} \approx x_{\mathrm{L}} \cdot L_{\mathrm{w}}^{y_{\mathrm{L}}}$ mit x_{L} und y_{L} aus Tabelle 16.2.

Tabelle 16.2. Parameter von Keilriemen und Keilriemenscheiben (Auszüge aus DIN 2211, DIN 2215, DIN 2217 und DIN 7753), Maße in mm (siehe auch Abb. 16.13)

Riemenart		Normalkeilriemen (DIN 2215)							Schmalkeilriemen (DIN 7753)			
Profilbezeichnung	DIN	6	10	13	17	22	32	40	SPZ	SPA	SPB	SPC
	ISO	Y	Z	A	B	C	D	E				
Riemenschulterbreite	b_0	6	10	13	17	22	32	40	9,7	12,7	16,3	22
Riemenhöhe	h	4	6	8	11	14	20	25	8	10	13	18
Riemenlänge	L_{wN}	319	824	1732	2282	3811	6380	7184	1600	2500	3550	5600
Riemenbestelllänge	L_{min}	185	300	560	670	1180	2000	3000	630	800	1250	2000
	L_{max}	850	2800	5300	7100	18.000	18.000	1800	3550	4500	8000	12.500
Längendifferenzen	$\Delta L' = L_{wN} - L$	15	22	30	40	58	75	80	–	–	–	–
Riemenmetermasse	m' (kg/m)	0,026	0,064	0,109	0,196	0,324	0,668	0,958	0,074	0,123	0,195	0,377
Scheibenwirkdurchmesser	d_{wmin}	28	50	63	112	180	355	500	63	90	140	224
	d_{wmax}	125	710	1000	1600	2000	2000	2000	710	1000	1600	2000
Wirk-, Richtbreite	b_w, b_r	5,3					27	32	8,5	11	14	19
Rillenbreite	b_1	6,3					32	40	9,7	12,7	16,3	22
Profilmaße	c	1,6					8,1	12	2	2,8	3,5	4,8
	e	8					38	44,5	12	15	19	25,5
	f	6					24	29	8	10	12,5	17
	t	7					28	33	11	14	18	24
Längenfaktorvariable	x_L	0,283	0,231	0,197	0,191	0,174	0,156	0,152	0,248	0,258	0,232	0,178
	y_L	0,219	0,220	0,218	0,214	0,213	0,212	0,212	0,187	0,173	0,213	0,179

Für diese Profile sind Keilriemenscheiben für Schmalkeilriemen nach DIN 2211 zu verwenden.

Normalkeilriemen:

Für die Normalkeilriemen gilt hier:

$$\alpha = \arcsin\left(\frac{450\,\text{mm} - 140\,\text{mm}}{2 \cdot 728\,\text{mm}}\right) = 12,29°\ ; \quad \beta_k = 180 - 2 \cdot 12,29 = 155,42°\ ;$$

$$c_\beta \approx 1,25 \cdot (1 - 5^{(-155,42/180)}) = 0,939\ ; \quad x_L = 0,191 \quad \text{und} \quad y_L = 0,214$$

nach Tab. 16.2 für Profil 17 und $c_L \approx 0,191 \cdot 2282^{0,214} = 1,00$

Für das Profil 17 beträgt nach DIN 2218 bei $d_{wk} = 140\,\text{mm}$, $n_k = n_1 = 1465\ 1/\text{min}$ und $i \geq 3$ die Riemennennleistung $P_N = 3,23\,\text{kW}$.

Mit diesen Eingangswerten ergibt sich die erforderliche Riemenanzahl zu:

$$z \geq \frac{12,9\,\text{kW}}{3,23\,\text{kW} \cdot 0,939 \cdot 1,00} = 4,25$$

Es ist ein Keilriemensatz, bestehend aus $z = 5$ Keilriemen vom Profil 17, mit der Bestelllänge $L = L_i = 2240\,\text{mm}$ erforderlich.

Nach DIN 2217/DIN 2211 Teil 1 haben die dazugehörigen Keilriemenscheiben mit der Rillenbreite $e_r = 19\,\text{mm}$ und dem Abstand zwischen der äußeren Kranzkante und der äußeren Rillenmitte $f = 12,5\,\text{mm}$ eine Kranzbreite von $b_K = (z-1) \cdot e_r + 2f = 101\,\text{mm}$.

Schmalkeilriemen:

Für die Schmalkeilriemen gilt hier:

$$\alpha = \arcsin\left(\frac{450\,\text{mm} - 140\,\text{mm}}{2 \cdot 704\,\text{mm}}\right) = 12,71°\ ; \quad \beta_k = 180° - 2 \cdot 12,771° = 154,58°\ ;$$

$$c_\beta \approx 1,25 \cdot (1 - 5^{(-154,58/180)}) = 0,936\ ; \quad x_L = 0,248 \quad \text{und} \quad y_L = 0,187$$

nach Tab. 16.2 für Profil SPZ und $c_L \approx 0,248 \cdot 2240^{0,187} = 1,049$.

Für das Profil SPZ beträgt nach DIN 7753 Teil 2 bei $d_{wk} = 140\,\text{mm}$, $n_k = n_1 = 1465\ 1/\text{min}$ und $i \geq 3$ die Riemennennleistung $P_N = 4,11\,\text{kW}$.

Mit diesen Eingangswerten ergibt sich die erforderliche Riemenanzahl zu:

$$z \geq \frac{12,9\,\text{kW}}{4,11\,\text{kW} \cdot 0,936 \cdot 1,049} = 3,20$$

Es ist ein Schmalkeilriemensatz, bestehend aus $z = 4$ Schmalkeilriemen vom Profil SPZ, mit der Bestelllänge $L_i = 2240\,\text{mm}$ erforderlich.

Nach DIN 2211 Teil 1 bzw. DIN 2217 haben die dazugehörigen Keilriemenscheiben mit einer Rillenbreite von $e_r = 12\,\text{mm}$ und einem Abstand $f = 8\,\text{mm}$ zwischen der äußeren Kranzkante und der äußeren Rillenmitte eine Kranzbreite von $b_K = (z-1) \cdot e_f + 2f = 52\,\text{mm}$.

Wellenbelastung

Mit der Riemengeschwindigkeit

$$v = \frac{d_{wk}}{2} \cdot 2 \cdot \pi \cdot n_k = d_{wk} \cdot \pi \cdot n_k = 0{,}140\,\text{m} \cdot \pi \cdot \frac{1465}{60\,\text{s}} = 10{,}7\,\text{m/s}$$

folgt die Nutzkraft F_{tB} zu:

$$F_{tB} = P_B/v = \frac{12.900\,\text{Nm/s}}{10{,}7\,\text{m/s}} = 1206\,\text{N}$$

Die notwendige Riemenspannkraft $F_v = \frac{F_{tB}}{2} \cdot \left(\frac{2{,}5}{c_\beta} - 1\right) + F_f$ bestimmt die Wellenbelastung F_W im Stillstand. Es gilt:

$$F_W = 2 \cdot F_v \cdot \sin(\beta_k/2)$$

Die Wellenbelastung im Betrieb ergibt sich zu:

$$F_W' = F_W - F_f \cdot \sqrt{2 \cdot (1 - \cos\beta_k)}$$

Normalkeilriemen:

Mit $m' = 0{,}198\,\text{kg/m}$ als Metergewicht für das Keilriemenprofil 17 aus Tab. 16.2 und der Riemengeschwindigkeit $v = 10{,}7\,\text{m/s}$ stellt sich eine Fliehzugkraft ein von:

$$F_f = m' \cdot v^2 \cdot z = 0{,}198\,\text{kg/m} \cdot (10{,}7\,\text{m/s})^2 \cdot 5 = 113{,}3\,\text{N}$$

Als Riemenspannkraft sind erforderlich:

$$F_v = \frac{1206\,\text{N}}{2} \cdot \left(\frac{2{,}5}{0{,}939} - 1\right) = 1002\,\text{N}$$

Damit erreicht die Wellenbelastung im Stillstand einen Wert von:

$$F_W = 2 \cdot 1002\,\text{N} \cdot \sin(155{,}42°/2) = 1958\,\text{N}$$

und im Betrieb einen Wert von:

$$F_W' = 1958\,\text{N} - 113\,\text{N} \cdot \sqrt{2 \cdot (1 - \cos 155{,}42°)} = 1737\,\text{N} \, .$$

Schmalkeilriemen:

Mit dem Metergewicht $m' = 0{,}068\,\text{kg/m}$ nach Tab. 16.2 für das Schmalkeilriemenprofil SPZ beträgt die Fliehzugkraft:

$$F_f = 0{,}068 \, \frac{\text{kg}}{\text{m}} \cdot (10{,}7 \, \text{m/s})^2 \cdot 4 = 31{,}1 \, \text{N}$$

Als Riemenspannkraft sind erforderlich:

$$F_v = \frac{1206 \, \text{N}}{2} \cdot \left(\frac{2{,}5}{0{,}936} - 1 \right) = 1008 \, \text{N}$$

Damit erreicht die Wellenbelastung im Stillstand einen Wert von:

$$F_W = 2 \cdot 1{,}008 \, \text{N} \cdot \sin(155{,}42°/2) = 1970 \, \text{N}$$

und im Betrieb einen Wert von:

$$F'_W = 1970 \, \text{N} - 31 \, \text{N} \cdot \sqrt{2 \cdot (1 - \cos 155{,}42°)} = 1909 \, \text{N}$$

Biegefrequenz

Mit der Riemengeschwindigkeit $v = 10{,}7 \, \text{m/s}$ ($< v_{max} = 30 \, \text{m/s}$ bzw. $42 \, \text{m/s}$ für die Profile 17 bzw. SPZ nach VDI 2758) und $z = 2$ Riemenscheiben folgt die Biegefrequenz für den Riemen aus:

$$f_B = \frac{v \cdot z}{L_w}$$

Normalkeilriemen:

$$f_B = \frac{10{,}7 \, (\text{m/s}) \cdot 2}{2{,}282 \, \text{m}} = 9{,}4 \, \text{1/s} < 60 \, \text{1/s} = f_{B \, max} \quad \text{nach VDI 2758}$$

Schmalkeilriemen:

$$f_B = \frac{10{,}7 \, (\text{m/s}) \cdot 2}{2{,}240 \, \text{m}} = 9{,}6 \, \text{1/s} < 100 \, \text{1/s} = f_{B \, max} \quad \text{nach VDI 2758}$$

Vergleichende Bewertung

Die nicht identischen, wesentlichen Ergebnisse für den Antrieb mit Normalkeilriemen (Profil 17) und mit Schmalkeilriemen (Profil SPZ) sind im Folgenden gegenüber gestellt:

	Profil 17	Profil SPZ
Riemenwirklänge [mm]	2282	2240
Wellenabstand e [mm]	728	704
Abweichung des Wellenabstandes Δe [mm]	22	46
Riemenanzahl z [–]	5	4
Kranzbreite der Riemenscheiben b_K [mm]	101	52
Riemenspannkraft F_v [N]	1002	1008
Wellenbelastung im Stillstand F_w [N]	1958	1970
Wellenbelastung im Betrieb F_w' [N]	1737	1909

Die Zusammenstellung zeigt, dass im vorliegenden Fall der angestrebte Wellenabstand mit Normalkeilriemen genauer erreicht wird. Bei dem Normalkeilriemen ist allerdings die Riemenanzahl höher und die Kranzbreite der Riemenscheibe deutlich größer. Mit den leistungsstärkeren Schmalkeilriemen wird das Riemengetriebe zwar schmaler und wegen des kleineren Metergewichtes und der kleineren Riemenanzahl die Fliehzugkraft geringer, was im Betrieb die Wellenbelastung jedoch deutlich erhöht.

Die geringere Riemenzahl im Schmalkeilriemensatz vereinfacht die Feinauswahl der einzelnen Riemen, durch die gewährleistet wird, dass die Riemen möglichst gleichmäßig an der Kraftübertragung beteiligt sind.

Der vergleichsweise hohen Abweichung des tatsächlichen Wellenabstandes von dem angestrebten Wellenabstand bei den Schmalkeilriemen kann durch Verwendung einer Sonderlänge begegnet werden, was jedoch die Kosten erhöht.

Lösung mit Zahnriemengetriebe

Von den unterschiedlichen Zahnprofilen für Zahnriemen (Synchronriemen) ist das Trapezprofil nach DIN 7721 Teil 1 (Abb. 16.16) am weitesten verbreitet. In der nachfolgenden Berechnung des Zahnriemengetriebes wird hier ein Zahnriemen mit trapezförmigen Zähnen verwendet.

Die Eingangswerte für die Berechnung des Zahnriemengetriebes sind entsprechend der übergreifenden Aufgabenstellung:

Berechnungsleistung $P_B = C_B \cdot P = 1{,}68 \cdot 9\,\text{kW} = 15{,}1\,\text{kW}$
Motordrehzahl $n_1 = 1465\,\text{1/min}$
Pumpendrehzahl $n_2 = 450\,\text{1/min}$
Wellenabstand $e' \approx 750\,\text{mm}$

Riementyp

Aus Abb. 16.17 kann für die Berechnungsleistung $P_B = 15{,}1\,\text{kW}$ und die Drehzahl der kleinen Zahnscheibe $n_k = n_1 = 1465\,\text{1/min}$ der Zahnriementyp T20 mit der Teilung $t = 20\,\text{mm}$ entnommen werden.

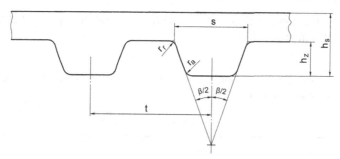

Abbildung 16.16. Synchronriemen mit Einfach-Verzahnung (t Teilung, s Riemenzahnfuß-breite, h_z Riemenzahnhöhe, h_s Riemenhöhe, β Zahnwinkel, r_r Zahnfußradius, r_a Zahnkopf-radius)

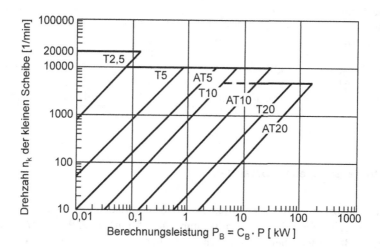

Abbildung 16.17. Auswahlempfehlung für Polyurethan-Zahnriemen (nach VDI 2728)

Scheibendurchmesser

Abhängig von der Drehzahl der kleinen Scheibe ist deren Zahnlücken- bzw. Zäh-nezahl $z_1 \geq (1{,}0 \ldots 1{,}3) \cdot z_{min}$ zu wählen. Mit $z_{min} = 15$ für den Riementyp T20 aus Tabelle 16.3 sollte also eine Zähnezahl $z_1 \geq (1{,}0 \ldots 1{,}3) \cdot 15 \geq 15 \ldots 20$ ver-wirklicht werden. Beachtet man, dass das Übersetzungsverhältnis $i = n_1/n_2 = 1465 \ 1/\text{min}/3{,}26 = z_2/z_1$ möglichst genau eingehalten werden sollte und dass mög-lichst nach DIN 7721 Teil 1 genormte Riemenlängen einzusetzen sind, zeigt eine entsprechende Überprüfung, dass diese Forderungen mit den Zähnezahlen $z_1 = 22$ und $z_2 = 72$ am ehesten erfüllt werden. Nach DIN 7721 Teil 2 sind nämlich folgen-de Zähnezahlen genormt: ... 17, 18, 19, 20, 22, 25, 28, 32, 36, 40, 48, 60, 72, 84, ... Damit erreicht das Übersetzungsverhältnis den Wert $i = n_1/n_2 = 72/2 = 3{,}27$. Den Zähnezahlen $z = 22$ und $z = 72$ sind nach DIN 7721 Teil 2 für den Riementyp T20, die Zahnscheiben mit den Wirkdurchmessern $d_{w1} = 140,20\,\text{mm}$ und $d_{w2} = 458,50\,\text{mm}$ zugeordnet.

Tabelle 16.3. Parameter von Zahnriemen (nach VDI2758, DIN7721 und Herstellerangaben), Abmessungen siehe Abb. 16.16

		Parameter			
Riementyp		T 2,5	T 5	T 10	T 20
Teilung t	mm	2,5	5	10	20
Riemenhöhe h_s	mm	1,3	2,2	4,5	8,0
Riemenzahnhöhe h_z	mm	0,7	1,2	2,5	5,0
Riemenbreite b	mm	4 …. 16	6 … 50	10 … 100	16 … 100
Riemenzahnfußbreite s	mm	1,5	2,65	5,3	10,15
Riemenlänge L_w	mm	120 … 950	100 … 1380	260 … 4780	1260 … 3620
Scheibenzähnezahl z_{min}		10	10	12	15
z_{max}		72	84	96	96
Leistung P_{max}	kW	0,5	5	30	100
Geschwindigkeit v_{max}	m/s	80	80	60	40
Drehzahl n_{max}	U/min	20.000	10.000	10.000	6500

Kontrolle des Wellenabstandes

Als Wellenabstand wird für Zahnriemengetriebe empfohlen: $e' \approx (0,5 \ldots 2) \cdot (d_{w1} + d_{w2})$. Hier gilt: $e' = (0,5 \ldots 2) \cdot (140,2\,\text{mm} + 458,5\,\text{mm}) = (229 \ldots 1197)\,\text{mm}$. Mit den gewählten Zahnscheiben lässt sich der Wellenabstand $e' \approx 750$ realisieren.

Riemenlänge und Riemenzähnezahl

Der vorläufige Trumneigungswinkel α beträgt:

$$\alpha' = \arcsin \frac{(d_{w2} - d_{w1})}{2 \cdot e'} = \frac{(458,50\,\text{mm} - 140,20\,\text{mm})}{2 \cdot 750\,\text{mm}} = 12,25°$$

Damit kann die rechnerische Riemenlänge L_{wr} bestimmt werden zu:

$$L_{wr} = 2 \cdot e' \cos \alpha' + \frac{\pi}{2} \cdot (d_{w2} + d_{w1}) + \frac{\pi \cdot \alpha'}{180} \cdot (d_{w2} - d_{w1})$$

$$= 2 \cdot 750\,\text{mm} \cdot \cos 12,25° + \frac{\pi}{2} \cdot (458,50 + 140,20)\,\text{mm}$$

$$+ \frac{\pi \cdot 12,25°}{180°} \cdot (458,50 - 140,20)\,\text{mm} = 2474\,\text{mm}$$

Nach DIN 7721 Teil 1 sind für den Riementyp T20 u. a. folgende Riemen-Wirklängen in mm genormt: ..., 1780, 1880, 2360, 2600, 3100,...

Die Riemenlänge wird hier zu $L_w = 2360\,\text{mm}$ gewählt. Dieser Riemen hat die Zähnezahl $z_R = L_w/t = 2360\,\text{mm}/20\,\text{mm} = 118$.

Tatsächlicher Wellenabstand

Der tatsächliche Wellenabstand ohne Spannweg wird bestimmt aus:

$$e_0 = p + \sqrt{p^2 - q}$$

Mit

$$p = \frac{t}{4} \cdot \left(z_R - \frac{z_1 + z_2}{2}\right) = \frac{20\,\text{mm}}{4} \cdot \left(118 - \frac{22 + 72}{2}\right) = 355\,\text{mm}$$

und

$$q = \frac{1}{8} \cdot \left[\frac{t}{\pi} \cdot (z_2 - z_1)\right]^2 = \frac{1}{8} \cdot \left[\frac{20\,\text{mm}}{\pi} \cdot (72 - 22)\right]^2 = 12.665\,\text{mm}^2$$

erhält man:

$$e_0 = p + \sqrt{p^2 - q} = 355\,\text{mm} + \sqrt{355^2\,\text{mm}^2 - 12.665\,\text{mm}^2} = 691{,}69\,\text{mm}$$

Mit dem Spannweg $s_{Sp} \geq 0{,}001 \cdot L_w = 0{,}001 \cdot 2360\,\text{mm} = 2{,}36\,\text{mm}$ folgt der tatsächliche Wellenabstand zu:

$$e = e_0 + s_{Sp} = 691{,}69 + 2{,}36 = 694{,}05 \approx 694\,\text{mm}$$

Die Abweichung von dem angestrebten Wellenabstand $e' \approx 750\,\text{mm}$ ist erheblich. Um der Forderung $e' \approx 750\,\text{mm}$ zu entsprechen, muss ein Riemen aus Sonderanfertigung mit beispielsweise $z_R = 124$ Zähnen eingesetzt werden. In obiger Rechnung vergrößert sich dann p auf $p = 385\,\text{mm}$ und der Wellenabstand e_0 auf $e_0 = 753{,}18\,\text{mm}$. Mit dem Spannweg $s_{Sp} \geq 0{,}001 \cdot t \cdot z_R = 0{,}001 \cdot 20\,\text{mm} \cdot 124 = 2{,}48\,\text{mm}$ ergibt das den zu realisierende Wellenabstand von $e = 753{,}18\,\text{mm} + 2{,}48\,\text{mm} = 755{,}66\,\text{mm} \approx 756\,\text{mm}$.

Riemenbreite

Die erforderliche Riemenbreite b_{erf} folgt aus $b_{erf} = P_B/(z_e \cdot P_{spez})$. Die zur Berechnung benötigte spezifische Nennleistung P_{spez} pro eingreifenden Zahn beträgt nach Herstellerangaben bei $n = 1465\,\text{1/min}$ für den Riementyp T20 $P_{spez} = 48 \cdot 10^{-3}\,\text{kW/mm}$.

Die Zahl der eingreifenden Zähne z_e hängt ab vom Umschlingungswinkel β_k bzw. vom tatsächlichen Trumneigungswinkel α. Für den Trumneigungswinkel α gilt:

$$\alpha = \arcsin\left(\frac{d_g - d_k}{2 \cdot e}\right) = \arcsin\left(\frac{458{,}50\,\text{mm} - 140{,}20\,\text{mm}}{2 \cdot 694\,\text{mm}}\right) = 13{,}26°.$$

Die Zahl der eingreifenden Zähne wird damit:

$$z_e = z_1 \cdot (180° - 2 \cdot \alpha)/360° = 22 \cdot (180° - 2 \cdot 13{,}26°)/360° = 9{,}38$$

Die erforderliche Riemenbreite ergibt sich zu:

$$b_{erf} = \frac{p_B}{z_e \cdot P_{spez}} = \frac{15{,}1\,\text{kW}}{9{,}38 \cdot 48 \cdot 10^{-3}\,\text{kW/mm}} = 33{,}54\,\text{mm}$$

In DIN 7721 Teil 1 sind für den Riementyp T20 folgende Breiten in mm angegeben: 32, 50, 75, 100.

Als Riemenbreite wird hier $b = 50\,\text{mm}$ gewählt. Nach DIN 7721 Teil 2 haben die dazugehörigen Synchronscheiben mit Bordscheiben eine Mindestbreite der Zähne von $b_f = 52\,\text{mm}$, ohne Bordscheiben eine Mindestbreite der Zähne von $b_f' = 56\,\text{mm}$.

Mit einem Riemen mit der Zähnezahl $z_R = 124$ ($L_w = 2480\,\text{mm}$, $e = 756\,\text{mm}$) erhöht sich die Zahl der eingreifenden Zähne auf $z_e = 9{,}52$ und die erforderliche Riemenbreite vermindert sich auf $b_{erf} = 33{,}04\,\text{mm}$. Auf die Wahl der Riemenbreite hat das jedoch keinen Einfluss.

Wellenbelastung

Um bei der zu übertragenden Nutzkraft F_{tB} im Betrieb auch das Leertrum gespannt zu halten, muss der Zahnriemen mit $F_v \geq 0{,}5 \cdot F_{tB}$ vorgespannt werden. Mit der Riemengeschwindigkeit

$$v = d_{w1} \cdot \pi \cdot n_1 = 0{,}140\,\text{m} \cdot \pi \cdot \frac{1465}{60\,\text{s}} = 10{,}7\,\text{m/s}$$

kann mit Hilfe der Berechnungsleistung P_B die Nutzkraft F_{tB} berechnet werden zu:

$$F_{tB} = \frac{P_B}{v} = \frac{15.100\,\text{Nm/s}}{10{,}7\,\text{m/s}} = 1411\,\text{N}$$

Die notwendige Vorspannkraft beläuft sich dann auf $F_v \geq 0{,}5 \cdot 1411\,\text{N} = 706\,\text{N}$.

Aus dem Trumneigungswinkel $\alpha = 13{,}26°$ folgt ein Umschlingungswinkel von:

$$\beta_k = 180° - 2 \cdot \alpha = 180° - 2 \cdot 13{,}26° = 153{,}48°$$

Damit kann die Wellenbelastung im Stillstand bestimmt werden zu:

$$F_W = 2 \cdot F_v \cdot \sin(\beta_k/2) = 2 \cdot 706\,\text{N} \cdot \sin(153{,}48°/2) = 1374\,\text{N}$$

Für die Wellenbelastung im Betrieb F_W' ist die Fliehkraftwirkung am umlaufenden Riemen zu berücksichtigen. Bei einer Metermasse von $m' \approx 0{,}45\,\text{kg/m}$ für den Riementyp T20 mit der Riemenbreite $b = 50\,\text{mm}$ (nach Herstellerangaben) beträgt die Fliehzugkraft

$$F_f = m' \cdot v^2 = 0{,}45\,\text{kg/m} \cdot (10{,}7\,\text{m/s})^2 = 51{,}5\,\text{kg m/s}^2 \approx 52\,\text{N}.$$

Das führt zu einer Wellenbelastung im Betrieb von:

$$F_W' = F_W - F_f \cdot \sqrt{2 \cdot (1 - \cos\beta_k)} = 1374 - 52 \cdot \sqrt{2 \cdot (1 - \cos 153{,}48)} = 1273\,\text{N}$$

Wird zur Anpassung des Wellenabstandes ein Riemen mit $z_R = 124$ Zähnen (Riemenlänge $L_R = 2480\,\text{mm}$) eingesetzt, erhöhen sich die Wellenbelastungen geringfügig ($F_W = 1380\,\text{N}$ und $F_W' = 1278\,\text{N}$).

Biegefrequenz

Mit der Riemengeschwindigkeit $v = 10{,}7\,\text{m/s}$ ($< v_{max} = 80\,\text{m/s}$ für Zahnriemen nach VDI 2758) und $z = 2$ Synchronscheiben folgt die Biegefrequenz für den Zahnriemen zu:

$$f_B = \frac{v \cdot z}{L_w} = \frac{10{,}7\,(\text{m/s}) \cdot 2}{2{,}36\,\text{m}} = 9{,}1\ 1/\text{s} < f_{B\,max}$$

mit $f_{B\,max} = 200$ 1/s nach VDI 2758

Lösung mit Kettengetriebe

Wegen des günstigeren Verschleiß- und Geräuschverhaltens im Vergleich zu anderen Kettenarten soll das Kettengetriebe mit einer Rollenkette ausgestattet werden. Die Eingangswerte für die Berechnung des Kettengetriebes sind entsprechend der übergreifenden Aufgabenstellung:

Berechnungsleistung $P_B = P \cdot C_B = 9\,\text{kW} \cdot 1{,}8 = 16{,}2\,\text{kW}$
Motordrehzahl $n_1 = 1465$ 1/min
Pumpendrehzahl $n_2 = 450$ 1/min
Wellenabstand $e' \approx 750\,\text{mm}$

Zähnezahlen der Kettenräder

Wegen der stoßweisen Belastung durch die Kolbenpumpe wird die Zähnezahl des treibenden Rades zu $z_1 = 25$ gewählt. Mit $z_2 = z_1 \cdot i = z_1 \cdot (n_2/n_1) = 25 \cdot$ (1465 1/min/450 1/min) $= 81{,}4$ wird die Zähnezahl des großen Kettenrades $z_2 = 81$ festgelegt. Das führt zu dem Übersetzungsverhältnis $i = z_2/z_1 = 81/25 = 3{,}24$, wodurch die Pumpendrehzahl von $n_2 = 450$ 1/min auf $n_2 = n_1/i = 1465$ 1/min/3,24 $=$ 452 1/min erhöht wird.

Auswahl der Kette

Mit dem Zähnezahlfaktor $f_Z \approx (25/z_1)^{1,12} = (25/25)^{1,12} = 1$ und dem Ketten-artfaktor $f_K = 1$ für eine Einfach-Kette folgt die vorläufige Diagrammleistung zu $P'_D = P_B \cdot f_Z/f_K = 16,2\,\text{kW} \cdot 1/1 = 16,2\,\text{kW}$. Im Leistungsdiagramm für Rollenket-ten (Abb. 16.18) liegt der entsprechende Betriebspunkt knapp außerhalb des Leis-tungsfeldes. Deshalb wird eine Zweifach-Kette vorgesehen. Mit dem Kettenartfak-tor $f_K = 1,75$ für Zweifach-Ketten ergibt sich eine vorläufige Diagrammleistung von $P_D = 16,2\,\text{kW} \cdot 1/1,75 = 9,26\,\text{kW}$. Für $n_1 = 1465$ 1/min erweist sich die Rollenkette DIN 8187-10B-2 mit der Teilung $t = 15,875\,\text{mm}$ als brauchbar.

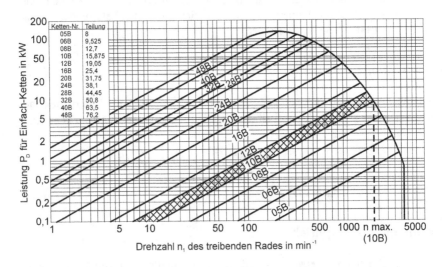

Abbildung 16.18. Leistungsdiagramm nach DIN ISO 10823 für Rollenketten

Teilkreisdurchmesser und Breite der Kettenräder

Mit $d = t/\sin(180°/z)$ ergibt sich:

$$d_1 = 15,875/\sin(180°/25) = 126,66\,\text{mm}$$
$$d_2 = 15,875/\sin(180°/81) = 409,41\,\text{mm}$$

Nach DIN 8187-1 hat die Rollenkette 10B-2 eine Querteilung von $e_q = 16,59\,\text{mm}$ und eine innere Breite von $b_1 = 9,65\,\text{mm}$ (Abb. 16.19).

Nach DIN 8196 Teil 1 weisen die Kettenräder mit einer Teilung $t = 15,875$ mm einen Radfasenradius von $r_{4,\text{max}} = 0,6\,\text{mm}$ auf (Abb. 16.20). Die Breite b kann nach DIN 8196 Teil 1 mit der Anzahl der Kettenstränge n_1 folgendermaßen bestimmt werden:

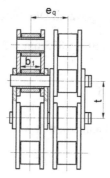

Abbildung 16.19. Zweifach-Rollenkette nach DIN 8187 (e_q Querteilung, t Teilung, b_1 innere Breite)

$$b \geq (n_1 - 1) \cdot e_q + 0{,}93 \cdot b_1 + 2 \cdot r_{4,\max} = (2-1) \cdot 16{,}59\,\text{mm} + 0{,}93 \cdot 9{,}65\,\text{mm}$$
$$+ 2 \cdot 0{,}6\,\text{mm}$$
$$= 26{,}76\,\text{mm} \approx 30\,\text{mm}$$

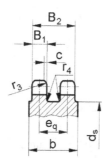

zweifach

Abbildung 16.20. Zahnbreitenprofil (B_1 Zahnbreite, B_2 Breite über 2 Zähne, d Abfassung der Zahnbreite, r_3 Zahnfasenradius, r_4 Radfasenradius, e_q Querteilung, d_s Durchmesser der Freidrehung unter dem Fußkreis, b Breite)

Kettengliederzahl und Kettenlänge

Die Kettengliederzahl X wird mittels nachfolgender Gleichung bestimmt:

$$x' = 2 \cdot \frac{e'}{t} + \frac{z_1 + z_2}{2} + \frac{t}{e'} \cdot \left(\frac{z_2 - z_1}{2 \cdot \pi} \right)$$
$$= 2 \cdot \frac{750\,\text{mm}}{15{,}875\,\text{mm}} + \frac{25 + 81}{2} + \frac{15{,}875\,\text{mm}}{750\,\text{mm}} \cdot \left(\frac{81 - 25}{2 \cdot \pi} \right) = 149{,}2$$

Es werden $X = 150$ Kettenglieder gewählt. Die Kettenlänge beträgt dann:

$$L_K = X \cdot t = 150 \cdot 15{,}875 \, \text{mm} = 2381{,}25 \, \text{mm}$$

Tatsächlicher Wellenabstand

Der tatsächliche Wellenabstand kann ermittelt werden aus:

$$e = p + \sqrt{p^2 - q}$$

Mit den Werten p und q aus:

$$p = \frac{t}{4} \cdot \left(X - \frac{z_1 + z_2}{2} \right) = \frac{15{,}875 \, \text{mm}}{4} \cdot \left(150 - \frac{25 + 81}{2} \right) = 384{,}97 \, \text{mm}$$

$$q = \frac{1}{8} \cdot \left[\frac{t}{\pi} \cdot (z_2 - z_1) \right]^2 = \frac{1}{8} \cdot \left[\frac{15{,}875 \, \text{mm}}{\pi} (81 - 25) \right]^2 = 10.010 \, \text{mm}^2$$

ergibt sich ein tatsächlicher Wellenabstand von:

$$e = p + \sqrt{p^2 - q} = 384{,}97 \, \text{mm} + \sqrt{384{,}97^2 \, \text{mm}^2 - 10.010 \, \text{mm}^2} = 756{,}71 \, \text{mm}$$

Die Vorgabe für den Wellenabstand von $e' \approx 750 \, \text{mm}$ wird damit hinreichend genau eingehalten.

Maßgebende Diagrammleistung

Die maßgebende Diagrammleistung wird unter Verwendung der nachfolgenden Faktoren ermittelt:

- Zähnezahlfaktor $f_z \approx (25/z_1)^{1,12} = (25/25)^{1,12} = 1$

- Kettenartfaktor $f_K = 1{,}75$ für Zweifach-Ketten

- Wellenabstandsfaktor $f_e \approx 0{,}45 \cdot (e/t)^{0,215} = 0{,}45 \cdot (757/15{,}875)^{0,215} = 1{,}033$

- Kettenformfaktor $f_F = 1$ für Ketten ohne gekröpfte Glieder (mit gerader Gliederzahl; hier $X = 150$)

- Kettenradzahlfaktor $f_n = 0{,}9^{(n-2)} = 0{,}9^{(2-2)} = 1$ für $n = 2$ Kettenräder

- Lebensdauerfaktor $f_L \approx (15.000/L_h)^{1/3} = (15.000/15.000)^{1/3} = 1$; hier für eine angestrebte Lebensdauer von Betriebsstunden

- Schmierungsfaktor $f_S = 0{,}9$ für staubfreien Betrieb und ausreichende Schmierung

Damit kann die maßgebende Diagrammleistung folgendermaßen bestimmt werden:

$$P_D = \frac{P_B \cdot f_Z}{f_K \cdot f_e \cdot f_F \cdot f_n \cdot f_L \cdot f_S} = \frac{16,2\,\text{kW} \cdot 1}{1,75 \cdot 1,033 \cdot 1 \cdot 1 \cdot 1 \cdot 0,9} = 9,96\,\text{kW}$$

Für $n_1 = 1465$ 1/min liegt im Leistungsdiagramm nach 16.18 die maßgebende Diagrammleistung im Leistungsbereich der Rollenkette 10B:

$$7,5\,\text{kW} < 9,96\,\text{kW} < 13,0\,\text{kW}.$$

Wellenbelastungen im Betrieb

Die Wellenbelastungen im Betrieb ($F'_{\text{Wo,u}}$) werden ermittelt durch die Nutzkraft (F_{tB}), die Stützzugkräfte (F_{SO} und F_{SU}) und die Fliehzugkraft (F_f).

Mit der Kettengeschwindigkeit

$$v = d_1 \cdot \pi \cdot n_1 = 0,127\,\text{m} \cdot \pi \cdot \frac{1465}{60\,\text{s}} = 9,74\,\text{m/s}$$

ergibt sich eine Nutzkraft in Höhe von:

$$F_{tB} = \frac{P_B}{v} = \frac{16.200\,\text{Nm/s}}{9,74\,\text{m/s}} = 1663\,\text{N}$$

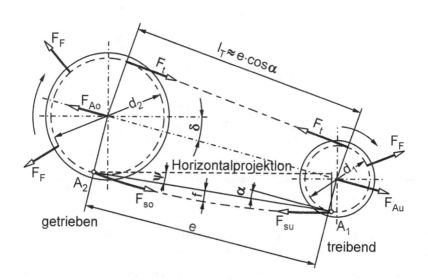

Abbildung 16.21. Kräfte an der Kette und an den Kettenrädern

Für die Ermittlung der Stützzugkräfte wird ein relativer Durchhang des Leertrums von $f_{rel} = f/l_T = 2\%$ angenommen. Wegen der Anordnung der Wellenmittelpunkte auf einer gemeinsamen Waagerechten wird der Neigungswinkel der Verbindungslinie der Wellenmittelpunkte $\delta = 0$ und der Neigungswinkel der Leertrumsehne ψ gleich dem Trumneigungswinkel α, Abb. 16.21. Mit dem Trumneigungswinkel

$$\alpha = \arcsin\left(\frac{d_2 - d_1}{2 \cdot e}\right) = \arcsin\left(\frac{409{,}41\,\text{mm} - 126{,}66\,\text{mm}}{2 \cdot 757\,\text{mm}}\right) = 10{,}76° (= \psi)$$

und dem relativen Durchhang $f_{rel} = f/l_T = 2\%$ ergibt sich aus Abb. 16.22 die spezifische Stützzugkraft $\xi = F_s/F_G \approx 6{,}2$.

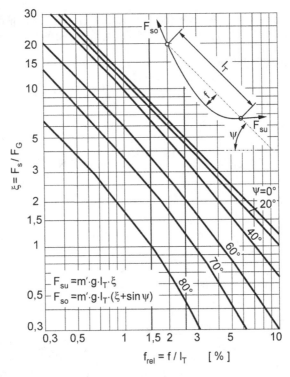

Abbildung 16.22. Spezifische Stützzugkraft (m' Metergewicht, F_G Gewichtskraft des Leertrums)

(Bei der Trumlänge $l_T = e \cdot \cos\alpha = 757\,\text{mm} \cdot \cos 10{,}76° = 743{,}7\,\text{mm}$ hängt das Leertrum also $f = f_{rel} \cdot 744\,\text{mm} \approx 15\,\text{mm}$ durch.)

Aus der Leertrumlänge $l_T = 744\,\text{mm}$ und dem Metergewicht für die Rollenkette 10B-2 von $m' = 1{,}8\,\text{kg/m}$ nach DIN 8187 Teil 1 ergibt sich für die Gewichtskraft des Leertrums:

$$F_G = m' \cdot g \cdot l_T = 1,8(\text{kg/m}) \cdot 9,81(\text{m/s}^2) \cdot 0,744\,\text{m} = 13,1\,(\text{kg m/s}^2) = 13,1\,\text{N}$$

Die obere Stützzugkraft (hier der höher liegende Ablaufpunkt der Kette vom kleinen Kettenrad) beträgt:

$$F_{SO} = F_G \cdot (\xi + \sin \psi) = 13,1\,\text{N} \cdot (6,2 + \sin 10,76°) = 83,7\,\text{N}$$

Die untere Stützzugkraft (hier der tiefer liegende Auflaufpunkt der Kette auf das große Kettenrad) weist einen Wert auf von:

$$F_{su} = F_G \cdot \xi = 13,1\,\text{N} \cdot 6,2 = 81,2\,\text{N}$$

Die Fliehzugkraft beläuft sich auf:

$$F_f = m' \cdot v^2 = (1,8\,\text{kg/m}) \cdot (9,71\text{m/s})^2 = 170\,\text{kg m/s}^2 = 170\,\text{N}$$

Diese Kräfte bestimmen die Wellenbelastungen im Betrieb:

$$F'_{Wo,\,u} \approx F_{tB} + (F_{so,\,u} - F_f) \cdot \sqrt{2 \cdot (1 - \cos \beta_{o,\,u})}$$

Am kleinen Kettenrad entsteht mit $\beta_o = \beta_1 = 180° - 2 \cdot \alpha = 180° - 2 \cdot 10,76 = 158,48°$ eine Wellenbelastung im Betrieb von:

$$F'_{Wo} = 1668\,\text{N} + (84 - 170)\,\text{N} \cdot \sqrt{2 \cdot (1 - \cos 158,48°)} = 1499\,\text{N}$$

Am großen Kettenrad mit $\beta_u = \beta_2 = 180° + 2 \cdot \alpha = 180° + 2 \cdot 10,76° = 201,52°$ kann die Wellenbelastung angegeben werden mit:

$$F'_{Wu} = 1668\,\text{N} + (81 - 170)\,\text{N} \cdot \sqrt{2 \cdot (1 - \cos 201,52)}° = 1493\,\text{N}$$

Gesamtzugkraft in der Kette

Maximal beansprucht wird die Kette durch die Nutzkraft (F_{tB}), die Fliehzugkraft (F_f) und hier die Stützzugkraft (F_{so}) am kleinen Kettenrad. Es gilt:

$$F_{ges} = F_{tB} + F_f + F_{so} = 1668\,\text{N} + 170\,\text{N} + 84\,\text{N} = 1921\,\text{N}$$

Die Bruchkraft der Rollenkette 10B-2 beträgt nach DIN 8187-1 $F_B = 44,5\,\text{kN}$. Mit einer Bruchsicherheit $S_B \approx 7$ für Zweifachketten nach Niemann ist damit:

$$F_{B\,zul} = F_B/S_B = 44,5\,\text{kN}/7 = 6,36\,\text{kN} > 1,92\,\text{kN} = F_{ges}$$

Schmierung

Nach der Abb. 16.23 ist für das hier betrachtete Kettengetriebe Tauch- oder Druck-umlaufschmierung erforderlich. Das verlangt den Einbau in ein geschlossenes Gehäuse. Dadurch stellt sich das Kettengetriebe im Vergleich mit den Riemengetrieben wegen des deutlich höheren konstruktiven Aufwandes hier als unzweckmäßig dar.

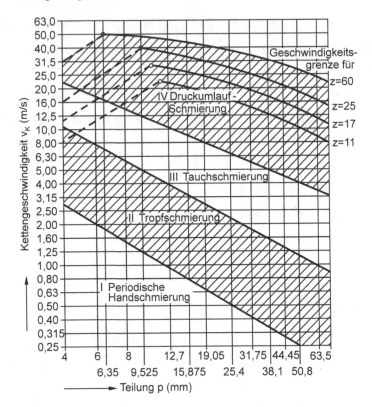

Abbildung 16.23. Schmierempfehlungen in Abhängigkeit von Kettenteilung und Kettenge-schwindigkeit

Ergebnisbetrachtung

In der nachfolgenden Tabelle sind die Hauptabmessungen und die Kräfte an den be-trachteten Zugmittelgetrieben zusammengestellt. Die Zusammenstellung zeigt deut-liche Unterschiede zwischen den kraftschlüssigen Getrieben (Flachriemen und Keil-riemen) und den formschlüssigen Getrieben (Zahnriemen und Kette).

Bedingt durch die Normung sind die Scheibendurchmesser und damit das Drehzahl-Übersetzungsverhältnis bei den kraftschlüssigen Zugmittelgetrieben untereinander gleich. Die Verringerung des Übersetzungsverhältnisses von $i = 3,26$ auf $i = 3,21$ bedingt eine Erhöhung der Pumpendrehzahl von $n_2 = 450$ 1/min auf $n_2 = 456$ 1/min. Dadurch wird der Ist-Förderstrom der Pumpe gegenüber dem Soll-Förderstrom um $\approx 1,3\%$ erhöht. Wegen der dennoch unterschiedlichen genormten Riemenlängen weichen die realisierten Wellenabstände voneinander und im Falle der Keilriemen von der Forderung $e \approx 750$ mm ab. Kann die auftretende Abweichung nicht akzep-tiert werden, müssen Riemen aus Sonderanfertigung, eventuell auch in Verbindung mit anderen Scheibendurchmessern, eingesetzt werden.

Parameter		Flach-riemen	Normal-keilriemen	Schmal-keilriemen	Zahn-riemen	Rollen-kette
Scheibendurchmesser d_1	mm	140,00	140,00	140,00	140,20	126,66
Scheibendurchmesser d_2	mm	450,00	450,00	450,00	458,50	409,41
Übersetzungsverhältnis i	–	3,21	3,21	3,21	3,27	3,24
Wellenabstand e	mm	743…755	≥ 728	≥ 704	≥ 694 (756)	757
Riemenbreite b	mm	90	–	–	50	–
Keilriemenanzahl z	–	–	5	4	–	–
Scheibenkranzbreite b_K	mm	100	101	52	52 (56)	30
Nutzkraft in den Zugmitteln F_{tB}	N	1206	1206	1206	1411	1663
Zugmittel-Vorspann-kraft F_v	N	839	1002	1008	706	–
Wellenbelastung im Stillstand F_W	N	1661	1958	1970	1374	(84)
Wellenbelastung im Betrieb F_W'	N	1611	1737	1909	1273	1499

Genauer wird hier das Drehzahl-Übersetzungsverhältnis durch die formschlüssigen Getriebe eingehalten. Die Einhaltung des Wellenabstandes ist hier bei dem Kettengetriebe gegeben. Beim Zahnriemengetriebe gelingt das mit nur einer Sonderlänge des Riemens (Klammerwert).

Die Scheibenkranzbreiten fallen bei den Schmalkeilriemen und dem Zahnriemen nur halb so groß aus wie bei dem Flachriemen und den Normalkeilriemen. Die geringste Breite beanspruchen die Kettenräder.

Erwartungsgemäß sind die Wellenbelastungen bei den kraftschlüssigen Getrieben wegen der funktionsbedingten Riemen-Vorspannung deutlich höher als bei den formschlüssigen Getrieben. Im Vergleich der kraftschlüssigen Getriebe untereinander werden die Wellen im Flachriemengetriebe am geringsten belastet. Der deutliche Unterschied der Wellenbelastung im Betrieb bei den Normalkeilriemen und den Schmalkeilriemen resultiert aus der größeren Fliehkraftwirkung bei den Normalkeilriemen infolge der größeren Riemenzahl und des größeren Metergewichtes der Normalkeilriemen.

Aus der Tabelle nicht ersichtlich ist, dass das Kettengetriebe wegen der in der Rechnung berücksichtigten Staubfreiheit und Tauchschmierung von einem geschlossenen Gehäuse umgeben sein muss, was den konstruktiven und finanziellen Aufwand im Vergleich mit den Riemengetrieben erheblich erhöht. Für ein Kettengetriebe mit einer Rollenkette 10B-2 (Teilung $t = 15,875\,\text{mm}$) ohne Gehäuse wird hier mit $v = 9,74\,\text{m/s}$ die mögliche Kettengeschwindigkeit von $v \leq 3,15\,\text{m/s}$ für Tropfschmierung bzw. $v \leq 0,8\,\text{m/s}$ für periodische Handschmierung erheblich überschritten, so dass das Kettengetriebe als Lösung für die gestellte Antriebsaufgabe nicht in Frage kommt.

Die Entscheidung, welchem der Riemengetriebe der Vorzug zu geben ist, hängt davon ab, welchem Kriterium die höchste Priorität eingeräumt wird: Einhaltung des Drehzahl-Übersetzungsverhältnisses, Einhaltung des Wellenabstandes (ggf. auch bei Einsatz von Sonder-Riemenlängen), möglichst geringe Scheibenkranzbreite, möglichst geringe Wellenbelastung.

Wenn die Wellenbelastung nicht das maßgebliche Kriterium ist und ein Wellenabstand von $e \approx 700\,\text{mm}$ noch akzeptabel ist, sollten die Schmalkeilriemen eingesetzt werden.

Der Zahnriemen wird zum Favoriten, wenn Wert auf möglichst geringe Wellenbelastung gelegt wird und einem Wellenabstand von $e \approx 700\,\text{mm}$ nichts im Wege steht (wobei der Forderung nach einem Wellenabstand von $e \approx 750\,\text{mm}$ mit einem Riemen mit Sonderlänge entsprochen werden kann). Auch wenn die Synchronität der Bewegungsübertragung bei einem Kolbenpumpenantrieb nicht unbedingt zwingend ist, tritt sie hierbei als angenehmer Nebeneffekt auf.

17 Reibradgetriebe

Reibradgetriebe übertragen Kräfte bzw. Momente reibschlüssig. Sie bieten für bestimmte Anwendungen Vorteile, allerdings muss der Schlupf im Wälzkontakt begrenzt bleiben, um keinen unzulässigen Verschleiß in Kauf nehmen zu müssen. Von großem Vorteil ist, dass stufenlose einstellbare Übersetzungen realisiert werden können. Nachteilig ist, dass der erreichbare Wirkungsgrad durch den Schlupf begrenzt wird.

17.1 Verständnisfragen

1) Welche Gründe gibt es, Wälzgetriebe anstelle von Zahnradgetrieben einzusetzen?

Lösung

a) Wälzgetriebe ermöglichen einen geräusch- und schwingungsärmeren Lauf, da die Anregung aus dem Zahneingriff fehlt.

b) Wälzgetriebe können für eine stufenlose Verstellung der Übersetzung genutzt werden.

2) Kann man die Nockenwelle eines Verbrennungsmotors über ein Reibradgetriebe antreiben?

Lösung: Nein, wegen des elastischen Formänderungsschlupfes ist eine exakte winkel- und drehzahltreue Übersetzung nicht möglich, eine Einhaltung der Steuerzeiten des Motors wäre nicht möglich.

3) Welche Bauformen stufenloser Reibradgetriebe werden in Kraftfahrzeugen eingesetzt?

Lösung: Volltoroid- und Halbtoroidgetriebe.

4) Wie fällt der Vergleich hinsichtlich des Wirkungsgrades zwischen Stirn- oder Kegelradgetrieben einerseits und vergleichbaren Wälzgetrieben andererseits aus?

Lösung: Wälzgetriebe haben generell infolge des Längsschlupfes bei Tangentialkraftübertragung höhere Verluste. Bei stufenlosen Getrieben ist außerdem, mit Ausnahme ausgewählter Übersetzungen, immer kinematisch bedingter Bohrschlupf vorhanden, der zusätzliche Verluste bedingt.

5) Wodurch können die Verluste durch Längsschlupf vermindert werden?

Lösung

a) Durch Erhöhung der Nutzreibwerte mit Hilfe spezieller Traktionsfluide bei geschmierten Wälzgetrieben oder geeignete Reibbeläge bei trocken laufenden Wälzgetrieben.

b) Durch Erhöhung der Anpresskraft.

6) Was ist bei einer Erhöhung der Anpresskraft zu beachten?

Lösung: Die Ermüdungslebensdauer der Wälzflächen verringert sich in ähnlicher Weise wie bei Wälzlagern.

7) Skizzieren Sie qualitativ typische Nutzreibwertverläufe in Abhängigkeit des Längsschlupfes für trockene Paarungen Stahl gegen Stahl und Elastomer gegen Stahl im Vergleich mit einer geschmierten Paarung Stahl/Stahl.

Lösung: Siehe Abbildung 17.1. Die Paarung mit dem Elastomer liefert die höchsten Reibwerte, arbeit jedoch aufgrund der weit höheren elastischen Nachgiebigkeit im Vergleich zu Stahl mit wesentlich höherem Schlupf. Die geschmierte Paarung Stahl/Stahl erreicht naturgemäß nur die geringsten Nutzreibwerte bei gleichzeitig etwas erhöhtem Schlupf im Vergleich zur trockenen Paarung Stahl/Stahl, jedoch mit dem großen Vorteil eines verschleissfreien Betriebes.

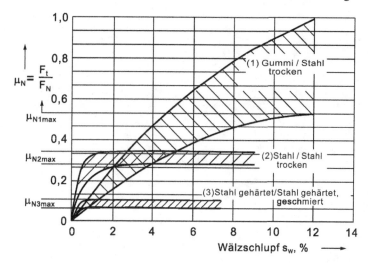

Abbildung 17.1. Qualitative Nutzreibwert-Längsschlupf-Kurven für verschiedene Wälzpaarungen)

18 Sensoren und Aktoren

18.1 Hydraulikaktor

Ein Hydraulikzylinder soll bei einem Arbeitsdruck von 200 bar eine Kraft von 150 kN erzeugen und dabei eine stationäre Verstellgeschwindigkeit von 150 mm/s erreichen. Die Reibungskraft zwischen Kolben und Wand kann mit etwa 10 kN abgeschätzt werden.

Wie groß ist die wirksame Querschnittsfläche zu wählen, und welchen Volumenstrom muss die zur Versorgung verwendete Pumpe dabei bereitstellen? Wie groß ist die mechanische Leistung, die der Aktor abgibt?

Lösung

Wirksame Querschnittsfläche

$$A = \frac{160.000\,\text{N}}{200 \cdot 0{,}1\,\text{N/mm}^2} = 8.000\,\text{mm}^2$$

Volumenstrom

$$Q = A\dot{x} = 8.000\,\text{mm}^2 \cdot 150\,\frac{\text{mm}}{\text{s}} = 1.200\,\frac{\text{cm}^3}{\text{s}} = 72\,\frac{\text{Liter}}{\text{Minute}}$$

Abgegebene Leistung

$$P = F\dot{x} = 150.000\,\text{N} \cdot 0{,}15\,\frac{\text{m}}{\text{s}} = 22{,}5\,\text{kW}$$

18.2 Piezoaktor

Für eine piezoelektrische Bremse soll ein Aktor ausgewählt werden, mit dem eine Klemmkraft von 250 N erreicht wird. Der Aktor muss dabei zunächst ein Spiel von 0,01 mm spielfrei überwinden. Das Gegenlager hat eine Steifigkeit von 50 N/μm.

Tabelle 18.1. Aktorendaten

Aktor-Nr.	Abmessungen $A \times B \times L$ [mm]	Leerlaufhub [µm] (0–120 V)	Blockierkraft [N] (0–120 V)	Steifigkeit [N/µm]
1	$2 \times 3 \times 9$	$8 \pm 20\%$	190	24
2	$2 \times 3 \times 13.5$	$13 \pm 20\%$	210	16
3	$2 \times 3 \times 18$	$18 \pm 10\%$	210	12
4	$3 \times 3 \times 9$	$8 \pm 20\%$	290	36
5	$3 \times 3 \times 13.5$	$13 \pm 20\%$	310	24
6	$3 \times 3 \times 18$	$18 \pm 10\%$	310	18
7	$5 \times 5 \times 9$	$8 \pm 20\%$	800	100
8	$5 \times 5 \times 13.5$	$13 \pm 20\%$	870	67
9	$5 \times 5 \times 18$	$18 \pm 10\%$	900	50
10	$5 \times 5 \times 36$	$38 \pm 10\%$	950	25
11	$7 \times 7 \times 13.5$	$13 \pm 20\%$	1700	130
12	$7 \times 7 \times 18$	$18 \pm 10\%$	1750	100
13	$7 \times 7 \times 36$	$38 \pm 10\%$	1850	50
14	$10 \times 10 \times 13.5$	$13 \pm 20\%$	3500	267
15	$10 \times 10 \times 18$	$18 \pm 10\%$	3600	200
16	$10 \times 10 \times 36$	$38 \pm 10\%$	3800	100

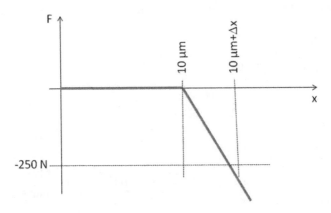

Abbildung 18.1. Lastkennlinie

Zur Auswahl stehen die in Tabelle 18.1 aufgeführten Aktoren. Mit welchen Aktoren kann die Antriebsaufgabe ohne Stellwegvergrößerungssystem gelöst werden? Abbildung 18.1 zeigt die Lastkennlinie.

Lösung

Mit $\Delta x = x - 10\,\mu m$ gilt

$$F = \begin{cases} 0, x \leq 10\,\mu\text{m} \\ -c_{\text{Last}}\Delta x, x \geq 10\,\mu\text{m} \end{cases}$$

und aus

$$-c_{\text{Last}}\Delta x = -250\,\text{N}$$

erhält man

$$\Delta x = \frac{250\,\text{N}}{c_{\text{Last}}} = \frac{250\,\text{N}}{50\,\text{N/}\mu\text{m}} = 5\,\mu\text{m}$$

Die Grenzkennlinie des Aktors muss also den Betriebspunkt $\{15\,\mu\text{m}, -250\,\text{N}\}$ einschließen. Mit der Steifigkeit des Aktors

$$c_{\text{A}} = \frac{F_{\infty}}{x_0}$$

ergibt sich die Gleichung der Grenzkennlinie als

$$F_{\text{G}} = -F_{\infty} + c_{\text{A}}x$$

Damit der Betriebspunkt $\{15\,\mu\text{m}, -250\,\text{N}\}$, siehe Abb. 18.2, vom Aktor erreicht werden kann, muss gelten

$$-250\,\text{N} \geq -F_{\infty} + c_{\text{A}} \cdot 15\,\mu\text{m}$$

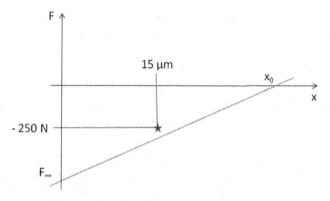

Abbildung 18.2. Betriebspunkt für Aktoranwendung

Für die Aktoren 10, 12, 13, 14, 15 und 16 ist diese Bedingung erfüllt. D. h. mit diesen Aktoren kann die geforderte Klemmkraft von 250 N gegen eine Steifigkeit von 50 N/μm bei einem Spiel von 0,01 mm erreicht werden.

18.3 Tauchspulenaktor

Ein Tauchspulenaktor nimmt bei festgehaltenem Anker einen Strom von 0,67 A auf, wenn eine Gleichspannung von 10 V anliegt. Dabei bringt er die Nennkraft von 3 N auf.

Wie groß ist die Aktor-Konstante k_F, und wie groß ist die maximale Leerlaufgeschwindigkeit, wenn der Aktor mit einer Gleichspannung von maximal 18 V betrieben werden darf? Der Läufer kann sich dabei ungebunden (keine Federkopplung mit Gestell) und sowohl reibungs- als auch dämpfungsfrei bewegen.

Lösung

Die Aktorkonstante ist

$$k_F = \frac{F}{I} = \frac{3\,\text{N}}{0,67\,\text{A}} = 4,5\,\text{N/A}$$

Die Leerlaufgeschwindigkeit des Aktors ist

$$v_0 = \frac{1}{k_F} U$$

und für $U = 18\,\text{V}$ ergibt sich $v_{0,\text{max}} = 4\,\text{m/s}$.

18.4 Digitalisierung

a) Für die Digitalisierung eines Mess-Signales mit dem Wertebereich [0 V, +10 V] soll ein Analog Digital Wandler mit 15 Bit eingesetzt werden. Wie groß ist die damit erreichbare Auflösung? Und welcher Informationsstrom ergibt sich, wenn eine Abtastfrequenz von 4 kHz gewählt wird?

Lösung: Das analoge Mess-Signal wird auf $2^{15} = 32.768$ diskrete Zahlenwerte abgebildet. Die Auflösung ist $10\,\text{V}/32.768 = 0,31\,\text{mV}$. Bei einer Abtastfrequenz von 4 kHz ist der Informationsstrom $15\,\text{Bit} \cdot 4000\,\text{1/s} = 60\,\text{kBit/s}$.

b) Das Signal eines Drehratensensors mit einem Messbereich von $\pm 240\,°/\text{s}$ soll durch einen Analog-Digital-Wandler so diskretisiert werden, dass die durch die Abtastung erreichte Auflösung mindestens so klein ist, wie die Messunsicherheit, die mit 1 Bogenminute/s abgeschätzt wird. (Hinweis: 1 Bogenminute $= 1/60$ Grad). Wie viel Bit muss der Analog-Digital-Wandler mindestens haben? Wie groß ist der Informationsstrom, wenn eine Abtastfrequenz von 1 kHz gewählt wird?

Lösung: Der Messbereich von $480\,°/\text{s}$ wird durch die Analog-Digital-Wandlung auf 2^n diskrete Zahlenwerte abgebildet. Die daraus resultierende Auflösung ist

$$A = \frac{480\,°/\text{s}}{2^n}$$

Dieser Zahlenwert soll kleiner sein als die Messunsicherheit von

$$U = 1/60\,°/\text{s}$$

Daraus folgt

$$2^n \geq \frac{480\,°/\text{s}}{1/60\,°/\text{s}} = 28.800$$

d. h. der Analog-Digital-Wandler muss mindestens $n = 15$ Bit haben. Bei einer Abtastfrequenz von 1 kHz ergibt sich dann ein Informationsstrom vom 15 kBit/s.